中等职业教育改革创新示范教材

Dreamweaver CS6 网页制作案例应用

Dreamweaver CS6 Wangye Zhizuo Anli Yingyong

（第 2 版）

蔡 薇 主编

高等教育出版社·北京

内容提要

本书从项目入手，全面介绍了 Dreamweaver CS6 网页制作软件的各项功能，内容包括站点创建与设置、文本编辑与布局、超链接应用、表格及表格布局的运用、框架网页设置、CSS 样式的应用、表单设计与使用、模板设计与使用、行为的使用、动态网页设计初步；最后通过设计一个完整网站，使学生系统掌握创建网站、设计与制作网页的方法。

本书适合作为职业院校网页设计与制作入门教材，也可作为各类计算机培训班学员的参考书。

图书在版编目(CIP)数据

Dreamweaver CS6 网页制作案例应用/蔡薇主编. --2 版. --北京:高等教育出版社,2014.1(2023.4 重印)

ISBN 978-7-04-039109-1

Ⅰ. ①D… Ⅱ. ①蔡… Ⅲ. ①网页制作工具-高等职业教育-教材 Ⅳ. ①TP393.092

中国版本图书馆 CIP 数据核字(2013)第 301967 号

策划编辑 蕭 潇　　责任编辑 蕭 潇　　封面设计 张雨微　　版式设计 童 丹
责任校对 刁丽丽　　责任印制 高 峰

出版发行	高等教育出版社	网　　址	http://www.hep.edu.cn
社　　址	北京市西城区德外大街 4 号		http://www.hep.com.cn
邮政编码	100120	网上订购	http://www.landraco.com
印　　刷	廊坊十环印刷有限公司		http://www.landraco.com.cn
开　　本	787mm×1092mm 1/16		
印　　张	14.25	版　　次	2009 年 7 月第 1 版
字　　数	350 千字		2014 年 1 月第 2 版
购书热线	010-58581118	印　　次	2023 年 4 月第 14 次印刷
咨询电话	400-810-0598	定　　价	29.80 元

物 料 号 39109-A0

第2版前言

Dreamweaver 是目前最流行的网页设计程序。CS6 版本与 CS3 版本相比界面及内容变化很大。Dreamweaver CS6 使用更新的“实时视图”和“多屏预览”面板高效创建和测试跨平台、跨浏览器的 HTML5 内容，能在台式机和各种设备的大小不同的屏幕中显示对应的网页，新增的 jQuery 效果可轻松为网站添加趣味性和吸引力，通过与 Adobe Business Catalyst 平台（需单独购买）集成来开发复杂的电子商务网站，无须编写任何服务器端代码，建立并代管免费试用网站，等等。

本书第 1 版出版以来，在众多高职及中职学校教学中使用效果良好，本书的编写风格既适合读者自学，也适合教师教学，以减轻教师备课负担。第 2 版的编写继承了第 1 版“以就业为导向，以项目为线索”的编写思路，将 Dreamweaver 主要功能与内容穿插于项目中，通过完成项目，掌握 Dreamweaver CS6 软件的基本使用方法，掌握网页设计的基本方法与技巧。

第 2 版使用的软件全部是目前市面流行的新版本，操作系统平台升级为 Windows 7，网页制作软件使用 Dreamweaver CS6，动态网页部分的数据库也升级至 Access 2007。内容上，增加了 Spry 菜单栏的操作内容，网页的格式控制更多地采用标准化 CSS 样式，强化了 Div + CSS 标准化网页设计，符合企业对网页设计标准化要求。

本书建议安排 90 学时教学，学时建议分配表见下表。

学时建议分配表

项　　目	建议学时
项目 1　初识 Dreamweaver CS6——站点的创建与管理	2
项目 2　“周庄，中国第一水乡”——第一个页面	4
项目 3　“教材简介”——文本与图像的应用	2
项目 4　“教材简介”——超链接的应用	2
项目 5　“教材简介”——CSS 样式的应用	6
项目 6　“中国网通”——表格布局	4
项目 7　“我的个人简历”——Div + CSS 布局	4
项目 8　“QQ 邮箱”——框架布局	4
项目 9　“注册页”——表单的应用	2
项目 10　“金美音乐网”——行为的应用	4
项目 11　“南大堡蔬菜网”——模板的应用	4
项目 12　建立 ASP 平台——动态网页初步	2

续表

项　　目	建议学时
项目 13　建立数据库——动态网页初步	2
项目 14　“留言板”——动态网页初步	12
项目 15　“班级主页”——网页切片	4
项目 16*　“班级主页”——综合网站设计	16
补充练习与机动	16
合计	90

说明:如果每周只有4节课,项目16和补充练习等内容可安排在课余时间完成。

本书由南京高等职业技术学校蔡薇老师担任主编,并编写项目1、项目2、项目3、项目4、项目5、项目9、项目10、项目11,花小琴老师编写项目6、项目7、项目8、项目12、项目13、项目14、项目15、项目16,金琳老师对本书编写提供了一部分素材。

由于编者水平有限,本书的错漏之处在所难免,欢迎广大读者批评指正。编者联系方式为nanjingcw@163.com。

编　者

2013年10月

第1版前言

随着计算机信息技术和网络技术的迅猛发展,越来越多的人加入到网站建设与网页设计的行业中。本书以项目为线索,为初学者提供了网页制作软件 Dreamweaver CS3 的使用方法。

Dreamweaver CS3 是 Adobe 公司收购 Macromedia 公司后推出的一款专业网页编辑设计软件。它采用可视化编辑器,具有强大、实用的功能,特别是其为动态网页设计提供了一整套完整的可视化应用程序功能,能够创建多种语言的应用程序,支持多种数据库格式,使初学者不需要手工编写代码,就能够很快掌握 ASP 应用程序开发。

本书以培养学生动手能力为目的,以项目为线索,将 Dreamweaver CS3 主要功能与内容穿插于项目中,使学生通过完成项目,掌握 Dreamweaver CS3 软件的基本使用方法,掌握网页设计的基本方法与技巧。本书的项目覆盖站点设置、文本编辑、图像编辑、表格应用、框架应用、CSS 样式设置及应用、模板建立及其应用、表单设置及其应用、行为应用、动态网页设计初步等内容。项目的设计由易到难、由单一到综合,使初学者由不会到会、由会到熟练,循序渐进地掌握网页设计方法,最后能够独立进行网页的编辑与设计。每个项目后附有相关知识介绍,系统介绍项目中运用到的相关知识,使学习者在完成项目的同时能够进行相关知识的学习。

本书由南京高等职业技术学校蔡薇老师担任主编,并编写项目1、项目2、项目3、项目4、项目9、项目12,花小琴老师编写项目6、项目7、项目10、项目11、项目14,金琳老师编写项目5、项目8、项目13、项目15、项目16。

本书中使用的大部分案例来自互联网,这些案例中的网页版权归原作者所有。由于编者水平有限,本书的错漏之处在所难免,欢迎广大读者批评指正。编者联系方式为 nanjingcw@163.com。

编　者

2009年5月

目　　录

1 项目1 初识 Dreamweaver CS6 ——站点的创建与管理

学习目标

了解 Dreamweaver CS6 的功能、窗口界面组成及作用，能够正确创建站点。

项目要求

1. 打开本书配套光盘中“案例文件\项目1\项目1素材\anpcs”文件夹中的 index.htm（如图1－1所示网页）并观察、了解网页组成要素及其作用；如果有条件，请上网搜索感兴趣的网站，了解什么是网页设计。

图1－1 anpcs 中的 index.htm

2. 启动 Dreamweaver CS6，利用网络或软件的帮助信息（即启动 Dreamweaver CS6 后，在界面中单击左下角“资源”，对应网址为 http://helpx.adobe.com/cn/dreamweaver/topics.html），查找关于 Dreamweaver CS6 的功能介绍、窗口界面组成及作用的内容，并加以描述。

3. 在磁盘上创建文件夹 Web，创建名称为 myweb 的站点，如图1－2所示。

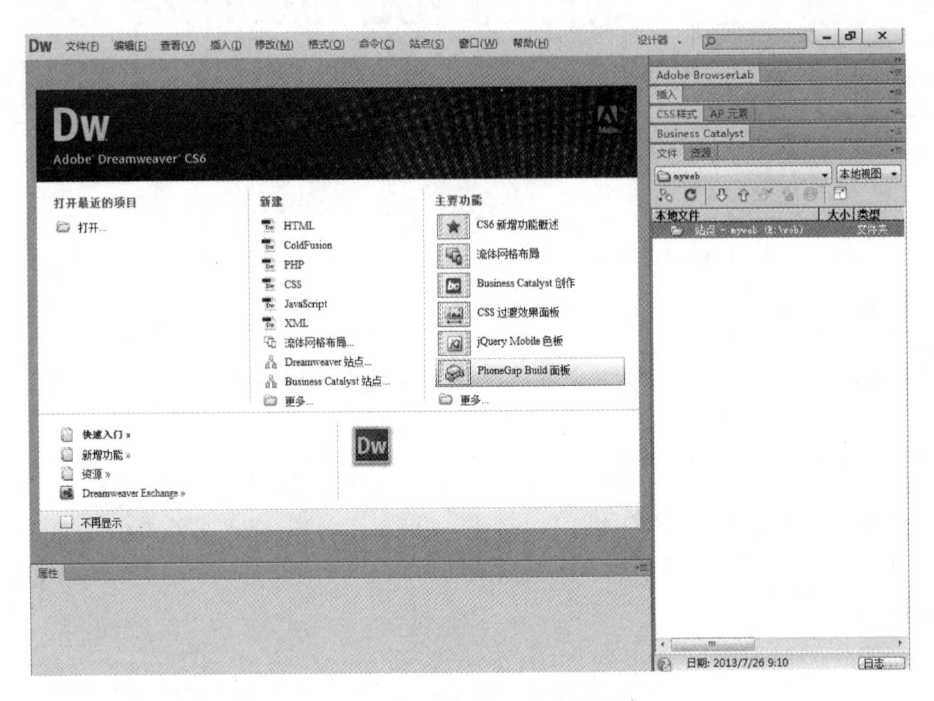

图 1－2　创建名称为 myweb 的站点

项目分析

一个网站通常由许多页面组成，还有很多图片、视频等信息，通过站点可以将这些页面、图片、视频等信息有机地组织起来，并能进行有效的管理。站点就是网站中所有文件和资源的集合。

探索学习

通过上网搜索、Dreamweaver 启动后界面提供的“资源”等渠道，了解网页的组成要素，Dreamweaver CS6 的功能、窗口界面组成及作用，探索建立站点的方法。

操作步骤

1. 在某一磁盘（如 E:盘）上创建文件夹 Web。

2. 启动 Dreamweaver CS6。

3. 单击“文件”浮动面板中的“管理站点”，如图 1－3 所示，或单击“站点”菜单下的“新建站点”命令，也可单击“站点”菜单下的“管理站点”命令。

4. 在弹出的“管理站点”对话框中单击“新建站点”按钮，如图 1－4 所示。

5. 在弹出的对话框的“站点名称”文本框中输入“myweb”，即将站点名称设置为“myweb”；单击“本地站点文件夹”文本框右侧的“浏览文件夹”图标，找到先前建立的 E:\web 文件夹，打开

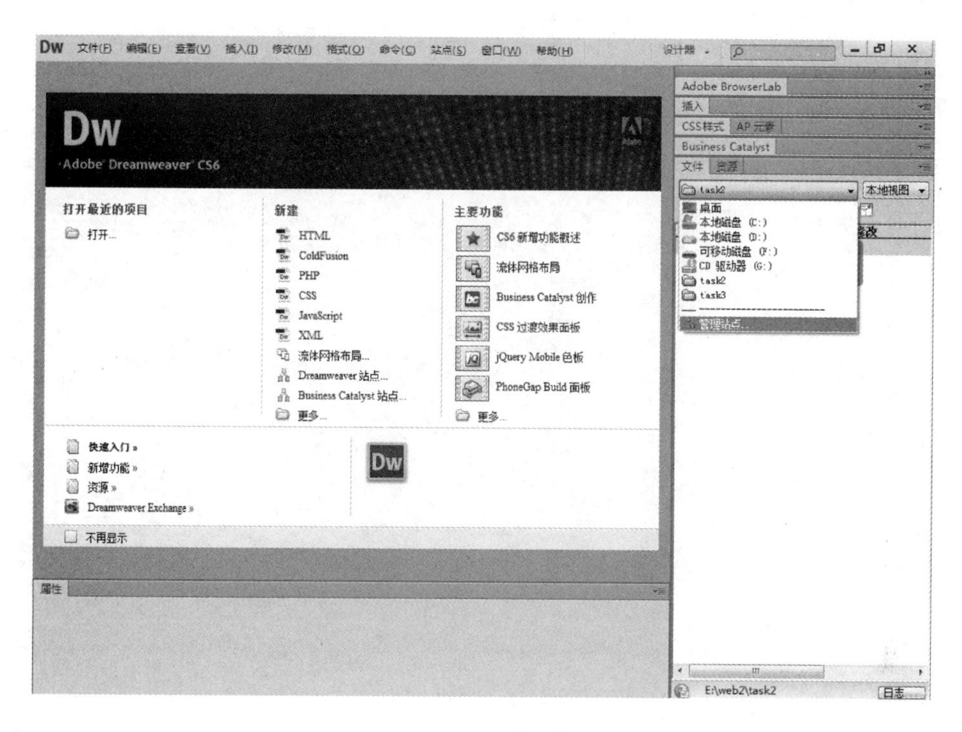

图1－3　“文件”浮动面板中的“管理站点”

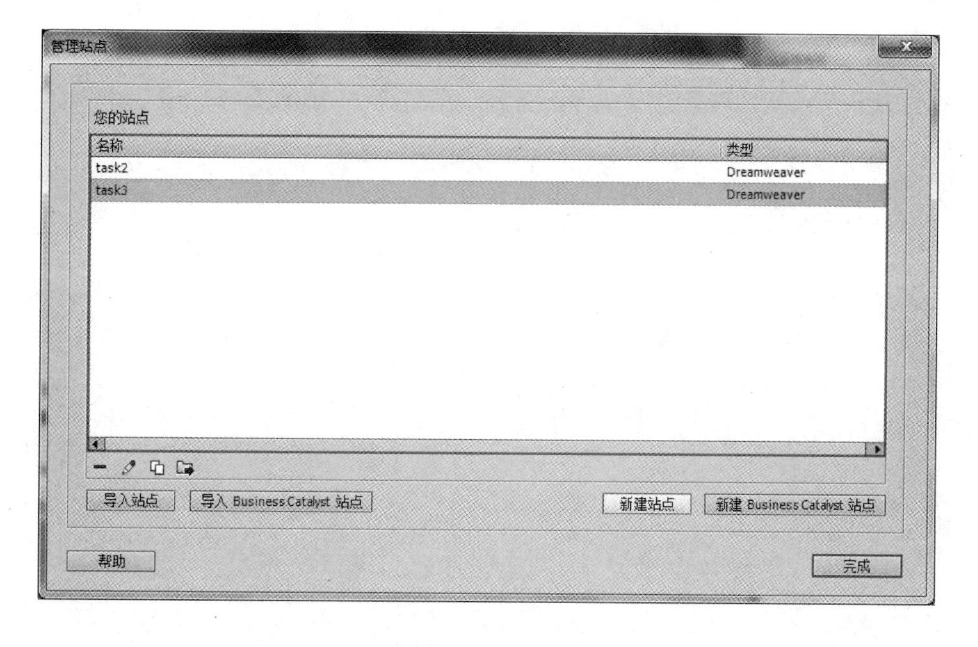

图1－4　新建站点

并选择此文件夹，或直接在文本框中输入“E:\web”，以设置用于存放网站资料的文件夹，如图1－5所示。

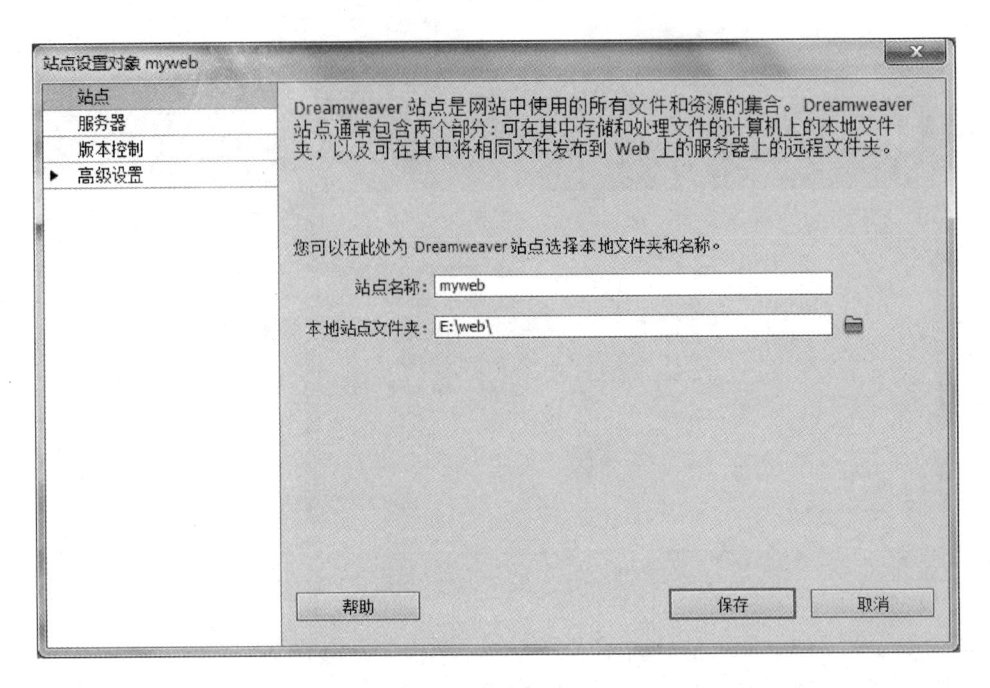

图 1－5　设置站点

6. 单击“保存”按钮，则完成名称为 myweb 的网站的建立，如图 1－6 所示，再单击“完成”按钮，关闭对话框。

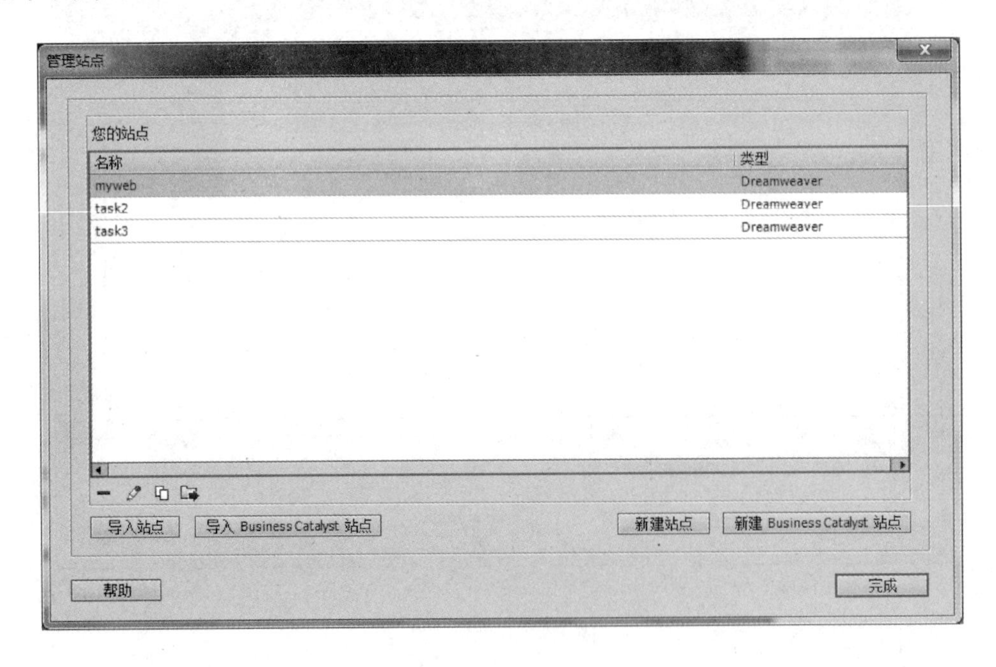

图 1－6　完成新建站点

相关知识

一、HTML 的概念

HTML 即超文本标记语言，是网页设计中所使用的语言，使用不同的标记来表示网页中的不同对象。在未出现专门设计网页的软件前，人们通常用文本编辑软件编写 HTML 代码来完成网页设计工作。自从出现网页设计软件后，人们既可以在设计视图下进行所见即所得的网页设计，也可以在代码视图下通过编写 HTML 代码的方法完成网页设计。

二、网页组成要素及其作用

① 文本：组成网页的基本内容，根据需要可对其进行格式设置或用 CSS 样式控制其格式。
② 图像：有 GIF、JPEG、Flash 等格式，用于美化网页。
③ 表格：用于网页内容的布局，组织整个页面外观，实现页面内容的精确定位。
④ 超链接：是网站必不可少的内容，指从一个网页指向另一个目的端——网页、图片、其他格式文档、E-mail 地址等的链接。
⑤ 导航栏：一组超链接，方便用户浏览站点，一般由多个按钮或多个文本超链接组成。
⑥ 框架：网页的一种组织形式，用于将相互关联的多个网页组织在一个浏览窗口中显示。
⑦ 表单：用于收集反馈信息。
⑧ CSS 样式：用于控制文本格式。
⑨ 行为：由 JavaScript 代码组成，可实现动态页面效果。
⑩ 模板和库：用于创建具有固定风格和结构、共同格式的网页。

三、Dreamweaver CS6 窗口界面组成及作用

启动 Dreamweaver CS6，新建 HTML 后，Dreamweaver CS6 窗口界面如图 1 - 7 所示。Dreamweaver CS6 由应用程序栏、文档工具栏、工作区切换器、文档窗口（工作区）、属性检查器、标签选择器、面板组等部分组成。

1. 应用程序栏：应用程序窗口顶部包含一个工作区切换器、提供软件操作各种功能的菜单（仅限 Windows 版）以及其他应用程序控件。

工作区切换器：针对不同开发者调整编码环境，以创造最佳编码体验的工作区布局。

2. 文档工具栏：包含一些按钮，用于提供各种文档窗口视图（如"代码"视图、"拆分"视图、"设计"视图）的选项、各种查看选项和一些常用操作（如在浏览器中预览）。不同视图下，工作区显示内容不同。

3. 文档窗口（工作区）：显示当前创建和编辑的文档。

4. 属性检查器：设置或编辑当前选定页面元素（如文本和插入的对象）的常用属性。属性检

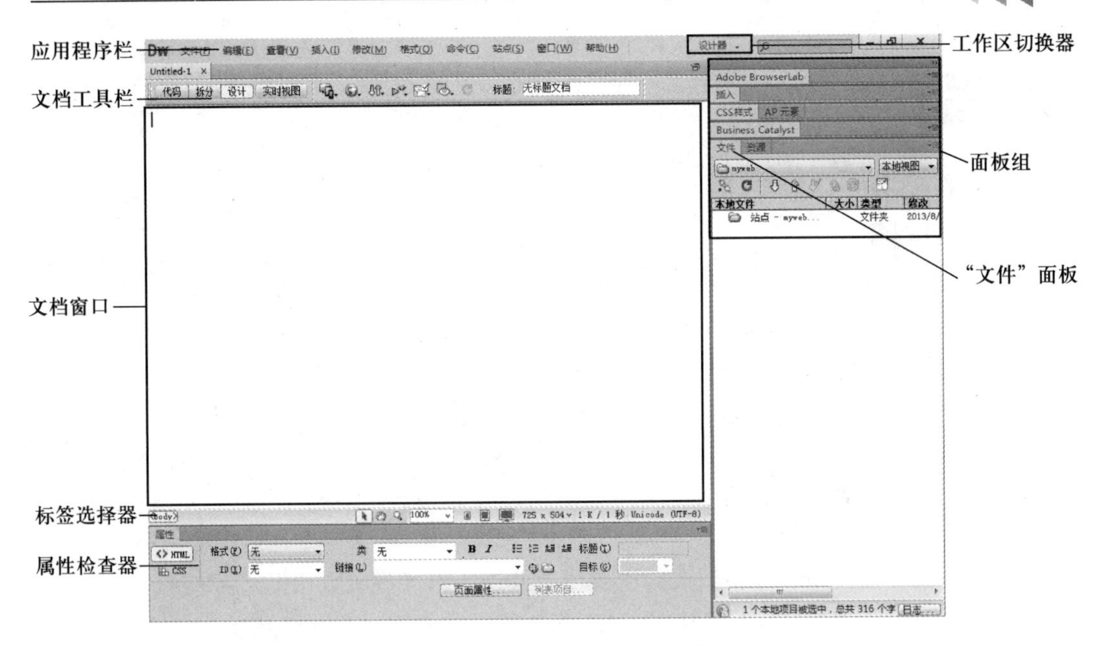

图 1-7　Dreamweaver CS6 窗口界面

查器中的内容根据选定的元素会有所不同。例如,如果选择页面上的一幅图像,则属性检查器将显示该图像的属性(图像的文件路径、图像的宽度和高度等),如图 1-8 所示。

图 1-8　属性检查器(图像)

5. 标签选择器:位于文档窗口底部的状态栏中,显示环绕当前选定内容的标签的层次结构,单击该层次结构中的任何标签可以选择该标签及其全部内容。

6. 面板组:帮助开发者对文档进行监控和修改,包括“插入”面板、“CSS 样式”面板、“文件”面板等,若要展开或收起某个面板,只需双击其选项卡。

①“插入”面板:包含用于将图像、表格和媒体元素等各种类型的对象插入文档中的按钮,双击“插入”面板,将其展开,如图 1-9 所示为“常用”类别,单击“常用”右侧的下三角按钮,可以切换“插入”面板的类别(常用、布局、表单、数据、Spry、jQuery Mobile、InContext Editing、文本、收藏夹、颜色图标、隐藏标签),如图 1-10 所示,用以插入不同类别的对象。每个对象都是一段 HTML 代码,允许在插入时设置不同的属性。例如,可以通过单击“插入”面板中的“表格”按钮来插入一个表格。也可以使用“插入”菜单中的命令来插入对象。

- “常用”类别:用于创建和插入常用的对象,例如图像和表格。
- “布局”类别:用于插入表格、表格元素、Div 标签、框架和 Spry Widget。还可以选择表格的两种视图:“标准”(默认)表格和“扩展表格”。
- “表单”类别:包含一些按钮,用于创建表单和插入表单元素(包括 Spry 验证 Widget)。
- “数据”类别:可以插入 Spry 数据对象和其他动态元素,例如记录集、重复区域以及插入记录表单和更新记录表单。

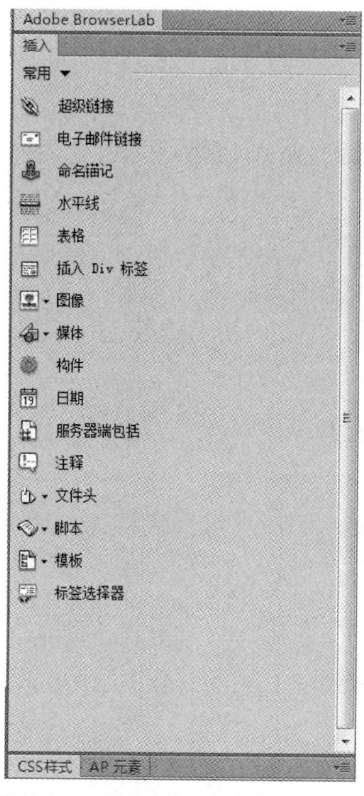

图1－9　"插入"面板"常用"类别

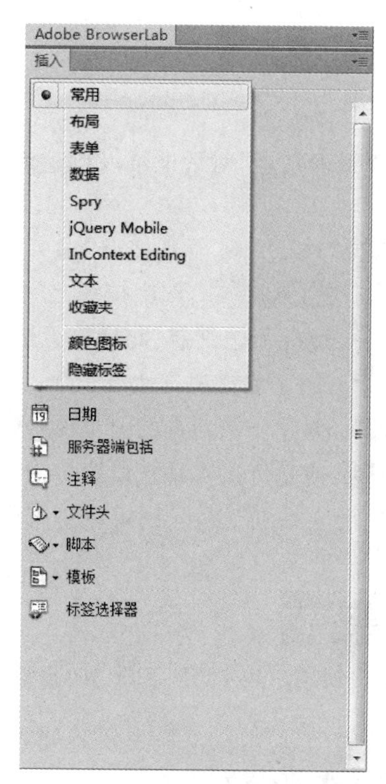

图1－10　"插入"面板各类别

- "Spry"类别：包含一些用于构建 Spry 页面的按钮，包括 Spry 数据对象和 Widget。
- "jQuery Mobile"类别：包含使用 jQuery Mobile 的构建站点的按钮。
- "InContext Editing"类别：包含供生成 InContext 编辑页面的按钮，包括用于可编辑区域、重复区域和管理 CSS 类的按钮。
- "文本"类别：用于插入各种文本格式和列表格式的标签，如 b、em、p、h1 和 ul。
- "收藏夹"类别：用于将"插入"面板中最常用的按钮分组和组织到某一公共位置。

与 Dreamweaver 中的其他面板不同，可以将"插入"面板从其默认停靠位置拖出并放置在"文档"窗口顶部的水平位置，其样式会从面板更改为工具栏（尽管无法像其他工具栏一样隐藏和显示）。

② "CSS 样式"面板：使用"CSS 样式"面板可以跟踪影响当前所选页面元素的 CSS 规则和属性（"当前"模式），或影响整个文档的规则和属性（"全部"模式），如图 1－11 所示。使用"CSS 样式"面板顶部的切换按钮可以在两种模式之间切换。使用"CSS 样式"面板还可以在"全部"和"当前"模式下修改 CSS 属性。

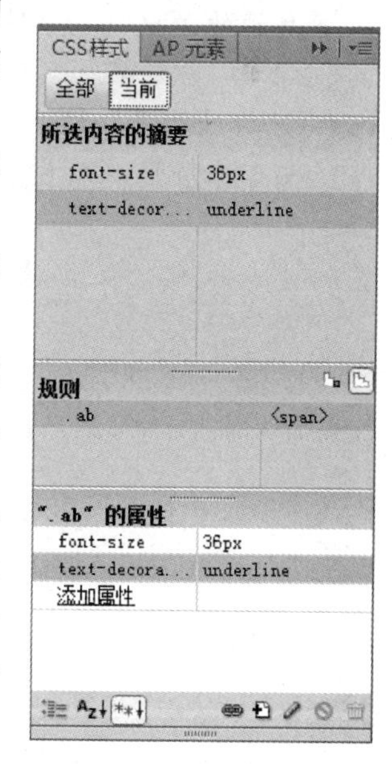

图 1－11　"CSS 样式"面板

③ "文件"面板：管理远程和本地的文件和文件夹，使用"文件"

面板，还可以访问本地磁盘上的所有文件。

四、管理站点

使用“管理站点”对话框可以创建新站点、编辑站点、复制站点、删除站点、导入或导出站点设置。

① 选择“站点”→“管理站点”命令，从左侧的列表中选择一个站点。

② 单击 四个按钮之一，可以完成如下站点操作。

删除：删除所选站点；此操作无法撤销。

编辑：用于编辑现有站点。

复制：创建所选站点的副本，副本将出现在站点列表窗口中。

导出：使您可以将站点设置导出为 XML 文件(*.ste)。

单击“导入站点”按钮，则可以进行导入操作：选择要导入的站点设置文件(*.ste)。

项目总结

站点的创建可以利用“文件”面板或“站点”菜单进行操作。

思考与深入学习

1. 建立站点过程中，在“站点设置对象”对话框中，有“站点”、“服务器”、“版本控制”、“高级设置”四个选项，在本项目中，仅仅使用“站点”选项进行站点设置，其他三个选项何时使用？请课后查阅相关资料自行学习。

2. 在新建站点时，可利用下述三种方法创建：单击“文件”面板中的“管理站点”，或单击“站点”菜单下的“新建站点”命令，也可单击“站点”菜单下的“管理站点”命令。“新建站点”与“管理站点”一样吗？请比较这三种方法有何区别，在具体操作时有何差异。

3. 对于本项目中不太懂的概念，你能借助软件的帮助功能或利用网络进行学习吗？

2 项目2 “周庄，中国第一水乡”——第一个页面

学习目标

了解网页制作的基本流程，掌握网页制作的基本方法，掌握添加网页标题、设置默认图像文件夹的方法等。

项目要求

分析图2-1所示网页的结构，制作完成“周庄，中国第一水乡”网页。

图2-1 “周庄，中国第一水乡”网页

项目分析

表格布局是网页制作中的一种基本技术。本项目利用表格合理地布局网页的最基本元

素——文字、图片、超链接，从而将它们有机地组织起来。本项目还通过设置网页标题，实现在浏览器中浏览网页时，在标题栏中显示网页主题。

完成本项目分两步：创建站点文件夹及创建站点；创建首页 index. html，按图 2 - 1 所示编辑此页面。

探索学习

根据相关学习资料，探索创建站点、创建站点图像文件夹及首页的方法；探索页面属性的设置方法；探索用表格布局网页的方法、表格及其属性的设置。

操作步骤

1. 设置 E:\web 文件夹为站点文件夹，站点名称为 myweb。

2. 创建站点下用于存放图像的文件夹。在“文件”面板中选择站点，单击右键，选择“新建文件夹”命令，如图 2 - 2 所示；将文件夹命名为“images”，如图 2 - 3 所示。

图 2 - 2　新建文件夹

3. 创建空白首页文件。用与上述相同的方法建立首页文件 index. html，如图 2 - 4 所示。

4. 打开首页文件 index. html。双击创建好的首页文件 index. html，即可将其打开，如图 2 - 5 所示。

5. 设置网页标题。在文档工具栏中的“标题”文本框中输入“周庄——中国第一水乡”，如图 2 - 6 所示。

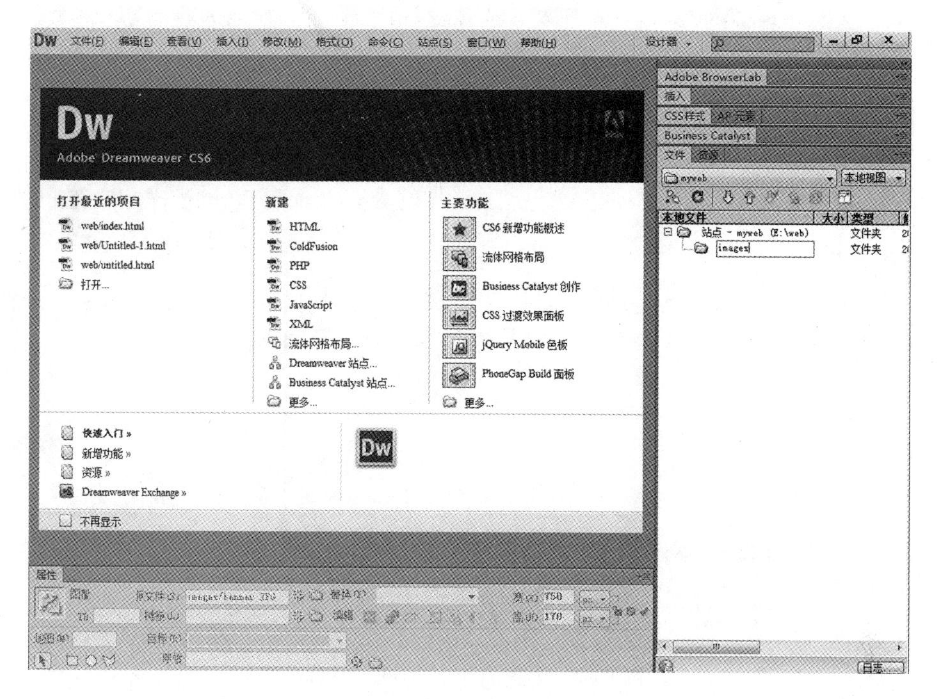

图 2-3　为新建文件夹命名

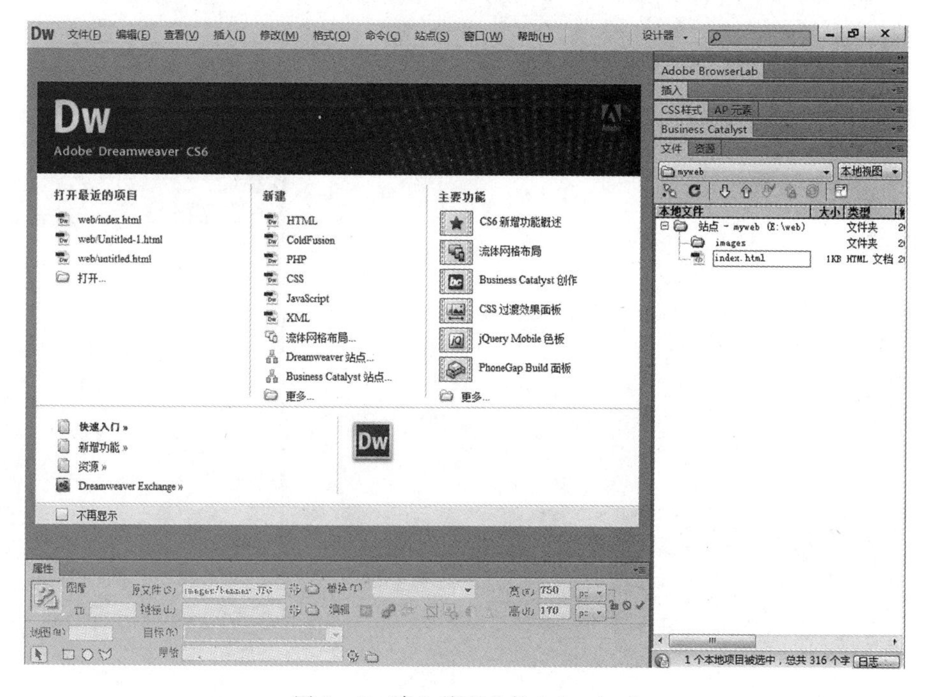

图 2-4　建立首页文件 index.html

6. 设置页面属性。单击属性检查器中“页面属性”按钮,打开“页面属性”对话框,分别设置“外观”、“链接”分类项目的参数,如图 2-7、图 2-8 所示。其中图 2-7“外观”参数中的“背景

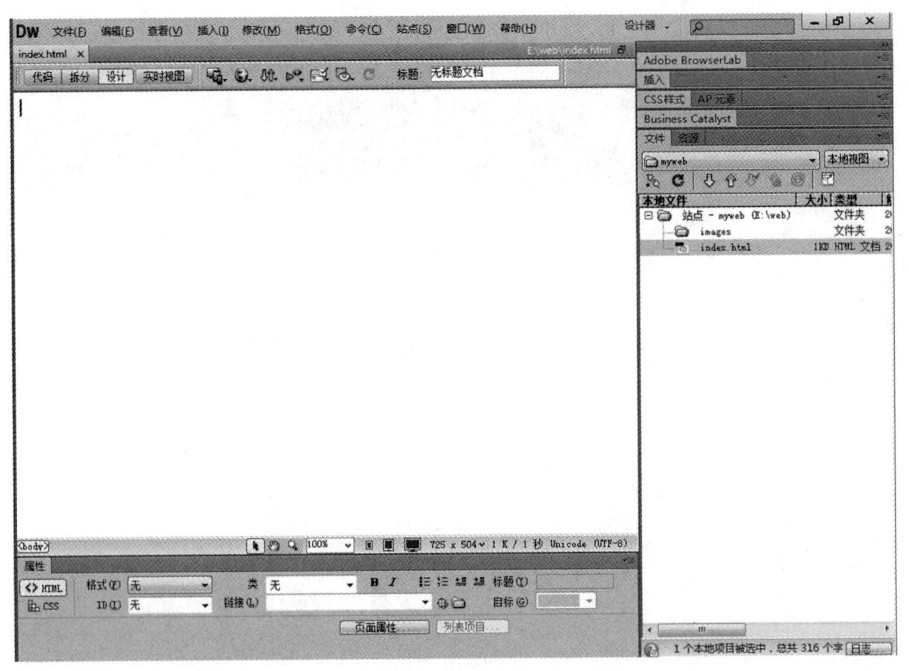

图 2-5　打开首页文件 index. html

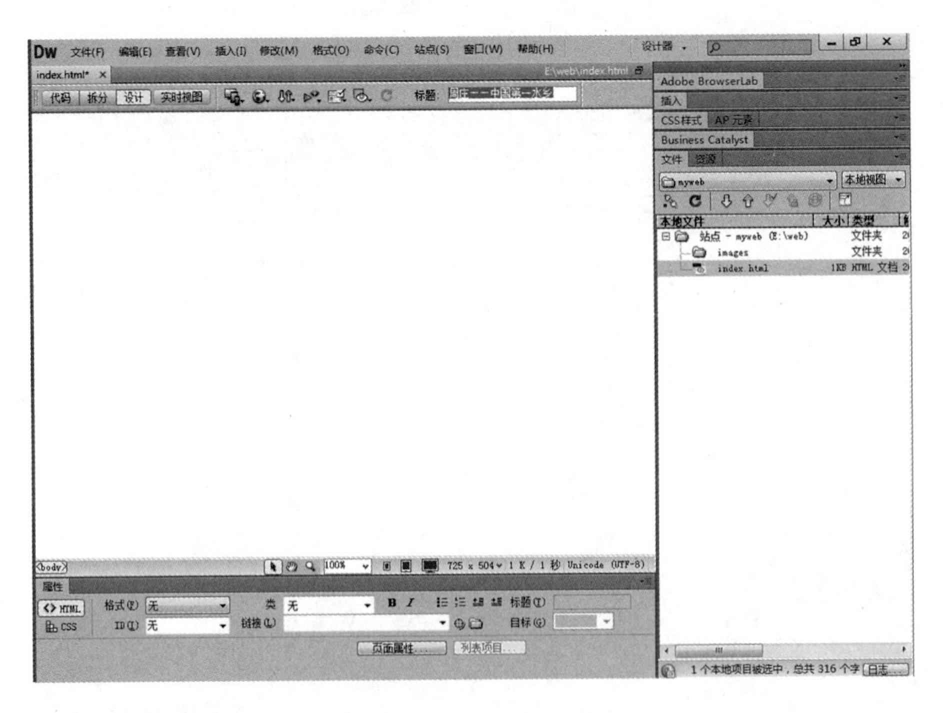

图 2-6　设置网页标题

图像”在本书配套光盘的“案例文件\项目 2\项目 2 素材”文件夹内，选择背景图像后，在弹出的复制图像对话框中，单击“是”按钮，将其复制到刚刚建立的 images 文件夹内，如图 2-9、图 2-10 所示。设置好的页面如图 2-11 所示。

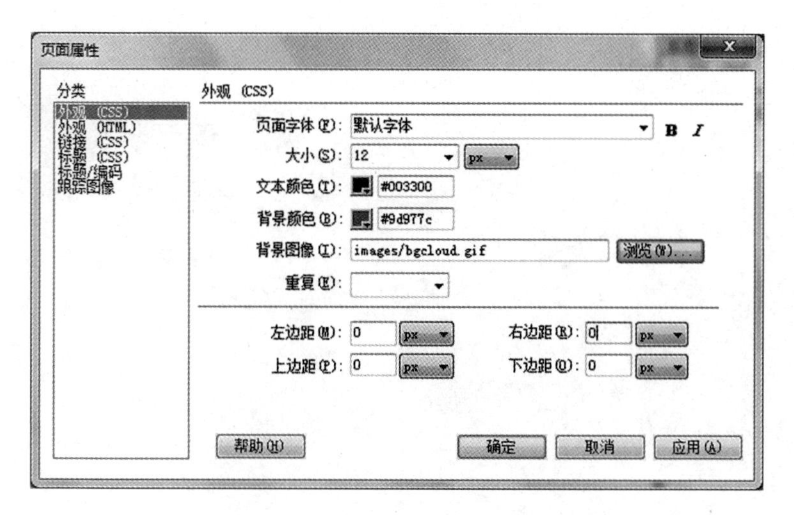

图 2－7 设置“页面属性”中的“外观”参数

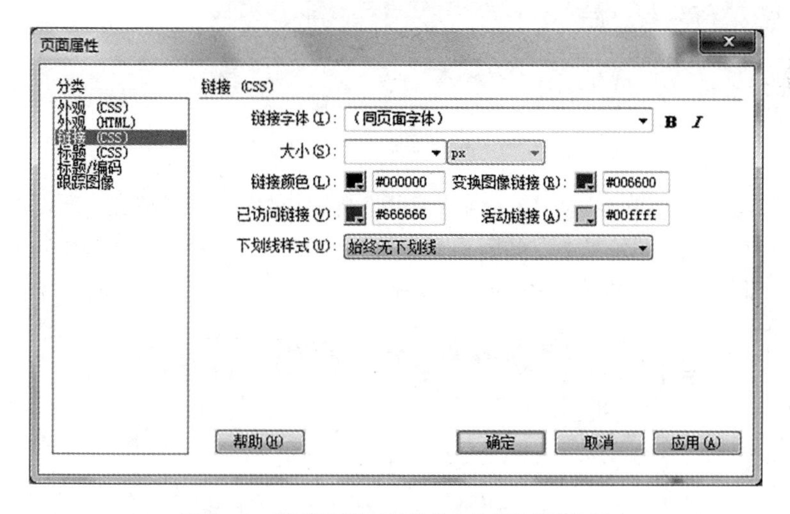

图 2－8 设置“页面属性”中的“链接”参数

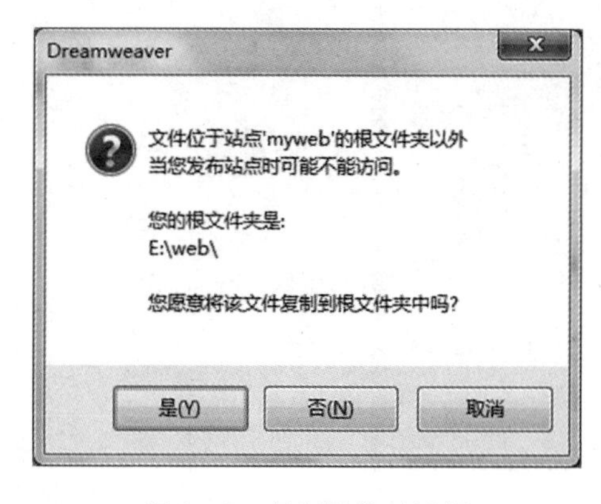

图 2－9 复制图像对话框

图 2－10 选择图像保存位置

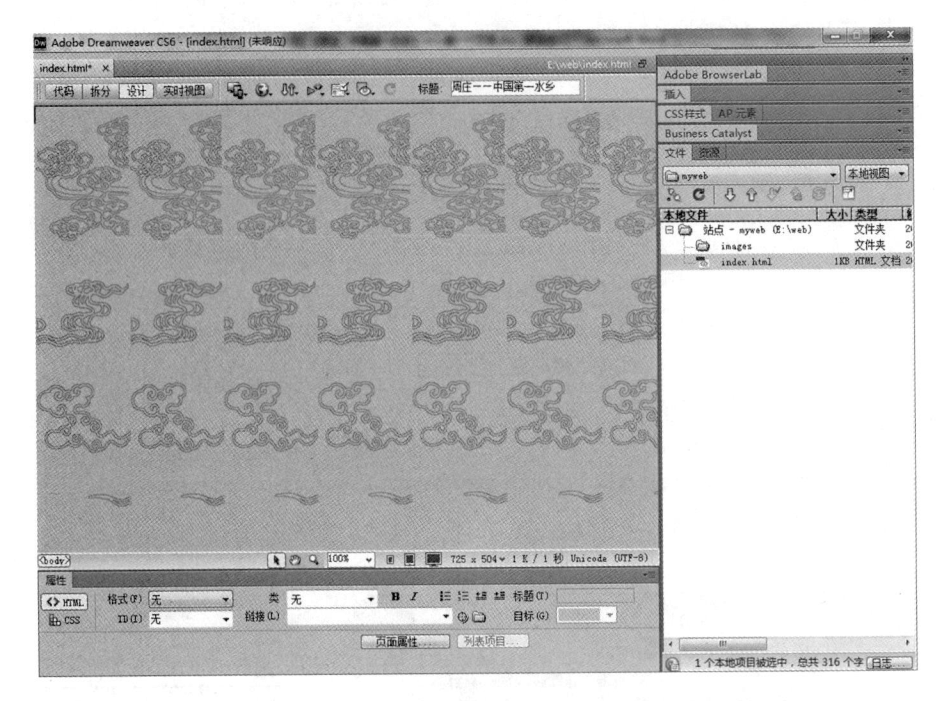

图 2－11　设置页面属性后网页效果

7. 用表格布局页面。单击“插入”面板“常用”类别中的“表格”按钮，插入一个 4 行 1 列的表格（用于布局 Banner 条、导航栏、页面主体、版权信息），表格宽度为 750 像素，表格设置如图 2－12 所示。插入表格后的页面如图 2－13 所示。

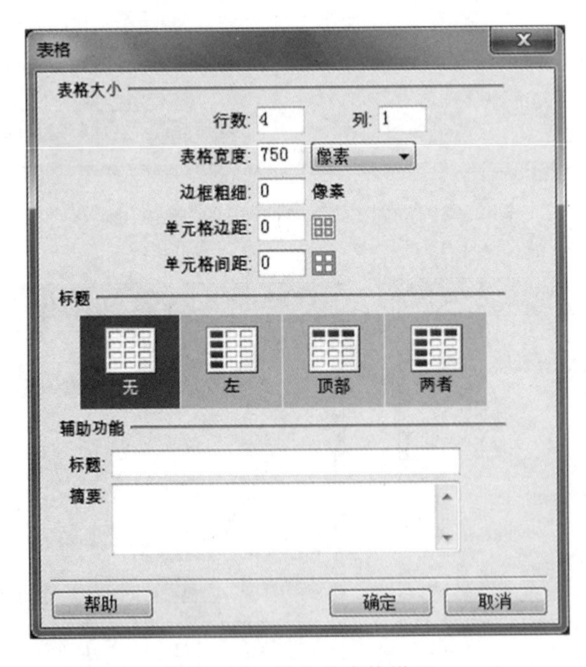

图 2－12　插入的表格设置

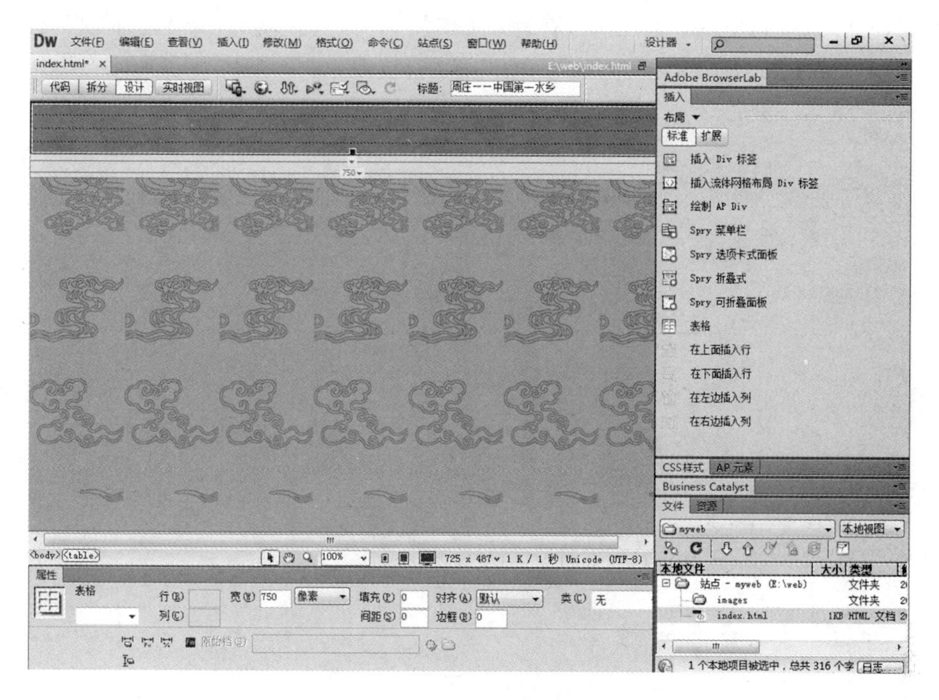

图 2－13　插入表格后效果

8. 设置 Banner 条。将光标定位在表格第 1 行的单元格内，单击“插入”面板“常用”类别中的“图像”按钮，插入图像，如图 2－14 所示。在弹出的“选择图像源文件”对话框中选择“banner. JPG”文件，如图 2－15 所示。单击“确定”按钮后，弹出如图 2－16 所示对话框，要求将插

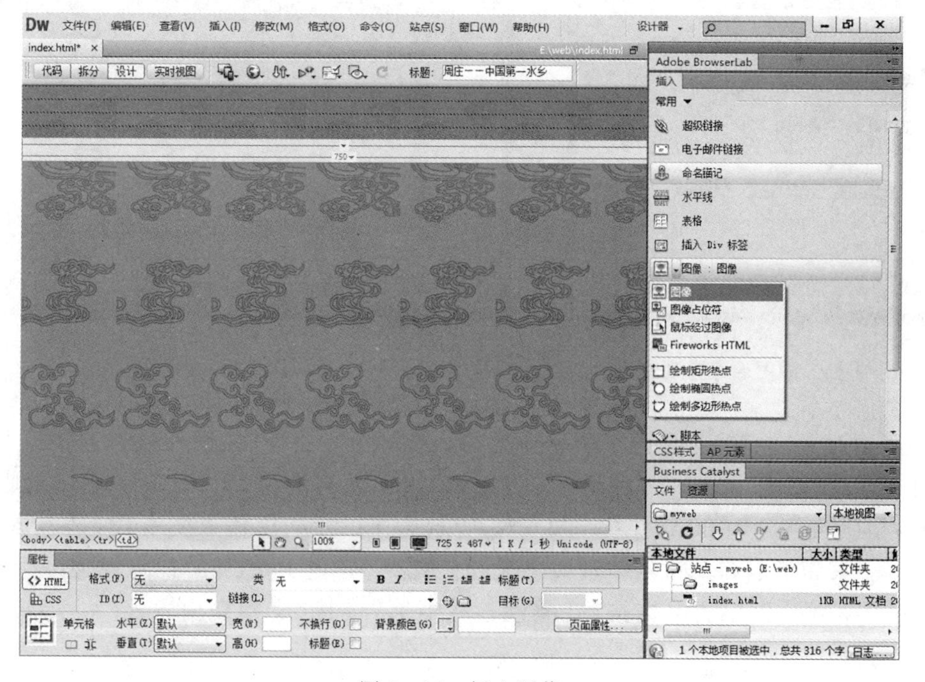

图 2－14　插入图像

入的图片保存到站点内；单击“是”按钮，在弹出的“复制文件为”对话框中选择站点文件夹 E:\web 下的 images 文件夹，如图 2－17 所示，单击“保存”按钮，在弹出的“图像标签辅助功能属性”对话框中单击“确定”按钮。

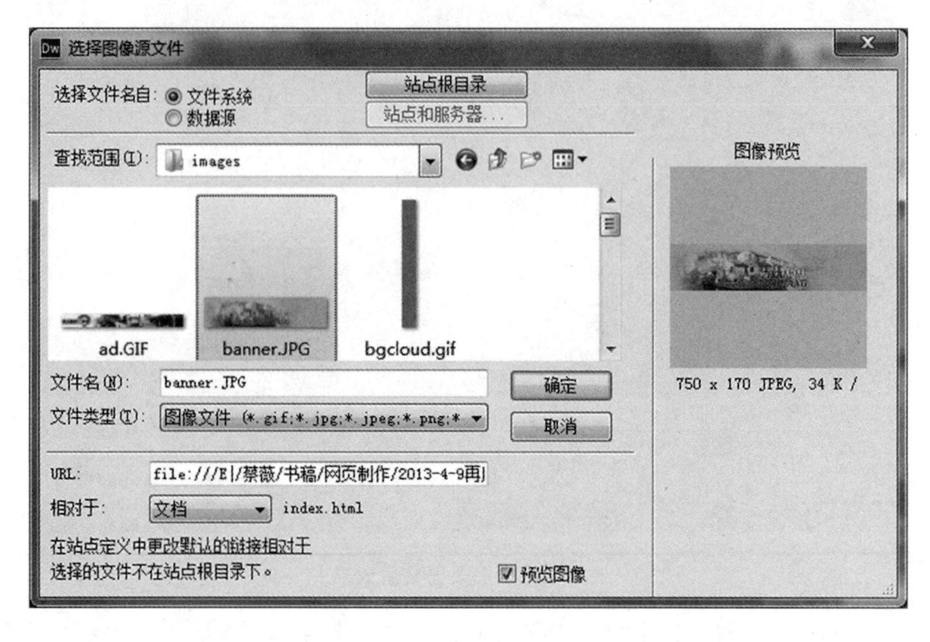

图 2－15　选择插入的图像文件

图 2－16　将插入的图像保存到站点内

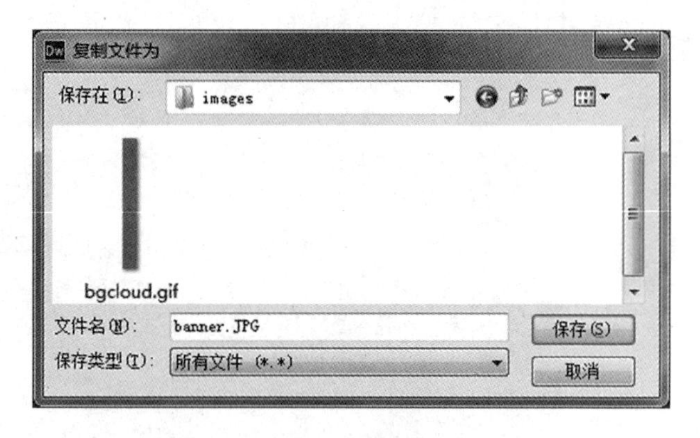

图 2－17　选择插入图像保存的位置

9. 设置导航栏。将光标定位于表格中的第 2 行的单元格内，在属性检查器中设置此单元格水平对齐方式为“居中对齐”，垂直对齐方式为“居中”，高度为 20。背景色用吸管吸取 Banner 条中的相应颜色(#BEB8A8)，如图 2－18 所示。在单元格内输入文本“景区景点|都市风貌|生活购物|宾馆酒店|节日风情|现代建筑|古迹名胜|特色小吃|导游指南|旅游地图|其他图片”，并为其中每组文字设置空链接(在属性检查器的“链接”文本框内输入“#”)，如图 2－19 所示。

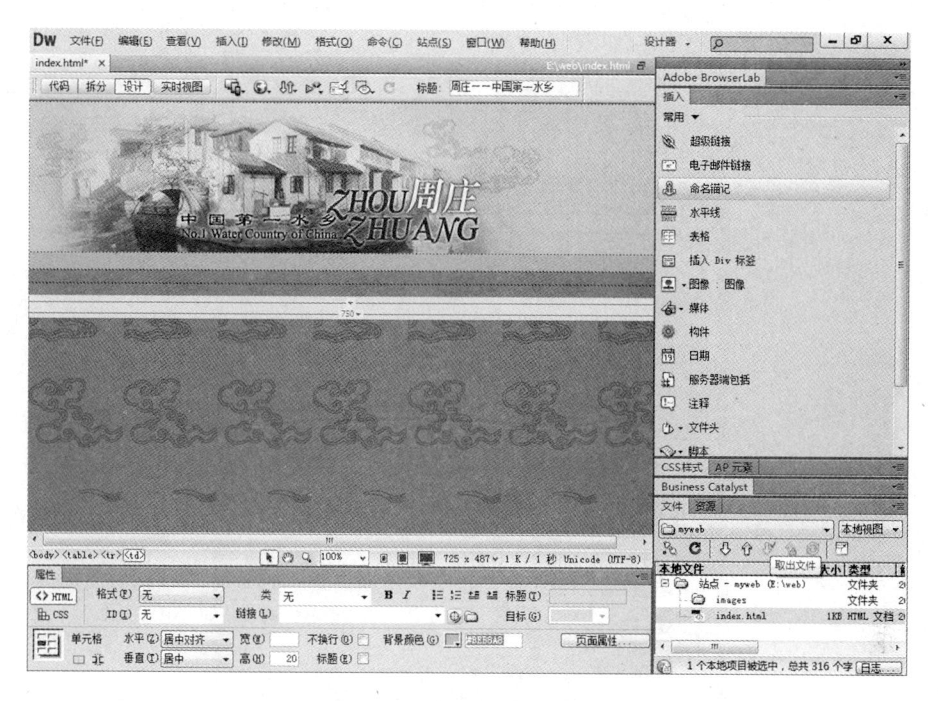

图 2－18　设置单元格背景色

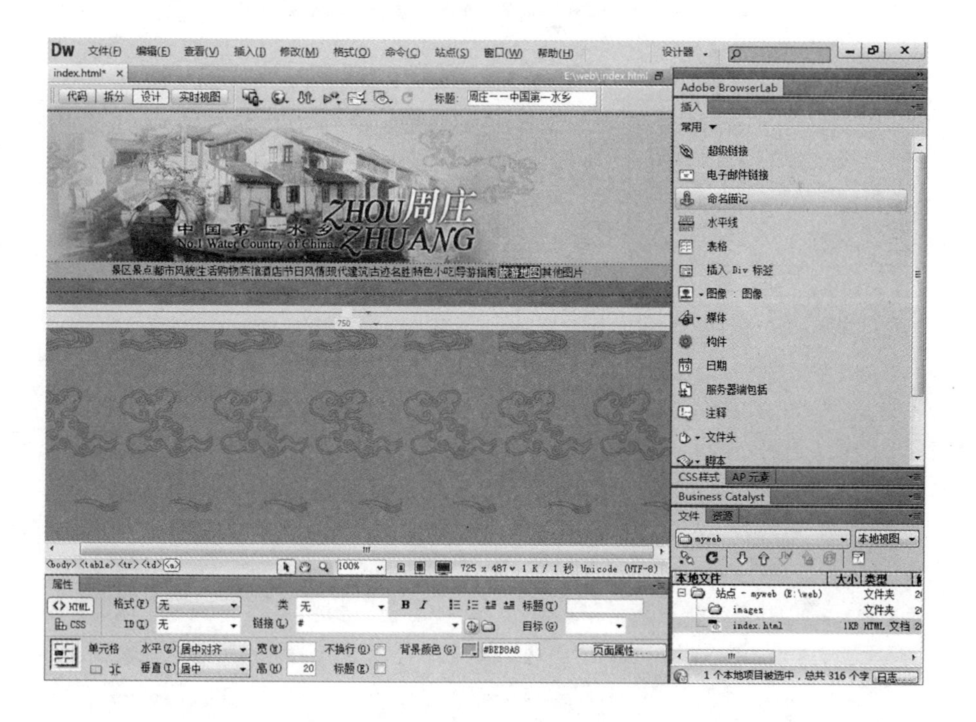

图 2－19　为导航条文字设置空链接

10. 设置页面主体部分。将光标定位于表格的第 3 行的单元格内，在此单元格内插入一个 10 行 1 列表格，表格宽度为 100%，如图 2－20 所示，插入后效果如图 2－21 所示。选择标签选择器中的〈td〉标签，即刚刚建立的表格（标签为〈table〉）所在的单元格，设置背景色为"#CDCAB9"（可用吸管吸取 Banner 条中相应颜色），如图 2－22 所示，结果如图 2－23 所示。

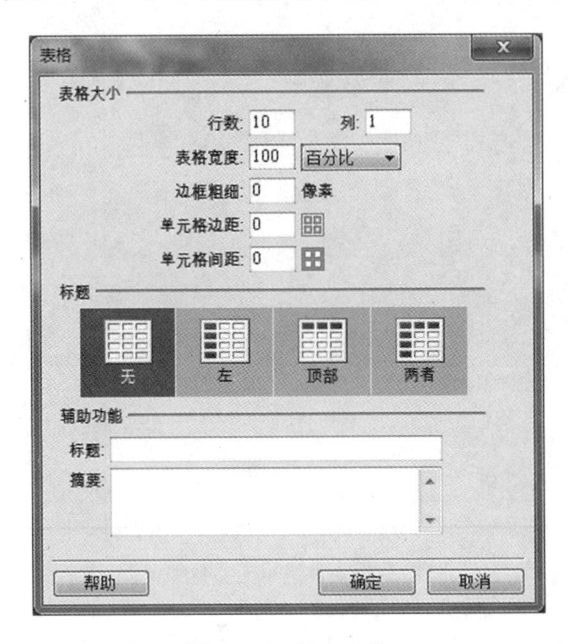

图 2－20　插入表格

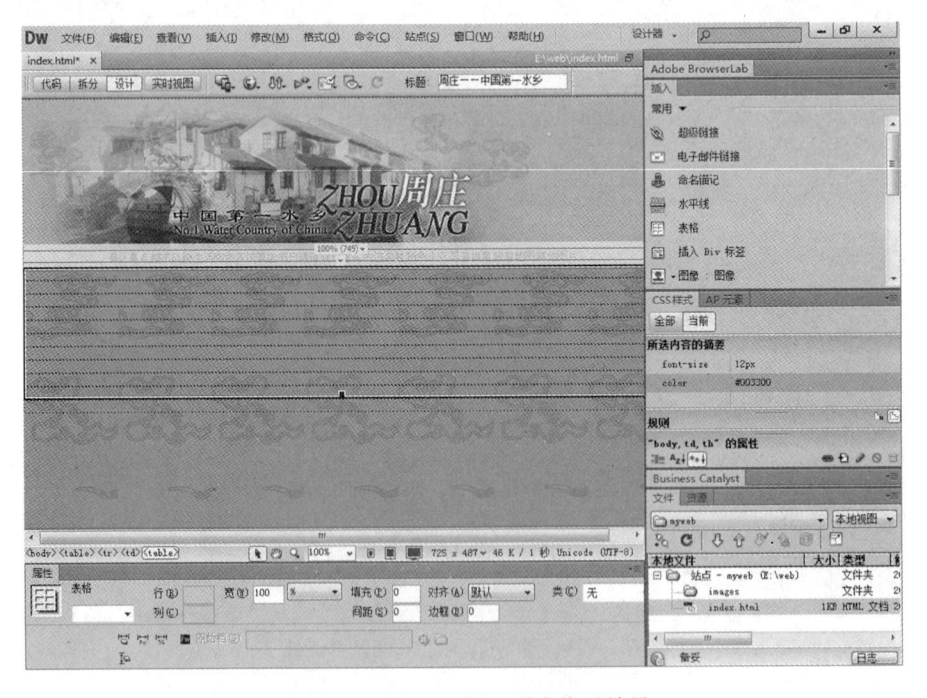

图 2－21　插入 10 行 1 列表格后效果

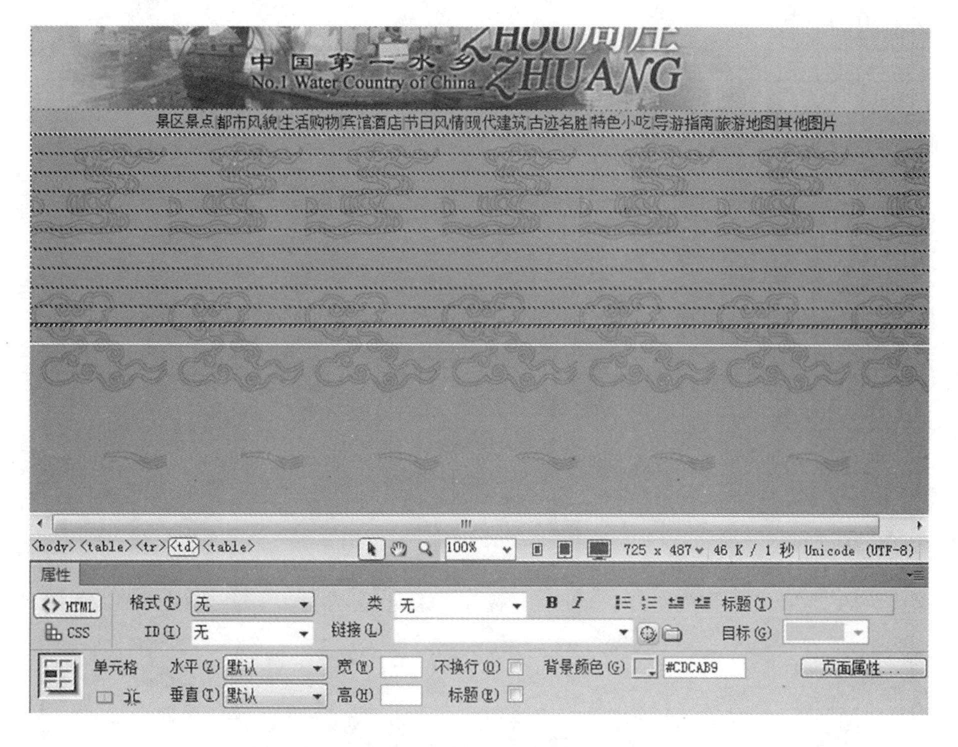

图 2－22　设置表格所在单元格背景色

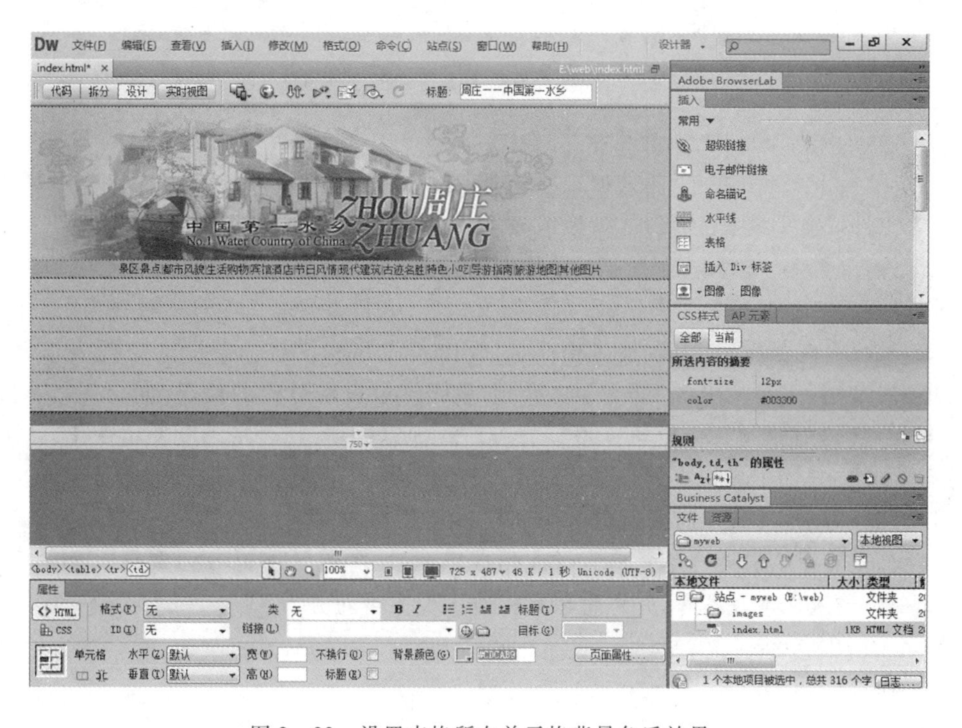

图 2－23　设置表格所在单元格背景色后效果

主体部分各行设置如下。

第 1 行：输入文本“ = 最新加入 = ”（如无法输入空格，需要单击“编辑”→“首选参数”命令，勾选“首选参数”对话框“常规”类别中“允许多个连续的空格”复选框，如图 2－24 所示），文本加粗，单元格高为 30 px。

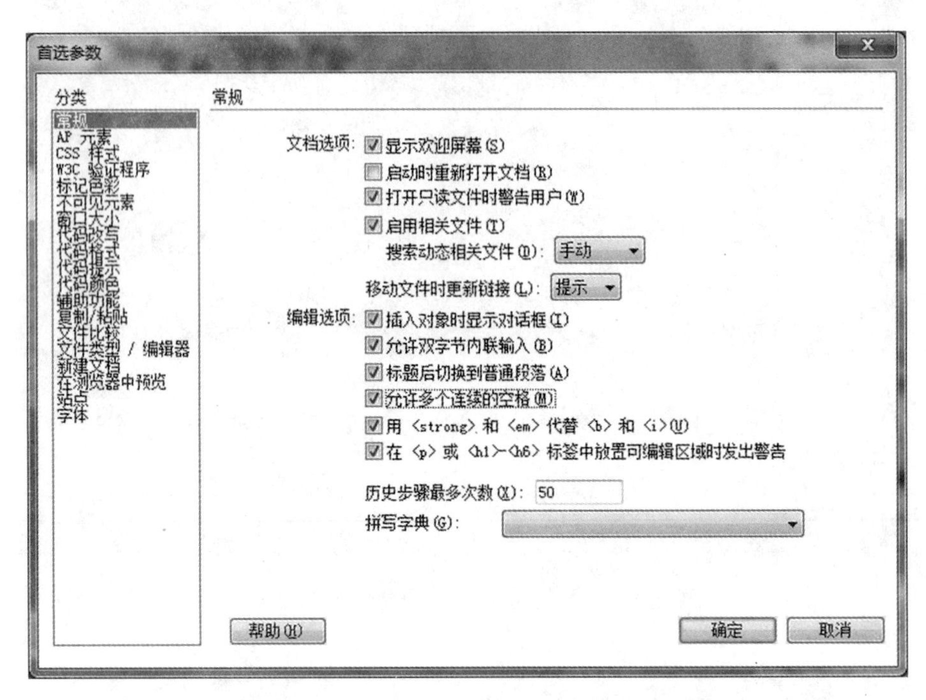

图 2－24 设置允许多个连续的空格方法

第 2 行：插入图片 ad. jpg，单元格水平居中对齐。

第 3 行：插入水平线（单击“插入记录”→“HTML”→“水平线”命令），单元格水平居中对齐，单元格高为 30 px；水平线宽为 95%，高为 1 px（以下水平线相同）。

第 4 行：输入文本“ = 精彩频道 = ”，其他设置同第 1 行。

第 5 行：插入一个 1 行 6 列表格，以布局图文内容，表格设置宽为 95%，对齐为“居中对齐”，如图 2－25 属性检查器所示；为设置表格高为 100 px，先在标签选择器中选定此表格〈table〉标签，然后单击“文档”工具栏中的“拆分”按钮，则左侧显示表格对应的代码，如图 2－25 所示，在左侧的〈table〉代码中加入“height = "100"”，然后按 F5 键刷新，则表格高度发生变化，如图 2－26 所示，然后单击“文档”工具栏中的“设计”按钮，返回“设计”视图；此表格中，凡是输入文本的单元格再将其拆分为两行（选定需要拆分的单元格，单击“修改”→“表格”→“拆分单元格”菜单命令或在属性检查器中单击拆分单元格为行或列按钮，将一个单元格拆分为 2 行），如图 2－27 所示；按图 2－28 输入文本及图片，并调整单元格宽度及文本对齐。

第 6 行：插入水平线。

第 7 行：同第 5 行。

第 8 行：插入水平线。

第 9 行：同第 5 行。

设置完成后效果如图 2－29 所示。

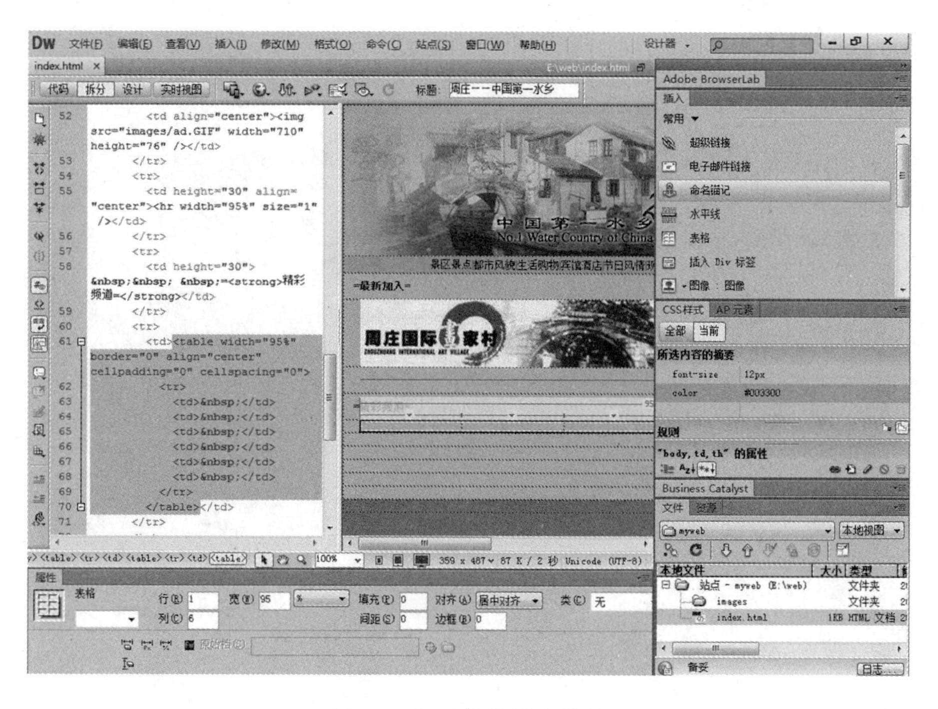

图 2－25　表格属性及代码

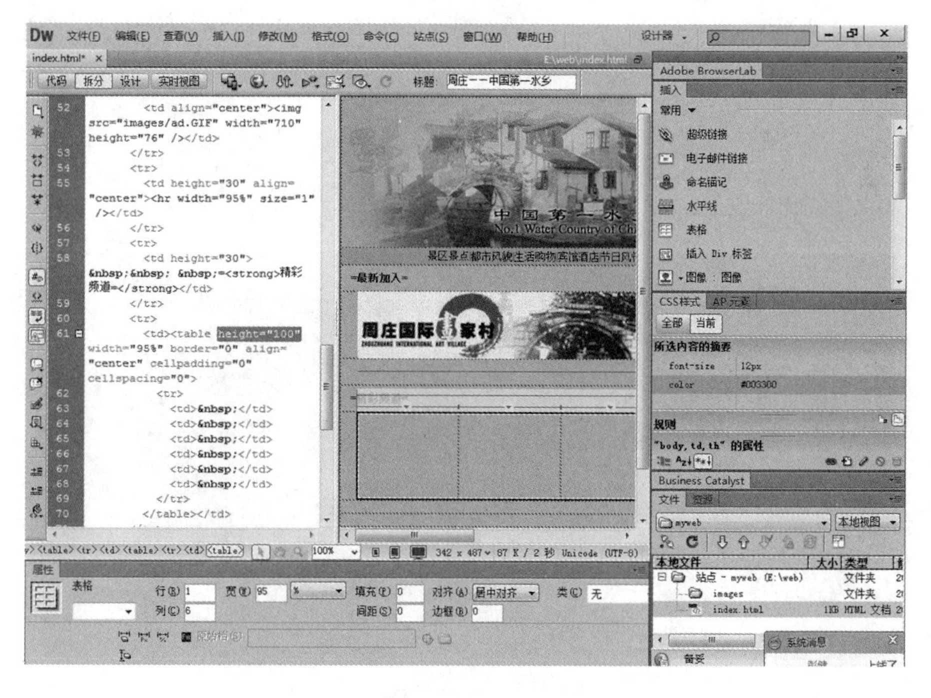

图 2－26　修改代码设置表格高度

图 2－27 拆分单元格

图 2－28 添加网页内容

图 2-29 设置完成后效果

11. 设置版权信息。将光标定位于版权信息单元格内，设置单元格高为 60 px，水平居中，垂直居中，背景颜色与导航栏一致；输入版权所有信息相应文本（注意：第 1 行文本与第 2 行文本之间按下 Shift + 回车键进行换行），如图 2-30 所示。

图 2-30 文本手动换行

12. 预览网页。按下 F12 键,以查看网页效果,如图 2-31 所示。

图 2-31 网页预览效果

相关知识

一、首页名称

首页文件通常命名为 index. html 或 default. html,本书一般将其命名为 index. html。

二、网页的几种视图方式

1. “设计”视图:一个用于可视化页面布局、可视化编辑和快速应用程序开发的设计环境。在此视图中,Dreamweaver 显示文档的完全可编辑的可视化表示形式,类似于在浏览器中查看页面时看到的内容。

2. “代码”视图:一个用于编写和编辑 HTML、JavaScript、服务器语言代码(如 PHP 或 ColdFusion 标记语言(CFML))以及任何其他类型代码的手工编码环境。

3. “拆分”视图:可以在一个窗口中看到同一文档的“代码”视图和“设计”视图。

4. “实时”视图:类似于“设计”视图,“实时”视图更逼真地显示文档在浏览器中的表示形式,并使用户能够像在浏览器中那样与文档进行交互。“实时”视图不可编辑。但可以在“代码”视图中进行编辑,然后刷新“实时”视图来查看所做的更改。

5. “实时代码”视图:仅当在“实时”视图中查看文档时可用。“实时代码”视图显示浏览器用于执行该页面的实际代码，当在“实时”视图中与该页面进行交互时，它可以动态变化。“实时代码”视图不可编辑。

当文档窗口处于最大化状态(默认值)时，文档窗口顶部会显示选项卡，其中显示所有打开的文档的文件名。如果文档尚未保存已做的编辑修改，则 Dreamweaver 会在文件名后显示一个星号。

用户可以在文档窗口中通过“代码”视图、“设计”视图或“拆分”视图查看文档内容，并根据自己的习惯与需要使用任何一种视图方式对文档进行编辑修改，无论使用何种视图方式，在浏览器中浏览的效果是相同的。

三、设置默认图像文件夹

如果站点中的图片文件均存放在文件夹 images 中，为避免每次插入图片均要求用户选择站点中存放图片位置，可以在建立站点时设置默认图像文件夹，设置方法是：单击“站点”→“管理站点”，选择要设置的站点，单击“编辑当前选定的站点”按钮，在弹出的“站点设置对象”对话框中，单击“高级设置”→“本地信息”，在“默认图像文件夹”中设置图片文件的文件夹 images，如图 2 - 32 所示。

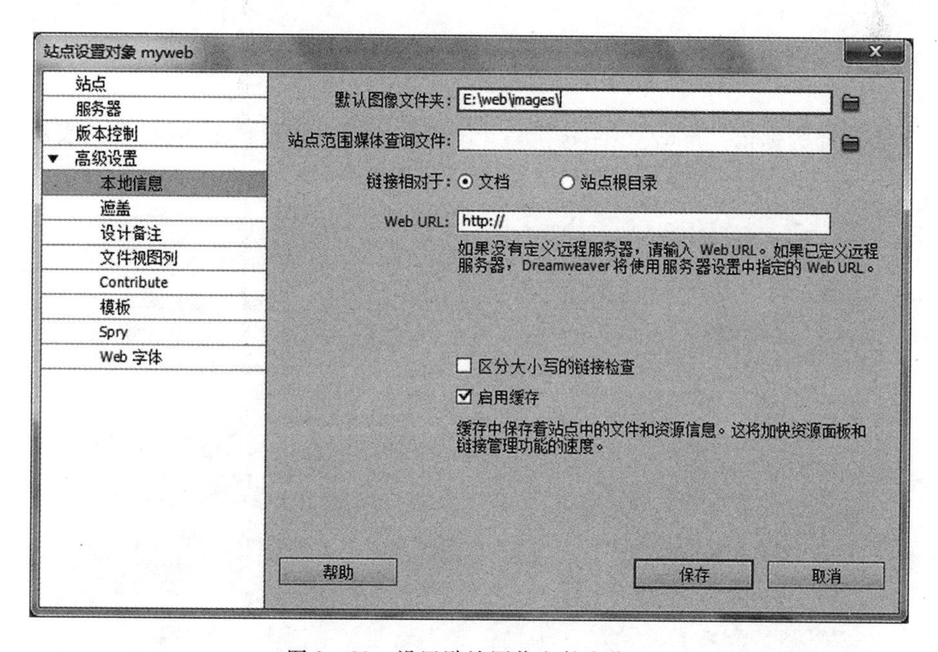

图 2 - 32 设置默认图像文件夹位置

四、图像标签辅助功能属性

如果在插入图像时不希望弹出“图像标签辅助功能属性”对话框，按提示可以在“首选参数”对话框中进行设置，方法是：单击“编辑”→“首选参数”，在弹出的“首选参数”对话框中，取消选中“辅助功能”分类中的“图像”复选框，如图 2 - 33 所示。

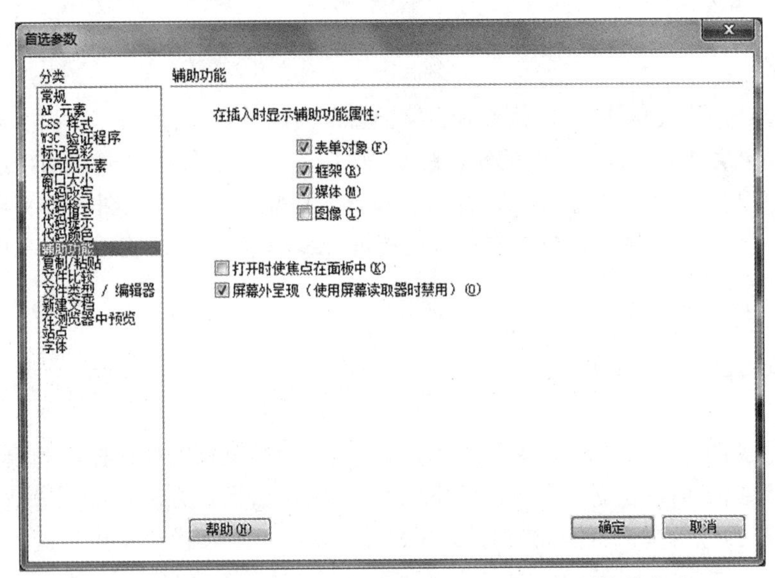

图 2－33　取消弹出“图像标签辅助功能属性”对话框的方法

五、快速选定网页对象的方法

单击文档底部的标记:〈body〉表示选定整个页面,〈table〉表示选定表格,〈tr〉表示选定表格中的行,〈td〉表示选定表格中某一单元格,〈hr〉表示选定水平线,如图 2－34 所示。

图 2－34　网页对象标记

六、换行符

按回车键可以创建一个新段落。通过插入一个换行符，可以在段落之间添加一个空格行，但不产生新段落。图 2－35 所示为按回车键后的结果。换行符的 HTML 标记是〈br/〉，回车符的 HTML 标记是〈p〉〈/p〉，如图 2－36、图 2－37 所示。

图 2－35　按回车键后的结果

图 2－36　换行符的 HTML 标记〈br/〉

需要注意的是，加了换行符后，换行符前后的内容仍然属于同一段落，它们的段落格式一定相同。

图 2-37 回车符的 HTML 标记〈p〉〈/p〉

项目总结

本项目通过创建一个首页页面(首页的名称一般为 index.html 或 default.html)掌握创建一个页面的基本步骤与方法。一个完整的页面一般由 Banner 条、导航栏、页面主体、版权信息几个部分组成,如图 2-38 所示,各组成部分一般用表格进行布局,其中主体部分内容较多,可以用本项目所介绍的表格嵌套方法布局。

图 2-38 页面的一般构成

思考与深入学习

1. 自己查找相关资料,了解 Banner 条、导航栏的作用。

2. 如何将站点下的 images 文件夹设置为默认的图像文件夹?

3. 观察“页面属性”中的“标题/编码”分类,你有什么发现?设置网页标题还有什么方法?

4. 如何使用菜单命令插入表格?

5. 当表格中插入文本或图像后,单元格宽度会自动调整,使得单元格宽度变化无常,如何使单元格宽度保持不变?

6. 比较图 2-36 与图 2-37,换行符与回车符区别在哪?

7. 按照项目的操作步骤,完成的页面对于屏幕并未居中对齐,如何修改,使页面在整个屏幕居中(图 2-38)?

3 项目3 “教材简介”——文本与图像的应用

学习目标

掌握 Dreamweaver 下编辑文本与图像的方法。

项目要求

分析图 3-1 所示“教材简介”网页，完成“教材简介”网页的设计。

图 3-1 “教材简介”网页

项目分析

文本与图像是组成网页的基本元素，如何合理使用与编排文本与图像，是网页设计与制作的一项重要任务。本项目将学习文本与图像的编辑技术，重点掌握不同文本（标题与正文）的字体、行距等格式控制，图像插入及其属性设置。

探索学习

根据相关学习资料，探索文本与图像的编辑方法（文本和图像的属性及格式设置）。

操作步骤

1. 在磁盘上创建 web3 文件夹（如在 E：盘下创建 web3 文件夹），在 web3 文件夹下再创建 images 文件夹，以存放网站中的图像。

2. 建立站点 myweb3。单击“站点”→“管理站点”命令，单击“新建站点”按钮，在弹出的对话框中进行设置，将本地站点文件夹设置为新建的 web3 文件夹，默认图像文件夹指向 web3\images 文件夹，如图 3－2、图 3－3 所示。在新建的站点下创建文件 intro. html，并打开此文件。

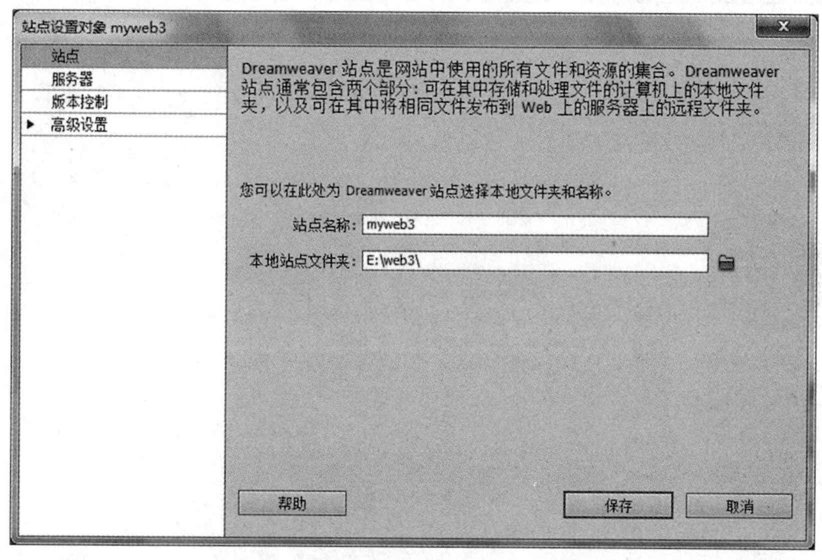

图 3－2 新建并设置站点文件夹

3. 将光盘素材中的相应文本复制到文件中，并在文末加入版权信息“版权所有：蔡薇　更新时间：”，在更新时间后加入系统当前时间（单击“插入”→“日期”命令），设置对齐方式为“右对齐”（选定版权信息，单击“格式”→“对齐”→“右对齐”命令），如图 3－4、图 3－5 所示。

4. 文本格式设置。将第 1 行文本设置为“标题 2”，将文本“内容提要”、“目录信息”、“前言”、“相关资源”设置为“标题 1”，并分别在文本“内容提要”、“目录信息”、“前言”、“相关资源”前面插入水平线（宽 98％、高 1 像素、无阴影）。设置方法是：选中第 1 行文本，在属性检查器中

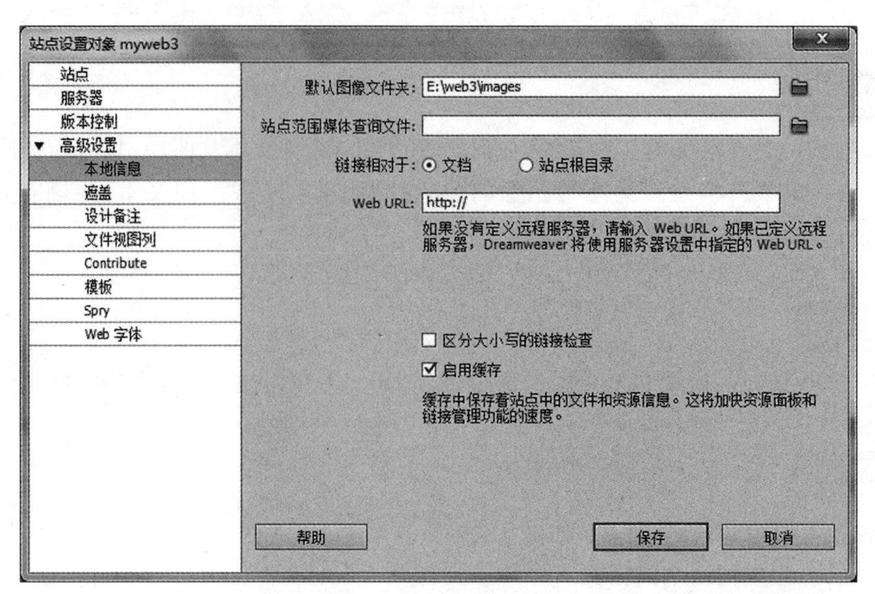

图 3－3　设置默认图像文件夹

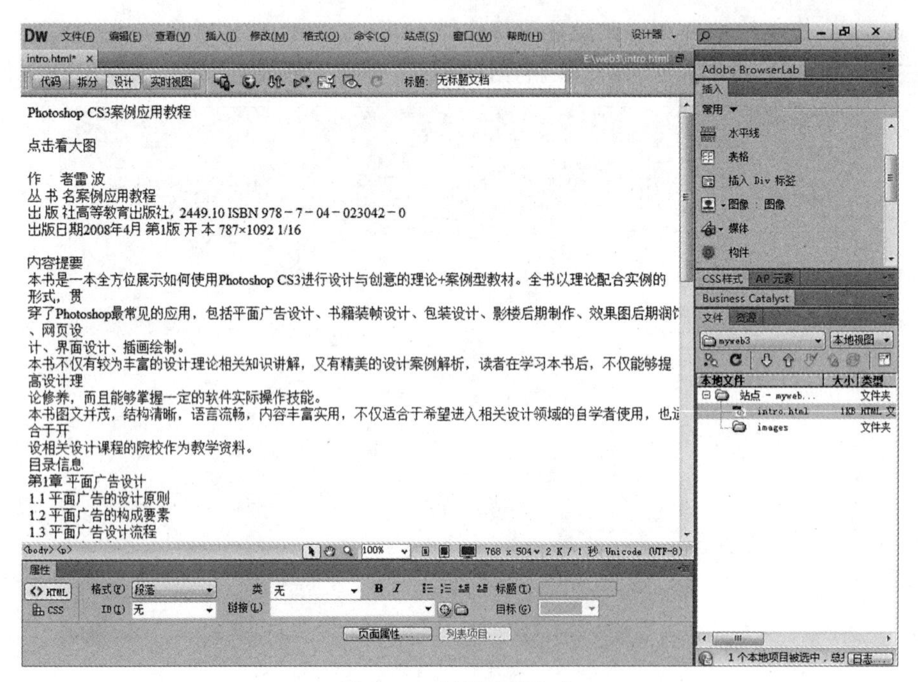

图 3－4　复制素材文本

设置“格式”为“标题 2”（注意：设置完成后，第 2 行“点击看大图”文本也变为“标题 2”格式，是因为第 1 行与第 2 行之间插入的是换行符，与第 1 行仍然属于同一段落，段落格式一定相同，此时，只要把两段文本合并，再用回车符分开，将第 2 行文本设置成新的段落即可，如图 3－6 所示）；运用相同方法设置并处理其他文本，并按图 3－7 理顺文本内容与格式；插入水平线：将光标定位于要插入水平线的文本前，插入水平线，设置水平线属性（宽 98%、高 1 像素、取消选中“阴影”复选框）。最后设置完成效果如图 3－7 所示。

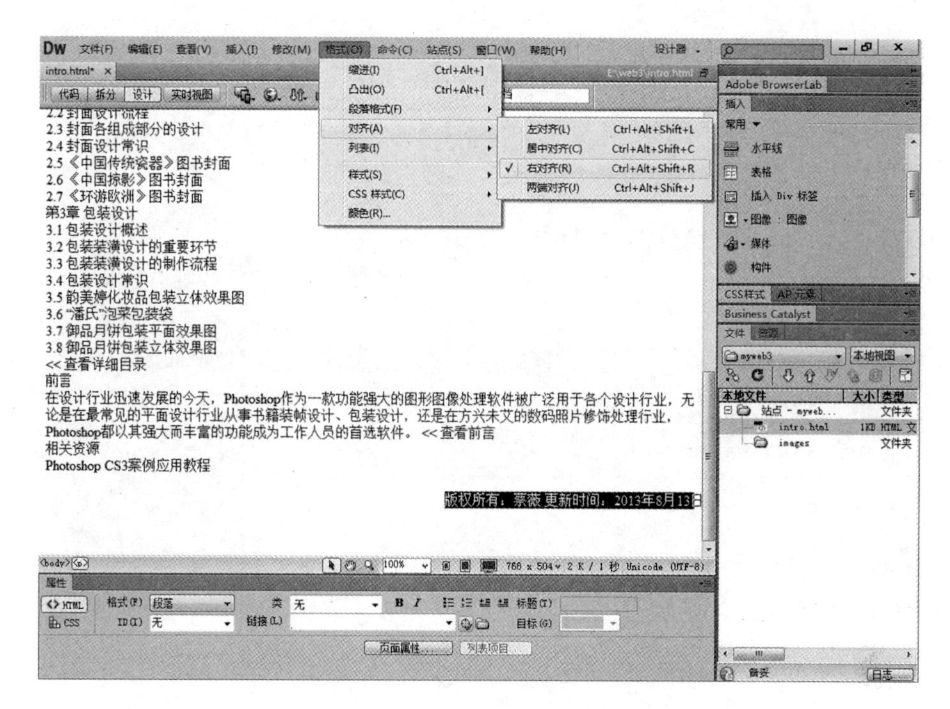

图 3-5 插入系统日期并设置对齐方式

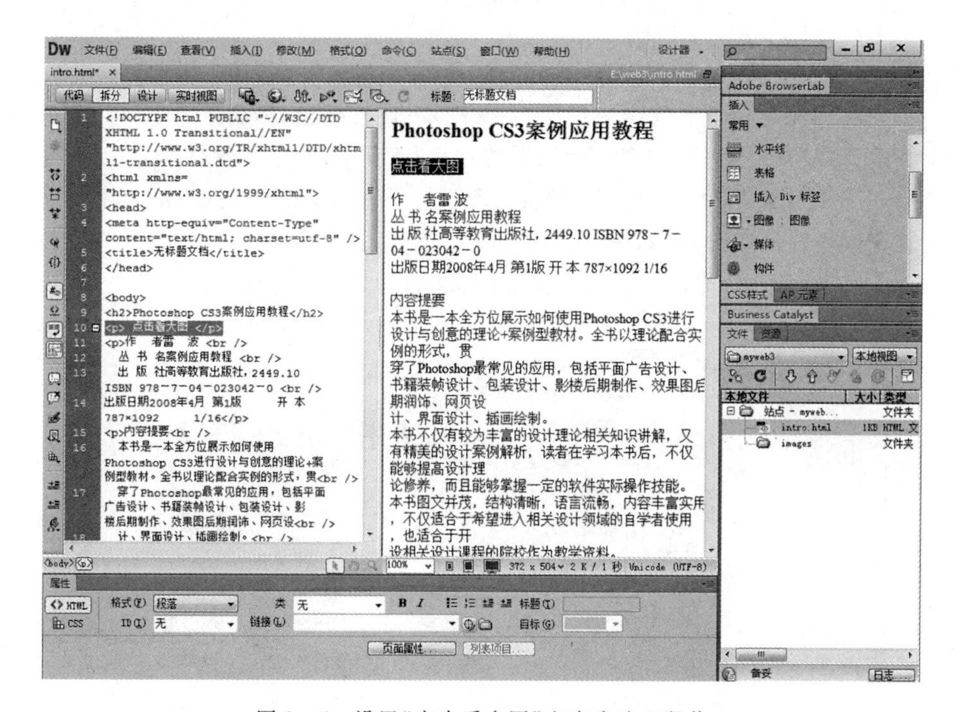

图 3-6 设置“点击看大图”文本为独立段落

5. 使用页面属性修改标题及正文格式。单击属性检查器中的“页面属性”按钮，设置外观：页面字体大小为 12 像素，左、右边距为 50 像素，上、下边距为 10 像素，如图 3-8 所示；设置链

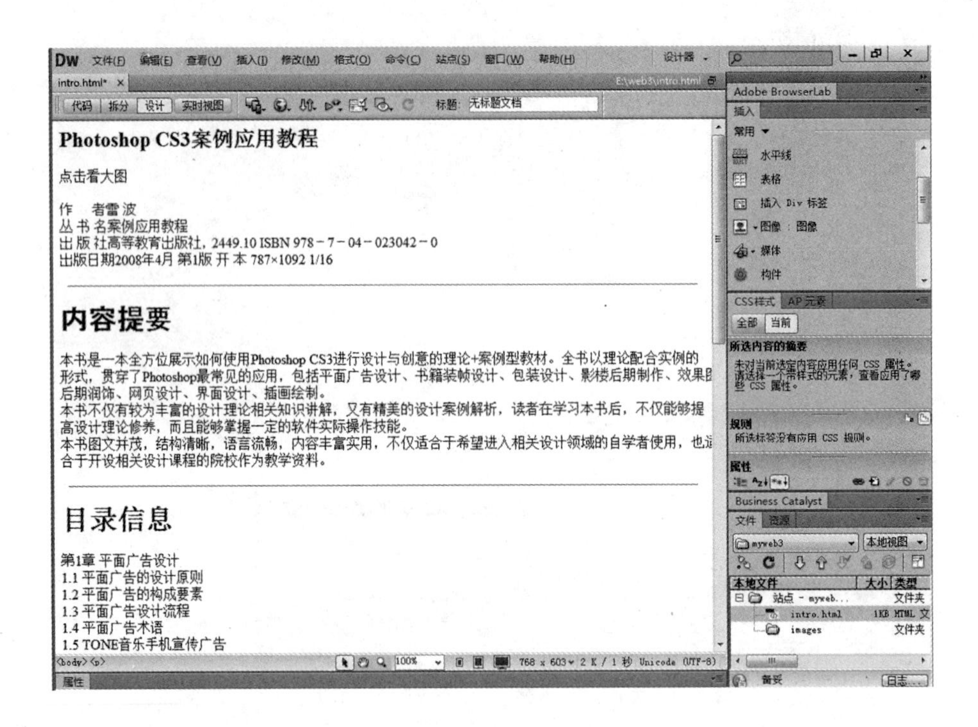

图 3－7　设置完成效果

接：链接颜色为#cc9900，变换图像链接为#cc6633，已访问链接为#cc9900，活动链接为#333333，下划线样式为“变换图像时隐藏下划线”，如图 3－9 所示；设置标题：标题 1 为 16 像素，#cc6633，标题 2 为 14 像素，#333333，如图 3－10 所示；设置标题/编码：标题为“教材简介”，如图 3－11 所示。打开“CSS”面板组中的“CSS 样式”面板，发现增加了许多 CSS 样式，这是刚才设置页面属性的原因，设置完成后效果如图 3－12 所示。

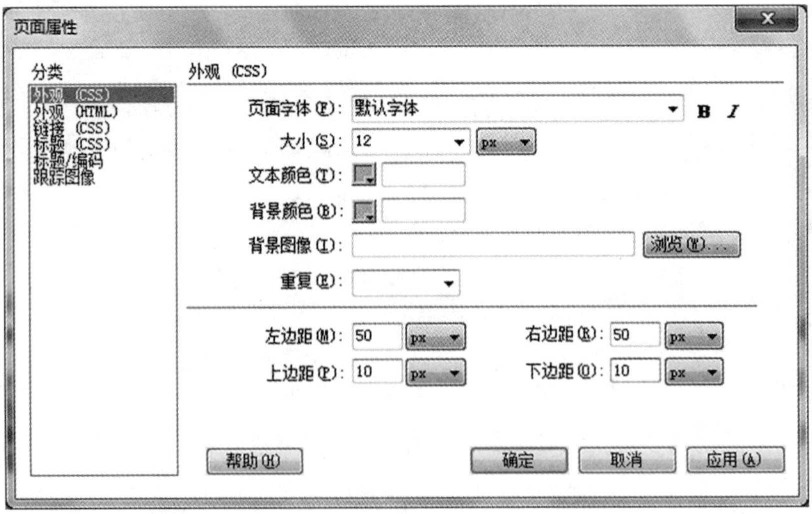

页面属性
分类：外观（CSS）、外观（HTML）、链接（CSS）、标题（CSS）、标题/编码、跟踪图像
外观（CSS）
页面字体(F)：默认字体
大小(S)：12 px
文本颜色(T)：
背景颜色(B)：
背景图像(I)：　浏览(W)...
重复(E)：
左边距(M)：50 px　右边距(R)：50 px
上边距(P)：10 px　下边距(O)：10 px
帮助(H)　确定　取消　应用(A)

图 3－8　设置网页“外观”格式

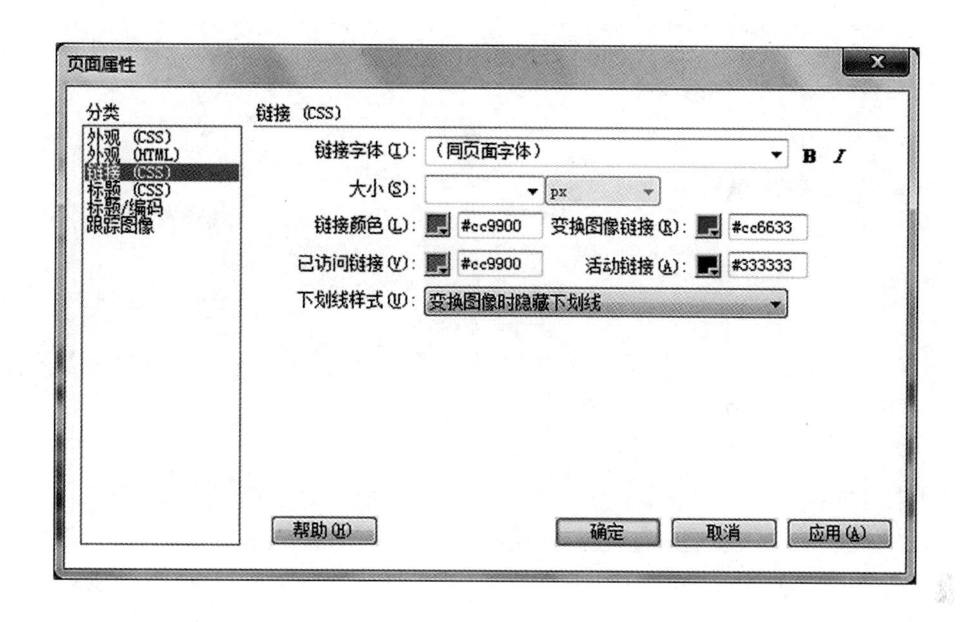

图 3－9　设置“链接”格式

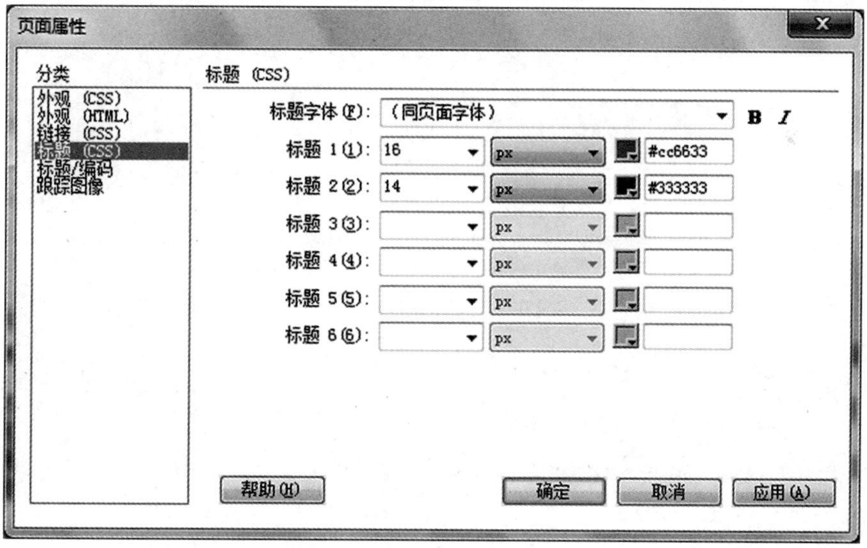

图 3－10　设置文本“标题”格式

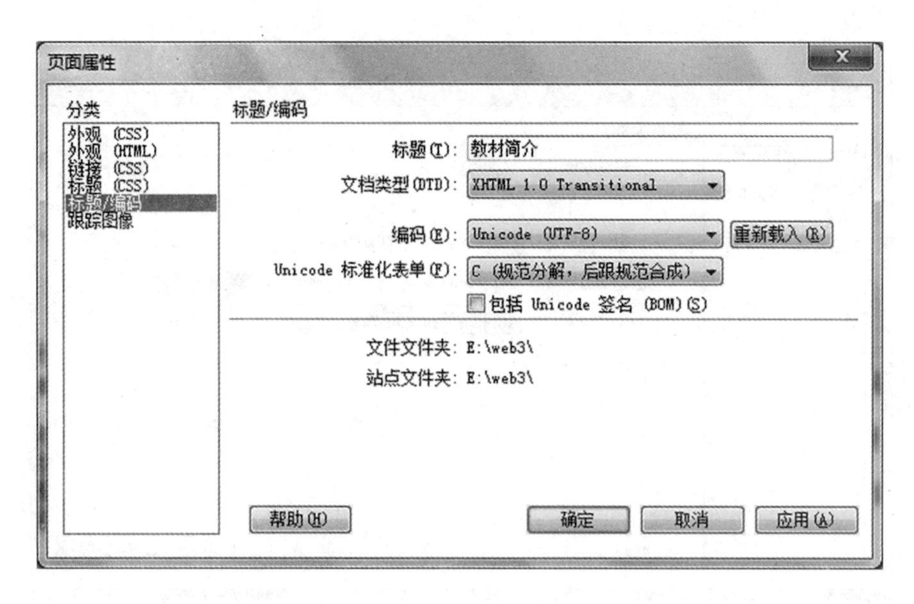

图 3-11　设置网页标题

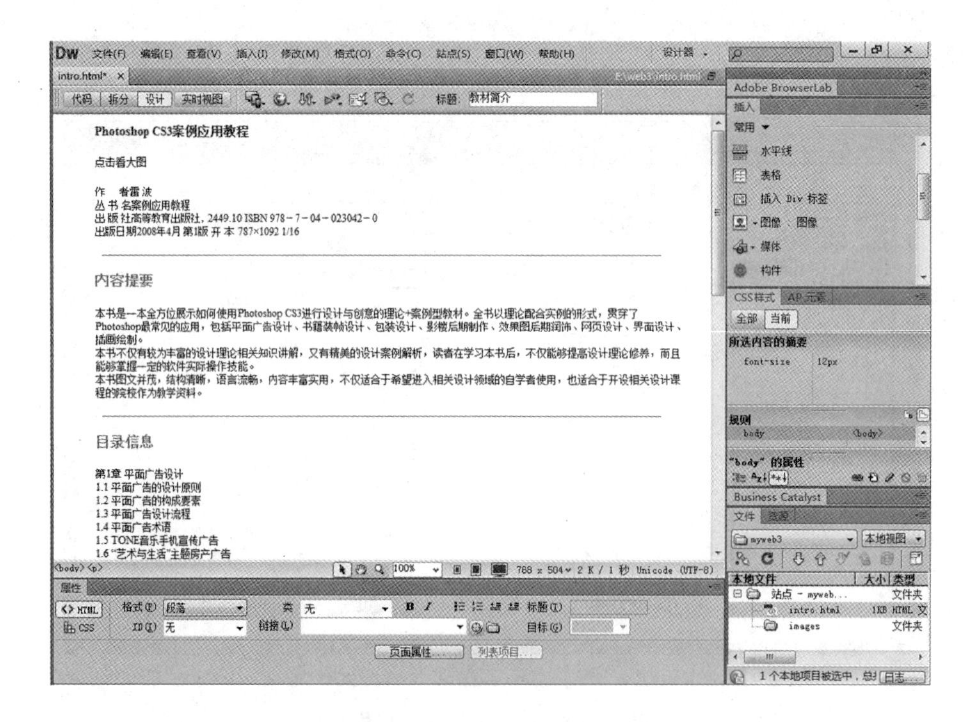

图 3-12　设置完成后效果

6. 设置文本对齐及项目列表。用与前面相同的方法使每章标题成为独立段落，如图 3-13 所示，为标题设置“项目列表”，为各节内容设置右缩进（单击“右缩进”按钮 两次），如图 3-14

所示，再使用相同方法将后面各节标题及内容做同样处理。

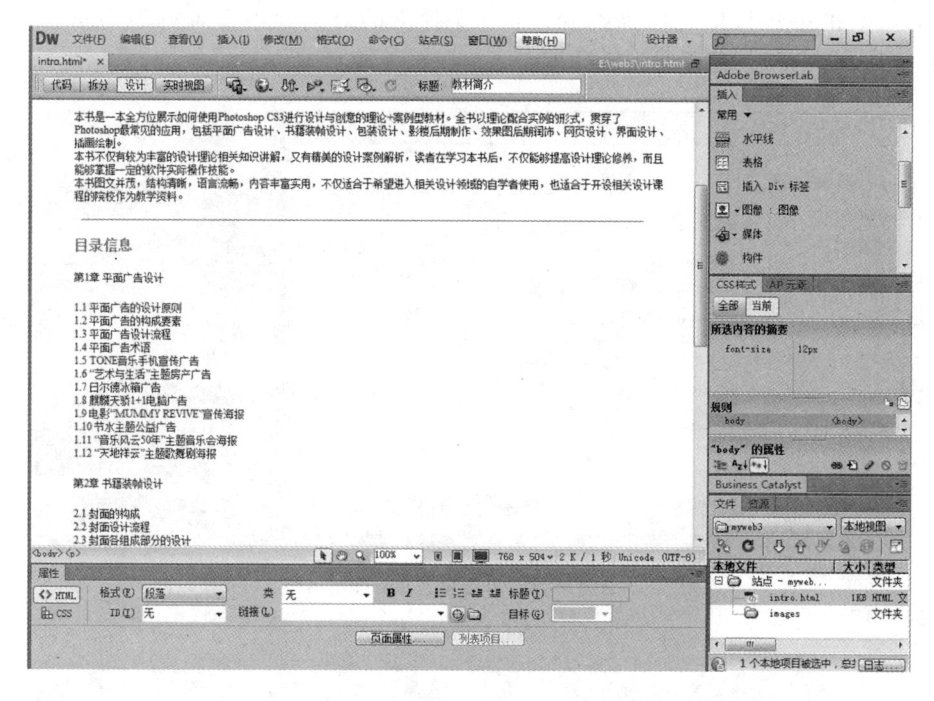

图 3－13　设置每章标题成为独立段落

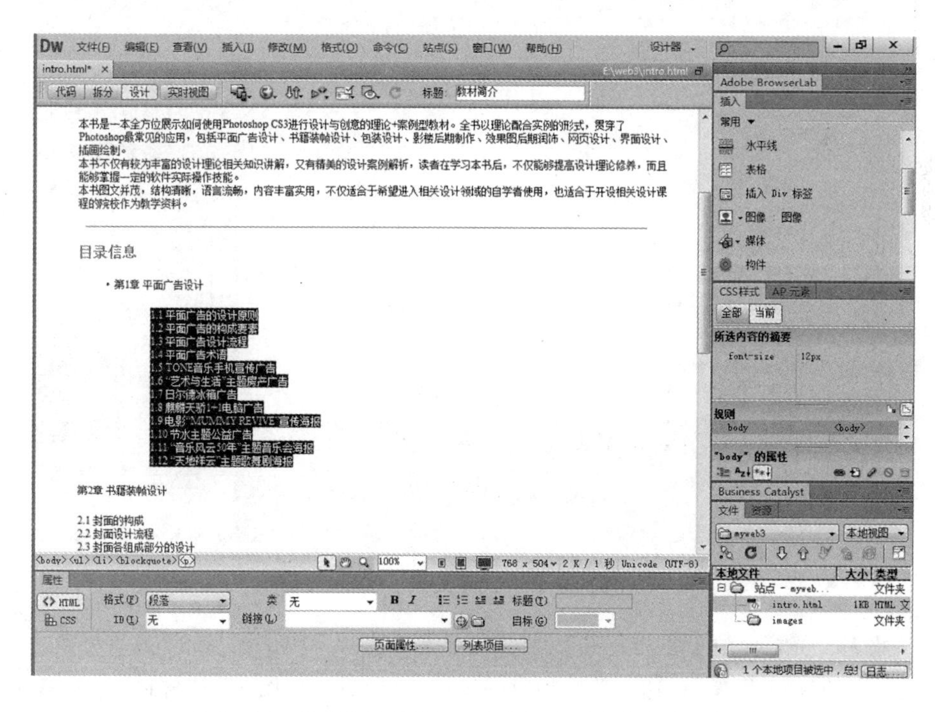

图 3－14　设置标题为“项目列表”，设置各节内容右缩进

7．利用CSS样式表修改文本行距。设置文本行距为150%，方法是：展开“CSS样式”面板并选择“全部”，双击第一行样式“body, td, th”，在弹出的对话框中设置行高（Line - height）为150%，如图3－15所示。设置完成后结果如图3－16所示。

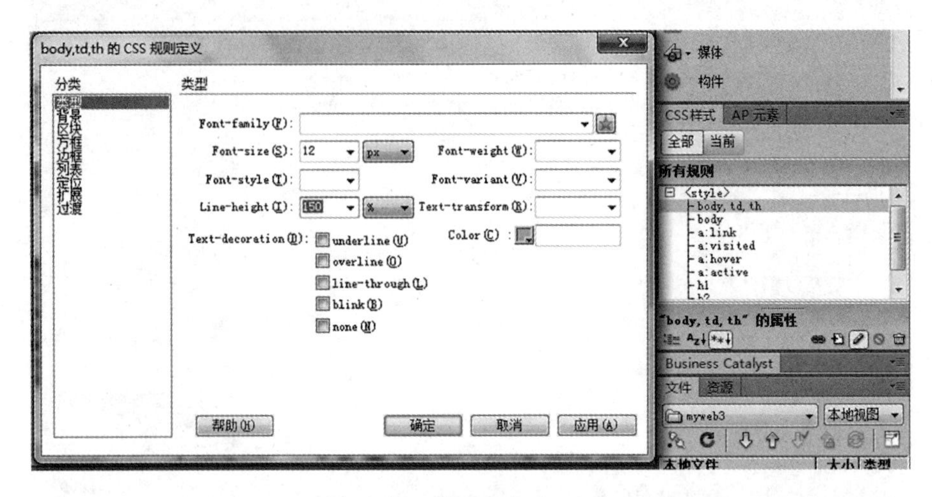

图3－15　设置行高为150%

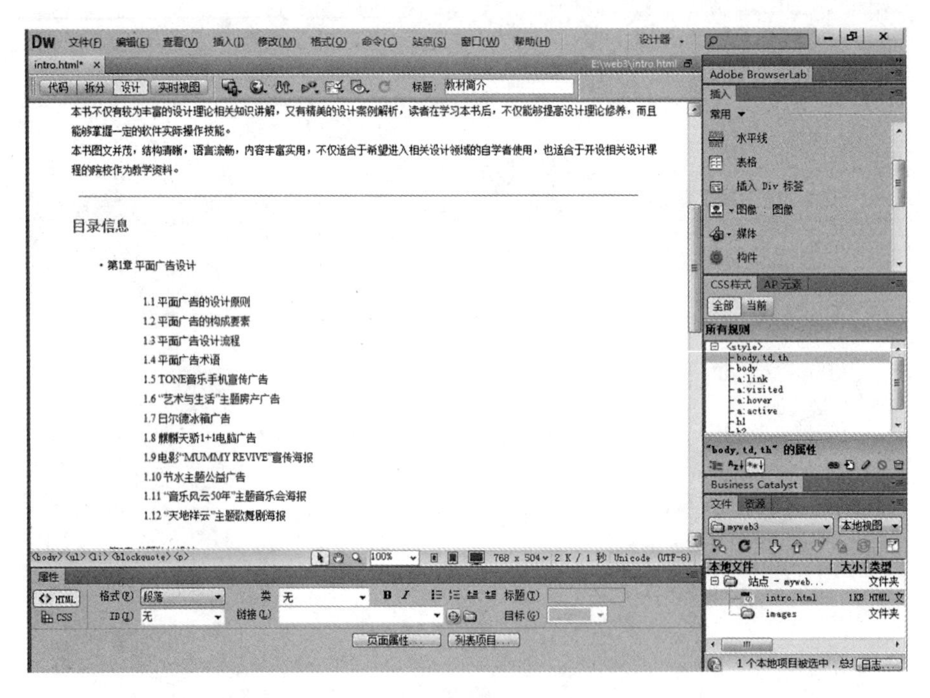

图3－16　设置完成后效果

8．插入图片。光标定位于要插入图片的位置，单击“插入”→“图像”命令（或直接单击“插入”面板“常用”类别中的“插入图像”按钮），选择相应图像；设置最后一幅图像（教材封面）的属性：对齐方式为“左对齐”，边框为0，水平边距为10，替换为“教材封面”，链接设置为素材文件夹下的“tu. jpg”，其中部分属性在属性检查器中无法设置，可以切换到“代码”视图下进行设置，如图3－17所示；

调整图像位置(在文本“作者”前输入若干回车符),设置过程中注意观察图像变化,体会图像各属性的作用。按 F12 键,在浏览器中预览,效果如图 3-18 所示。

图 3-17 修改代码设置图片属性

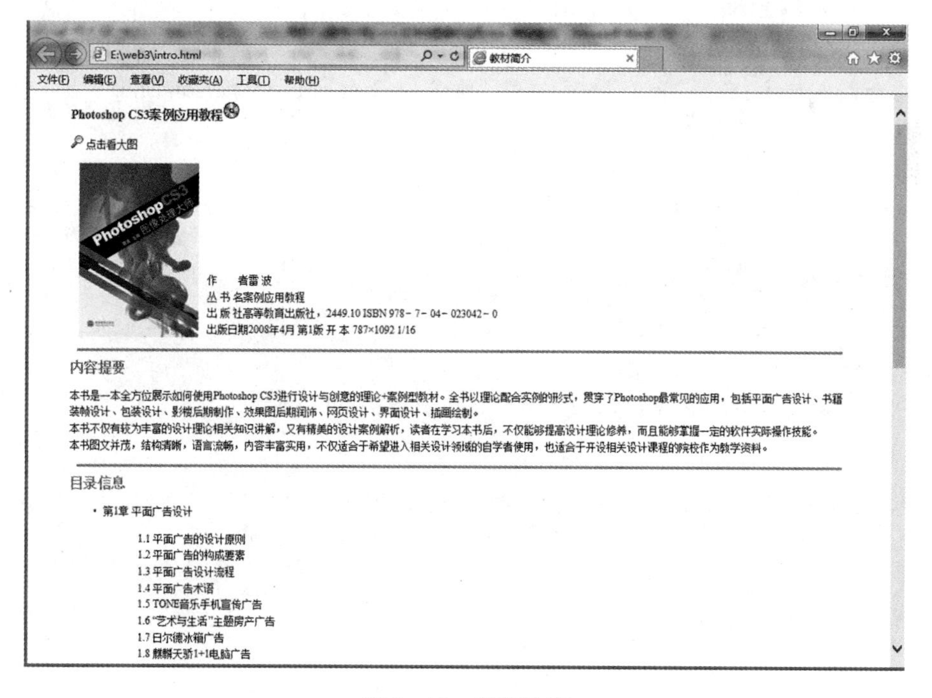

图 3-18 预览效果

9. 完善页面,为相关文本添加“【】”,调整文本,最后效果如图 3 - 1 所示。

相关知识

一、HTML 标记含义

〈h1〉、〈h2〉、…、〈h6〉分别代表标题 1、标题 2、…、标题 6,〈br/〉表示换行(按 Ctrl + 回车键输入),〈p〉〈/p〉表示段落,〈ul〉表示项目列表,〈ol〉表示项目编号,〈li〉表示列表项。

二、插入文本的方法

插入文本的几种方式:直接将文本输入页面,从其他文档复制和粘贴文本,或从其他应用程序拖放文本。还可以从其他文档类型导入文本或链接至其他文档类型,方法是:单击“文件”→“导入”命令,选择相应类型文件。

插入特殊字符的方法:将插入点放在要插入特殊字符的位置,单击“插入”→“HTML”→“特殊字符”命令;或在“插入”面板的“文本”类别中选择相应字符。

插入其他字符:单击“插入”→“HTML”→“文本对象”命令,或在“插入”面板的“文本”类别中选择相应字符。

三、文本属性检查器

属性检查器的显示:选择“窗口”→“属性”命令以查看所选对象的属性检查器。图 3 - 19、图 3 - 20 所示为文本属性检查器。

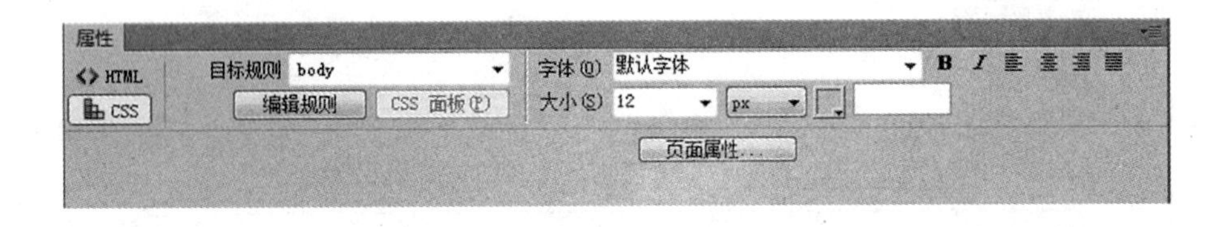

图 3 - 19 文本属性检查器(CSS 属性检查器)

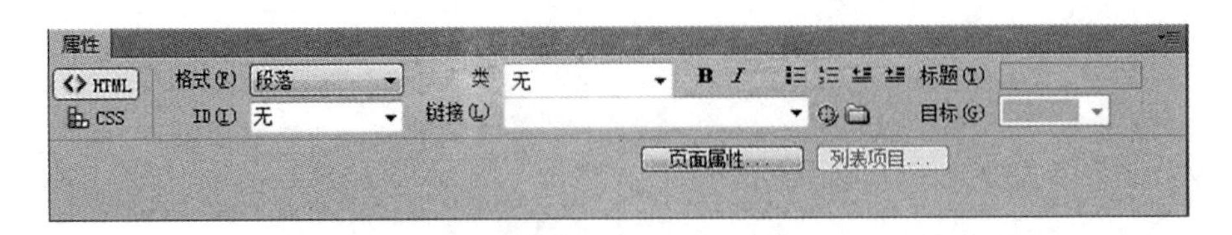

图 3 - 20 文本属性检查器(HTML 属性检查器)

可以通过文本属性检查器应用 HTML 格式或 CSS 格式。应用 HTML 格式时,Dreamweaver 会将属性添加到页面正文的 HTML 代码中。应用 CSS 格式时,Dreamweaver 会将属性写入文档头或单独的样式表中。

Dreamweaver 将两个属性检查器(CSS 属性检查器和 HTML 属性检查器)集成为一个属性检查器。使用 CSS 属性检查器时,Dreamweaver 使用层叠样式表(CSS)设置文本格式。CSS 能更好地控制网页设计,同时提供辅助功能并减少文件大小。CSS 属性检查器使用户能够访问现有样式,也能创建新样式。

1. CSS 属性检查器

如果属性检查器没有打开,通过单击“窗口”→“属性”命令将其打开,并单击“CSS”按钮。将光标定位在文本中,则光标所在文本所应用的 CSS 样式将显示在“目标规则”下拉列表框中。如果要通过 CSS 样式设置文本格式,可以选定要设置的文本,从“目标规则”下拉列表框中选择一个规则,也可以通过使用 CSS 属性检查器中的各个选项对该规则进行更改。

- 目标规则:在 CSS 属性检查器中正在编辑的规则。对文本应用现有样式的情况下,在页面的文本内部单击时,将会显示该文本格式的规则。也可以使用“目标规则”下拉列表框创建新的 CSS 规则、新的内联样式或将现有类应用于所选文本。
- 编辑规则:单击该按钮可打开目标规则的“CSS 规则定义”对话框。如果从“目标规则”下拉列表框中选择“新建 CSS 规则”选项并单击“编辑规则”按钮,则 Dreamweaver 会打开“CSS 规则定义”对话框。
- CSS 面板:单击该按钮可打开“CSS 样式”面板并在当前视图中显示目标规则的属性。
- 字体:更改目标规则的字体。
- 大小:设置目标规则的字体大小。
- 文本颜色:将所选颜色设置为目标规则中的字体颜色。单击颜色框选择 Web 安全色,或在相邻的文本字段中输入十六进制值(例如 #FF0000)。
- 粗体:向目标规则添加粗体属性。
- 斜体:向目标规则添加斜体属性。
- 左对齐、居中对齐和右对齐:向目标规则添加各个对齐属性。

2. HTML 属性检查器

选择要设置格式的文本,然后在属性检查器中进行设置,各选项含义如下。

- 格式:设置所选文本的段落样式。“段落”应用〈p〉标记的默认格式,“标题 1”添加 h1 标记,等等。
- ID:为所选内容分配一个 ID。“ID”下拉列表框(如果适用)将列出文档的所有未使用的已声明 ID。
- 类:显示当前应用于所选文本的类样式。如果没有对所选内容应用过任何样式,则下拉列表框显示“无 CSS 样式”。如果已对所选内容应用了多个样式,则该下拉列表框是空的。选择“无”删除当前所选样式;选择“重命名”以重命名该样式;选择“附加样式表”打开允许向页面附加外部样式表的对话框。
- 粗体:根据“首选参数”对话框的“常规”类别中设置的样式首选参数,将〈b〉或〈strong〉应用于所选文本。

- 斜体:根据“首选参数”对话框的“常规”类别中设置的样式首选参数,将〈i〉或〈em〉应用于所选文本。
- 项目列表:创建所选文本的项目列表。如果未选择文本,则启动一个新的项目列表。
- 编号列表:创建所选文本的编号列表。如果未选择文本,则启动一个新的编号列表。
- 块引用和删除块引用(“凸出”和“缩进”):通过应用或删除 blockquote 标记,缩进所选文本或删除所选文本的缩进。在列表中,缩进创建一个嵌套列表,而删除缩进则取消嵌套列表。
- 链接:为所选文本创建超链接。方法有:单击文件夹图标浏览到站点中的文件;输入 URL;将“指向文件”图标拖到“文件”面板中的文件;将文件从“文件”面板拖到框中。
- 标题:为超链接指定文本工具提示。
- 目标:指定将链接文档加载到哪个框架或窗口。

_blank:在新窗口中打开链接文件。

_parent:在父框架集或父窗口中打开链接文件。一般在框架布局时用到。

_self:当前窗口中打开链接文件,为默认选项。

_top:在当前窗口中打开链接文件,框架会消失。

四、插入图像的方法

- 在“插入”面板的“常用”类别中,单击“图像”图标并选择图像。
- 在“插入”面板的“常用”类别中,单击“图像”按钮,然后选择“图像”图标。“插入”面板中显示“图像”图标后,可以将该图标拖动到“文档”窗口中(或者如果正在处理代码,则可以拖动到“代码”视图窗口中)。
- 选择“插入”→“图像”命令。
- 将图像从“资源”面板(单击“窗口”→“资源”命令打开)拖动到“文档”窗口中的所需位置。

五、图像属性检查器

图像属性检查器用于设置图像的属性,如图 3-21 所示。

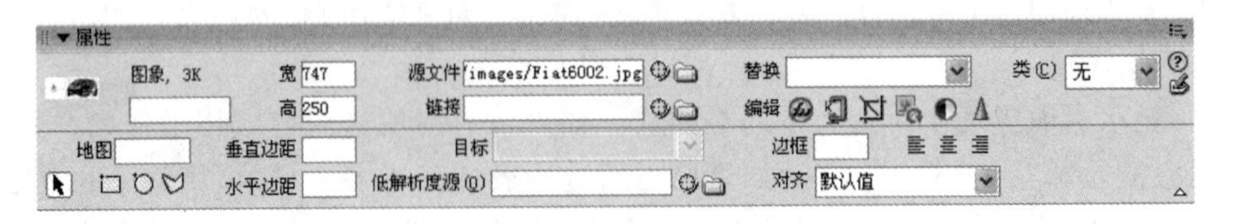

图 3-21　图像属性检查器

选择“窗口”→“属性”命令可以打开所选图像的属性检查器。在缩略图下面的 ID 文本框中,输入名称以标识该图像,在使用 Dreamweaver 行为(例如“交换图像”)或脚本撰写语言(例如

JavaScript 或 VBScript)时可以引用该图像。

图像属性检查器各项属性含义如下:

- 宽和高:图像的宽度和高度,以像素表示。在页面中插入图像时,Dreamweaver 会自动用图像的原始尺寸更新这些文本框。如果设置的“宽”和“高”值与图像的实际宽度和高度不相符,则该图像在浏览器中可能不会正确显示(若要恢复原始值,请单击“宽”和“高”文本框标签,或单击用于输入新值的“宽”和“高”文本框右侧的“重设大小”按钮)。

注意:可以更改这些值来缩放该图像实例的显示大小,但这不会缩短下载时间,因为浏览器先下载所有图像数据再缩放图像。若要缩短下载时间并确保所有图像实例以相同大小显示,可以使用图像编辑软件缩放图像。

- 源文件:指定图像的源文件。单击文件夹图标以浏览到源文件,或者输入路径。
- 链接:指定图像的超链接。将“指向文件”图标拖动到“文件”面板中的某个文件,单击文件夹图标浏览到站点上的某个文档,或手动输入 URL。
- 替换:指定在只显示文本的浏览器或已设置为手动下载图像的浏览器中代替图像显示的文本。对于使用语音合成器(用于只显示文本的浏览器)的有视觉障碍的用户,将大声读出该文本。在某些浏览器中,当鼠标指针滑过图像时也会显示该文本。
- 地图名称和热点工具:用于标注和创建客户端图像地图。
- 目标:指定链接的页应加载到的框架或窗口(当图像没有链接到其他文件时,此选项不可用)。当前框架集中所有框架的名称都显示在“目标”列表中。有_blank、_parent、_self、_top 四个选项。
- 编辑:启动“首选参数”对话框中指定的外部图像编辑器并打开选定的图像。
- 从原始更新:如果该 Web 图像(即 Dreamweaver 页面上的图像)与原始 Photoshop 文件不同步,则表明 Dreamweaver 检测到原始文件已经更新,并以红色显示智能对象图标的一个箭头。当在“设计”视图中选择该 Web 图像并在属性检查器中单击“从原始更新”按钮时,该图像将自动更新,以反映对原始 Photoshop 文件所做的任何更改。
- 编辑图像设置:打开“图像优化”对话框并优化图像。
- 裁剪:裁切图像的大小,从所选图像中删除不需要的区域。
- 重新取样:对已调整大小的图像进行重新取样,提高图片在新的大小和形状下的品质。
- 亮度和对比度:调整图像的亮度和对比度。
- 锐化:调整图像的锐度。

项目总结

本项目主要学习了文本输入、编辑、格式设置(HTML 属性检查器和 CSS 属性检查器设置),还学习了插入图像以及运用属性检查器设置属性的方法。其实,还可以通过菜单进行上述操作,读者可自己探索、尝试。

思考与深入学习

1. 换行符与回车符是如何控制文本的？在控制格式时，如何调整换行符与回车符？

2. 本项目提供的操作方法只有一种，你能尝试用其他方法完成本项目吗？

3. 本项目中提到 CSS 样式，请课后搜索相关资料，了解什么是 CSS 样式，网页设计中 CSS 样式有何用途。

4 项目4 “教材简介”——超链接的应用

学习目标

掌握超链接的几种类型及其操作方法。

项目要求

完成“教材简介”网页的超链接的设置，实现以下功能：

1. 单击“点击看大图”超链接，可以显示“图书封面”大图，如图4-1所示。

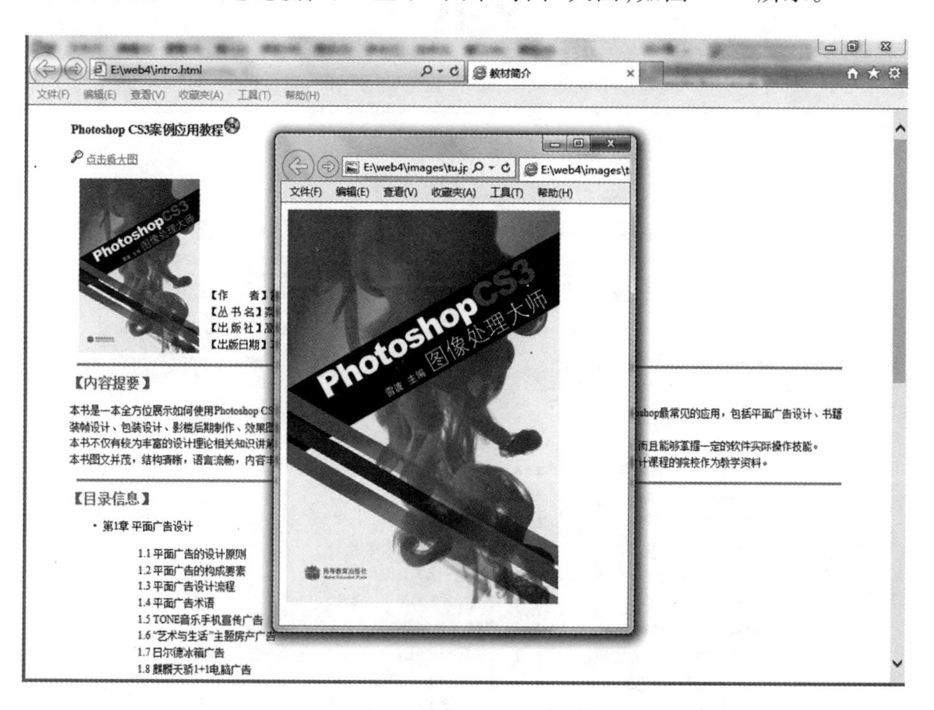

图4-1 单击“点击看大图”超链接效果

2. 单击“ <<查看详细目录”超链接，可以打开目录页面，如图4-2所示，在目录页面中，单击章节目录列表中的标题，则页面自动滚动到相应章节，如图4-3所示为单击文本“第5章”后显示的页面。

3. 单击“ <<查看前言”超链接，可以打开前言页面，如图4-4所示，单击前言页面文末“联系我们”后的邮件地址超链接，可以向此邮件地址发送邮件（事先设置好邮件软件的邮箱账户相关信息），如图4-5所示。

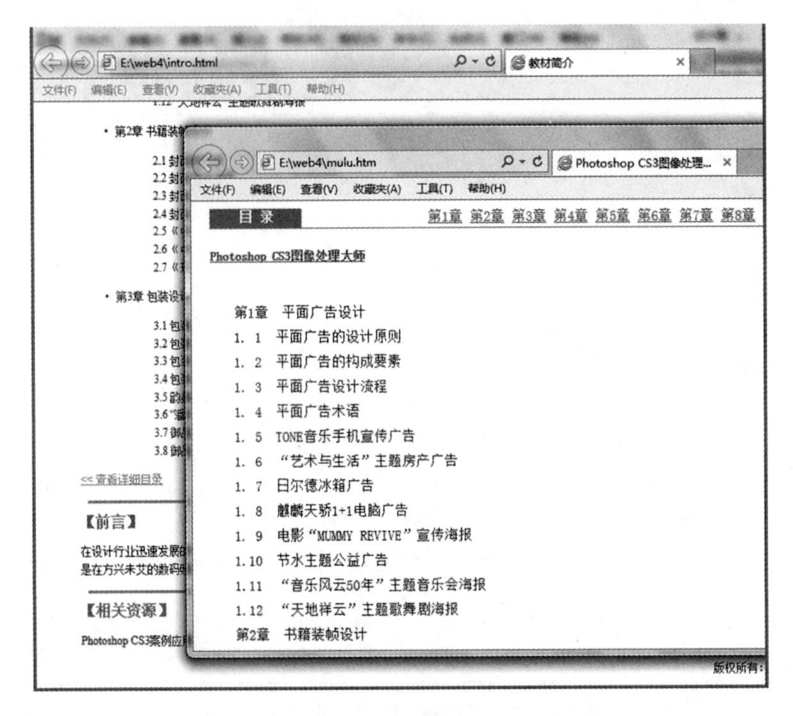

图 4－2 单击"<<查看详细目录"超链接效果

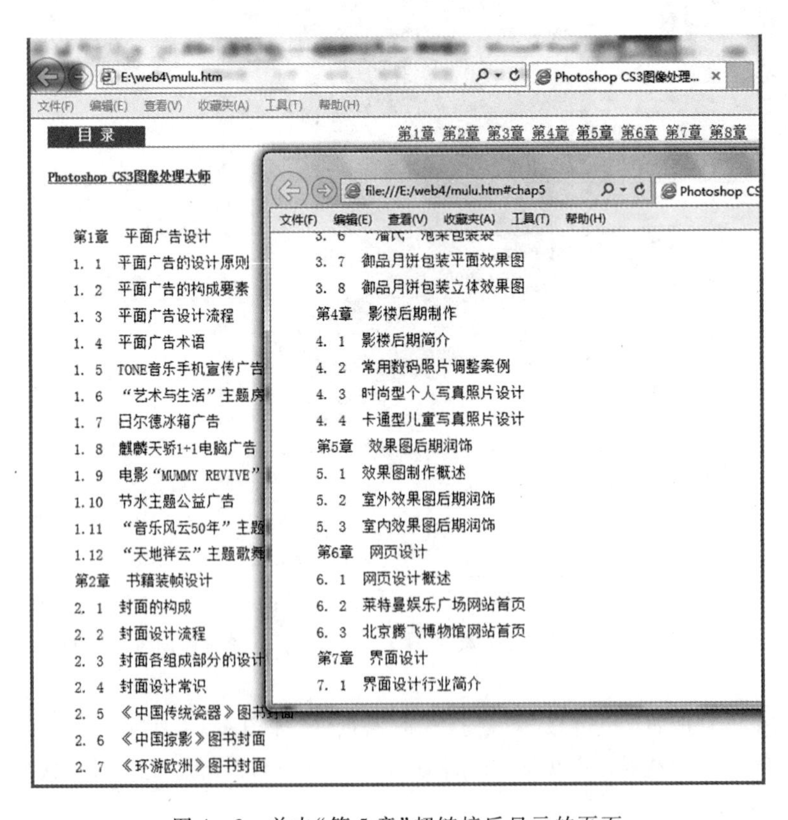

图 4－3 单击"第 5 章"超链接后显示的页面

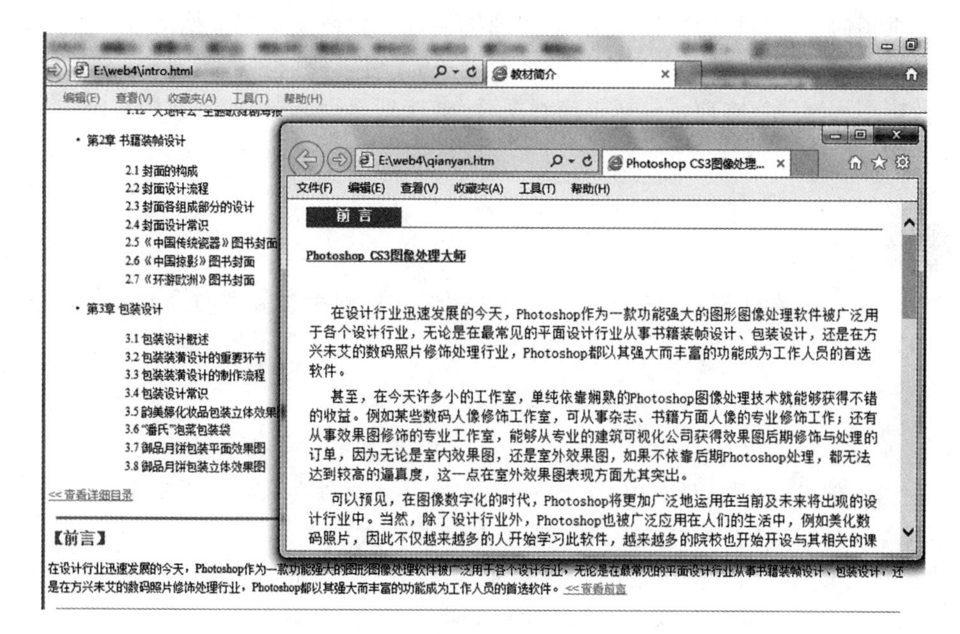

图 4-4 单击“ <<查看前言”超链接后打开页面

图 4-5 单击“联系我们”后的邮件地址超链接效果

项目分析

网站是由若干网页组成的，这些网页之间通过超链接的方式联系起来。简单地说，超链接就是从一个网页指向一个目标的连接关系，通过超链接可以方便地访问其他网页。在网页制作过程中，利用超链接不仅可以进行网页之间的相互链接，还可以使网页链接到相关的图像文件、多媒体文件及应用程序等。本项目包括链接到图片、链接到网页、链接到本文档特定位置、链接到电子邮件。

探索学习

根据相关学习资料，了解超链接的几种类型，探索几种超链接类型的设置方法，理解超链接路径的概念并会应用。

操作步骤

1. 在磁盘上创建 web4 文件夹（如在 E:盘下创建 web4 文件夹），将本书配套光盘“案例文件\项目 4\项目 4 素材”文件夹下内容全部复制到 web4 文件夹中。

2. 建立站点 myweb4。单击“站点”→“管理站点”命令，单击“新建站点”按钮，在弹出的对话框中进行设置，使本地根文件夹指向新建的 web4 文件夹，默认图像文件夹指向 web4\images 文件夹，打开站点下文件 intro. html。

3. 为“点击看大图”设置超链接。选中文本“点击看大图”，单击属性检查器中“链接”框右侧的文件夹图标，浏览并选择“tu. jpg”文件，则指向所链接的文档的路径显示在“链接”文本框中，“目标”框选择“_blank”，设置好后如图 4－6 所示。

图 4－6 为“点击看大图”文本设置超链接

4. 为“<<查看详细目录”设置超链接。使用相同方法为“<<查看详细目录”文本设置超链接，如图4-7所示。为目录页面mulu.htm文件中的目录列表中标题设置命名锚记链接：打开目录页面文件mulu.htm，将光标定位于“第1章 平面广告设计”前，单击“插入”→“命名锚记”命令，在弹出的“命名锚记”对话框中设置锚记名称为“chap1”，单击“确定”按钮，如图4-8所示

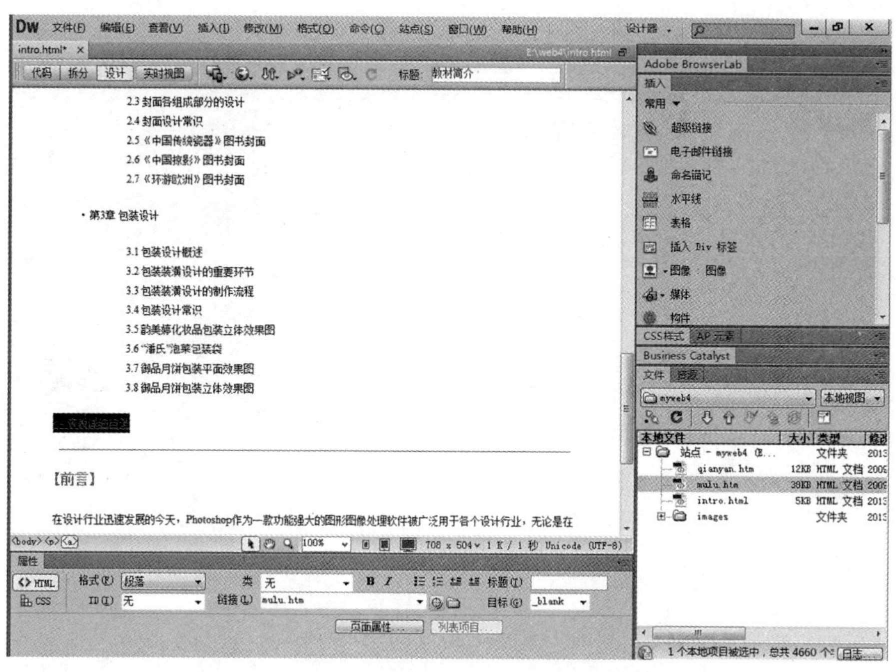

图4-7 为“<<查看详细目录”文本设置超链接

图4-8 设置锚记

示。选定目录列表中标题“第 1 章”文本，如图 4－9 所示，单击“插入”→“超级链接”命令，按图 4－10进行设置。对目录列表中其他标题设置采用相同方法：首先命名锚记（命名锚记时要注意位置），然后再插入超链接，在此不再详述，请读者自行完成。完成后，预览文件 mulu. htm，单击目录列表各章，你有什么发现？

图 4－9　选定目录列表中标题“第 1 章”文本

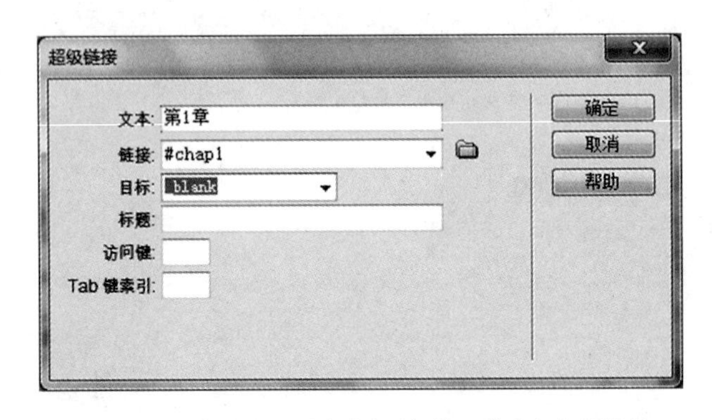

图 4－10　设置目录列表中标题“第 1 章”文本超链接

5. 为“ <<查看前言”设置超链接。返回 intro. html 页面，使用上步骤中相同方法为“ <<查看前言”文本设置超链接，如图 4－11 所示。

6. 为前言页面 qianyan. htm 文件中的“Lbuser@ 126. com”设置电子邮件超链接。打开 qianyan. htm 文件，选定文尾的“Lbuser@ 126. com”文本，单击“插入”→“电子邮件链接”命令，则弹出如图 4－12 所示对话框，单击“确定”按钮。

7. 单击“文件”→“保存全部”命令，将打开的三个页面全部保存，然后浏览 intro. html 文

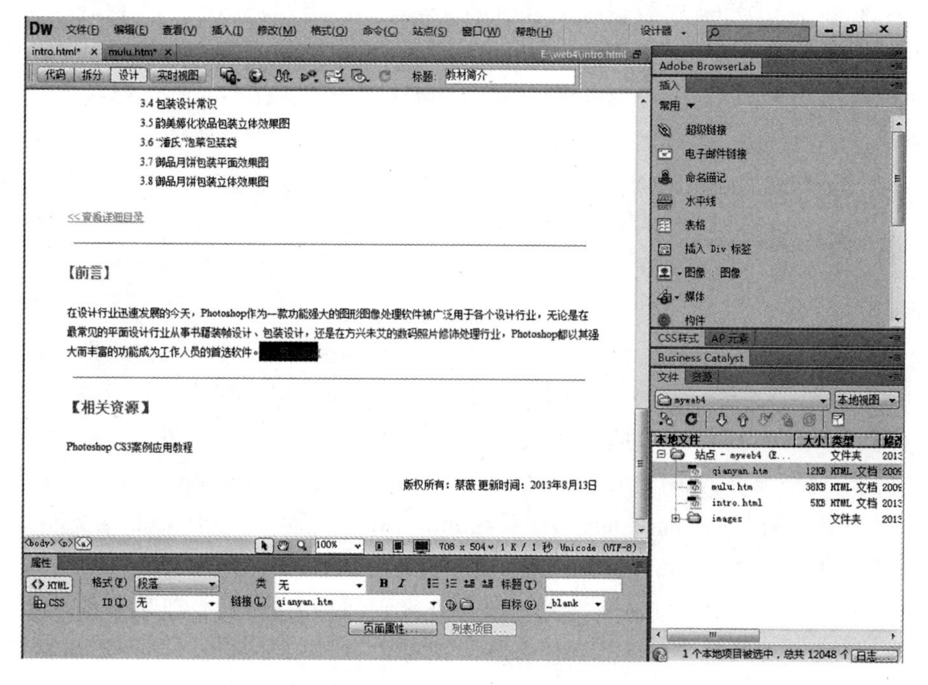

图 4－11 为“ << 查看前言”设置超链接

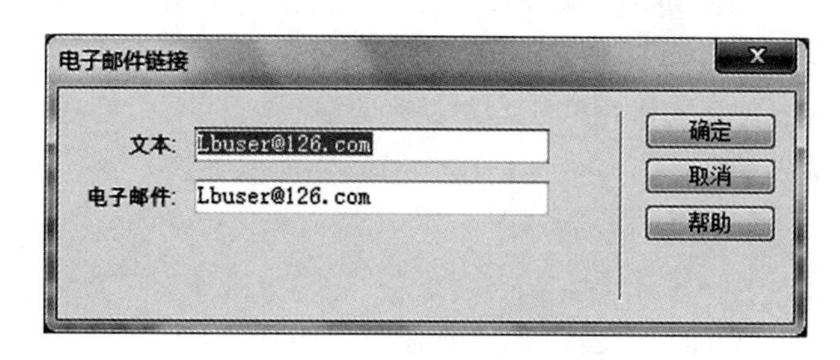

图 4－12 设置电子邮件超链接

件，并单击页面上的链接，检查三个页面之间及页面内部的超链接是否正确，是否达到图 4－1 至图 4－5 所示效果。

相关知识

一、链接路径

链接路径是指在每一个网页文件中，都有一个独立的地址，就是通常所说的 URL（统一资源定位器）。路径一般有如下几种。

1. 绝对路径：提供所链接文档的完整 URL，而且包括所使用的协议（如对于 Web 页面，通常使用 http://），主要有两种形式。一种形式是从磁盘根目录开始，一层一层地把文件的具体存放位置写出来,如在 intro. html 中设置链接到 mulu. htm,其链接写成“file://E:/web4/mulu. htm”(在 IE8 及以上版本浏览器中也可写成“E:\web4\mulu. htm”形式,指链接到磁盘E:\web4\mulu. htm 页面);如果在 intro. html 中设置链接到 images 文件夹下的文件 tu. jpg,其链接应写成“file://E:/web4/images/tu. jpg”。另一种形式是在链接中使用完整的 URL 地址,如 http://www. sina. com. cn/index. html(链接到新浪网站 index. html 页面)。当链接到其他网站的文件时,必须使用绝对路径。对本地链接(即到同一站点内文档的链接,如上述链接到 mulu. htm)也可以使用绝对路径链接,但不建议采用这种方式,因为一旦将此站点移动到其他位置,则所有本地绝对路径链接都将断开。

2. 文档相对路径:是指由这个文件所在的路径到所链接文件的路径关系,即省略掉对于当前文档和所链接的文档共同的绝对路径部分,而只提供不同的路径部分。相对路径适合于网站的内部链接。使用相对路径时,如果网站中某一个文件的位置发生了变化,Dreamweaver 会提示自动更新链接。通俗地讲,相对路径是指从当前文件到所链接的路径,如在 intro. html 中设置链接到 mulu. htm,其链接写成“mulu. htm”,如果在 intro. html 中设置链接到 images 文件夹下的文件 tu. jpg,其链接应写成“images/tu. jpg”。

3. 站点根目录相对路径:描述从站点的根文件夹到文档的路径,一般用于处理多个服务器的大型 Web 站点,或者承载多个站点的服务器。站点根目录相对路径以一个正斜杠开始,该正斜杠表示站点根文件夹,如上述链接到 mulu. htm,其链接写成“/mulu. htm”;链接到 tu. jpg,其链接写成“/images/tu. jpg”;如果 images 文件夹下有一网页文件 a. html,需要在其中设置一个到 tu. jpg 的链接,其链接应写成“../images/tu. jpg”,其中“..”表示上一级目录。

本书只要是站点内的链接均采用文档相对路径设置。

二、 链接的几种主要类型

1. 链接到其他文档或文件(如图像、视频或音频文件)的链接。

2. 命名锚记链接,此类链接跳转至文档内的特定位置。其链接形式书写为“# + 锚记名称”。例如,锚记名称为“chap1”,则链接形式为“#chap1”。

3. 电子邮件链接,此类链接新建一个已填好收件人地址的空白电子邮件。其链接形式为“mailto: + 邮件地址”,如“mailto:Lbuser@ 126. com ”。

4. 空链接和脚本链接,此类链接用于在对象上附加行为,或者创建执行 JavaScript 代码的链接。空链接的形式是“javascript:;”,创建执行 JavaScript 代码的链接形式为“javascript:; + JavaScript 代码或一个函数调用”,如“javascript:;window. close( )”表示单击此超链接将关闭当前网页窗口。

三、热点链接

一般用在图像中,可以在图像属性检查器的地图中将图像分为多个区域(称为热点);为每个区域分别设置超链接,当用户单击热点时,会打开相应的文档。

四、创建链接的几种方法

1. 使用属性检查器创建链接:可以使用属性检查器的文件夹图标或“链接”文本框创建从图像、对象或文本到其他文档或文件的链接。方法是:在“文档”窗口的“设计”视图中选择文本或图像,打开属性检查器,然后执行下列操作之一:

- 单击“链接”文本框右侧的文件夹图标,浏览并选择一个文件,则指向所链接的文档的路径显示在 URL 框中。
- 在“链接”文本框中输入文档的路径和文件名。若要链接到站点内的文档,输入文档相对路径或站点根目录相对路径;若要链接到站点外的文档,输入包含协议(如 http://)的绝对路径。此种方法可用于输入尚未创建的文件的链接。

2. 使用“指向文件”图标链接文档:在“文档”窗口的“设计”视图中选择文本或图像。用下列两种方法之一创建链接:

- 拖动属性检查器中“链接”框右侧的“指向文件”图标(目标图标),然后指向另一个打开的文档、已打开文档中的可见锚记或者“文件”面板中的一个文档。
- 按下 Shift 键,从选定文件开始拖动并指向其他已打开的文档、已打开文档中的可见锚记,或者指向“文件”面板中的一个文档。

3. 使用“超链接”命令:可以创建到图像、对象或其他文档或文件的文本链接。方法是:选定需要设置超链接的文本,单击“插入”→“超级链接”命令,或在“插入”面板的“常用”类别中单击“超链接”按钮,弹出“超级链接”对话框(见图 4-10),在“链接”文本框中输入要链接的文件的名称(或单击文件夹图标以浏览并选择该文件),在“目标”下拉列表框中选择一个窗口(应在该窗口中打开该文件)或输入其名称。当前文档中所有已命名框架的名称都显示在此下拉列表框中(关于框架,请查阅项目 8 相关内容)。如果指定的框架不存在,所链接的页面会在一个新窗口中打开,该窗口使用用户所指定的名称。也可选用下列保留目标名:_blank、_parent、_self 或_top 将链接的文件加载到整个浏览器窗口中,因而会删除所有框架。在“Tab 键索引”文本框中,输入 Tab 键移动顺序的编号。在“标题”文本框中,输入链接的标题。在“访问键”文本框中,输入可用来在浏览器中选择该链接的等效键盘键(一个字母),单击“确定”按钮。

五、超链接标签

超链接标签为〈a〉〈/a〉。

项目总结

本项目学习超链接的概念及设置方法,重点掌握超链接的几种主要类型,设置超链接的几种方法(使用菜单、属性检查器、“插入”面板)。

思考与深入学习

1. 简述绝对路径、相对路径、根目录相对路径的区别。怎样合理、正确设置超链接路径?

2. 除链接到其他文档、命名锚记链接、电子邮件链接、脚本链接外,还有其他形式的链接,请课后自行研究,并探索其操作方法。

3. 分别设置链接目标为"_blank"、"_parent"、"_self"、"_top",注意观察其变化,上网搜索相关内容,搞清四种链接目标的含义。

4. 到"代码"视图中观察超链接标签书写格式,其中"href"代码有何含义?

5 项目 5 “教材简介”——CSS 样式的应用

学习目标

理解 CSS 样式的概念；会新建、编辑、删除 CSS 规则，会附加样式表；理解并会运用 CSS 样式的选择器类型；会熟练创建基本的 CSS 样式，会根据需要设置超链接样式；会移动与附加样式表文件，提高网页制作效率。

项目要求

利用前几个项目完成的网页设置基本的 CSS 样式，利用 CSS 样式设置特殊效果的超链接，如图 5 - 1 所示；利用 CSS 样式，通过编辑代码，使网页根据需要进行风格设置，如图 5 - 2 所示为单击图 5 - 1 中“网页背景”中[花]后的效果；将 intro. html 网页中的样式应用在 qianyan. html 网页中，使得两个网页风格一致，如图 5 - 3 所示。

项目分析

本项目在原有网页的基础上，设置背景、边框、方框、字体、超链接的各种效果，学会 CSS 样式的基本操作。通过设置并应用 CSS 样式，使网页产生特殊效果，如图 5 - 1 所示。单击字体对应大小，则网页字体发生变化；单击网页背景对应文本，则网页背景发生变化。

探索学习

上网搜索 CSS 的相关资料，感性体验 CSS，体会网页中使用 CSS 的优点。

操作步骤

1. 在磁盘上创建 web5 文件夹（如在 E：盘下创建 web5 文件夹），将本书配套光盘“案例文件\项目 5\项目 5 素材\制作素材”中的文件都复制到 web5 文件夹下。

2. 设置基本 CSS 样式。在 Dreamweaver 中建立站点“myweb5”，并按照前面各项目设置站点的方法，设置“myweb5”站点（站点文件夹为 web5，设置默认图像文件夹为 web5\images）。打开 intro. html，在“页面属性”对话框的“外观”分类中进行如图 5 - 4 所示的设置。

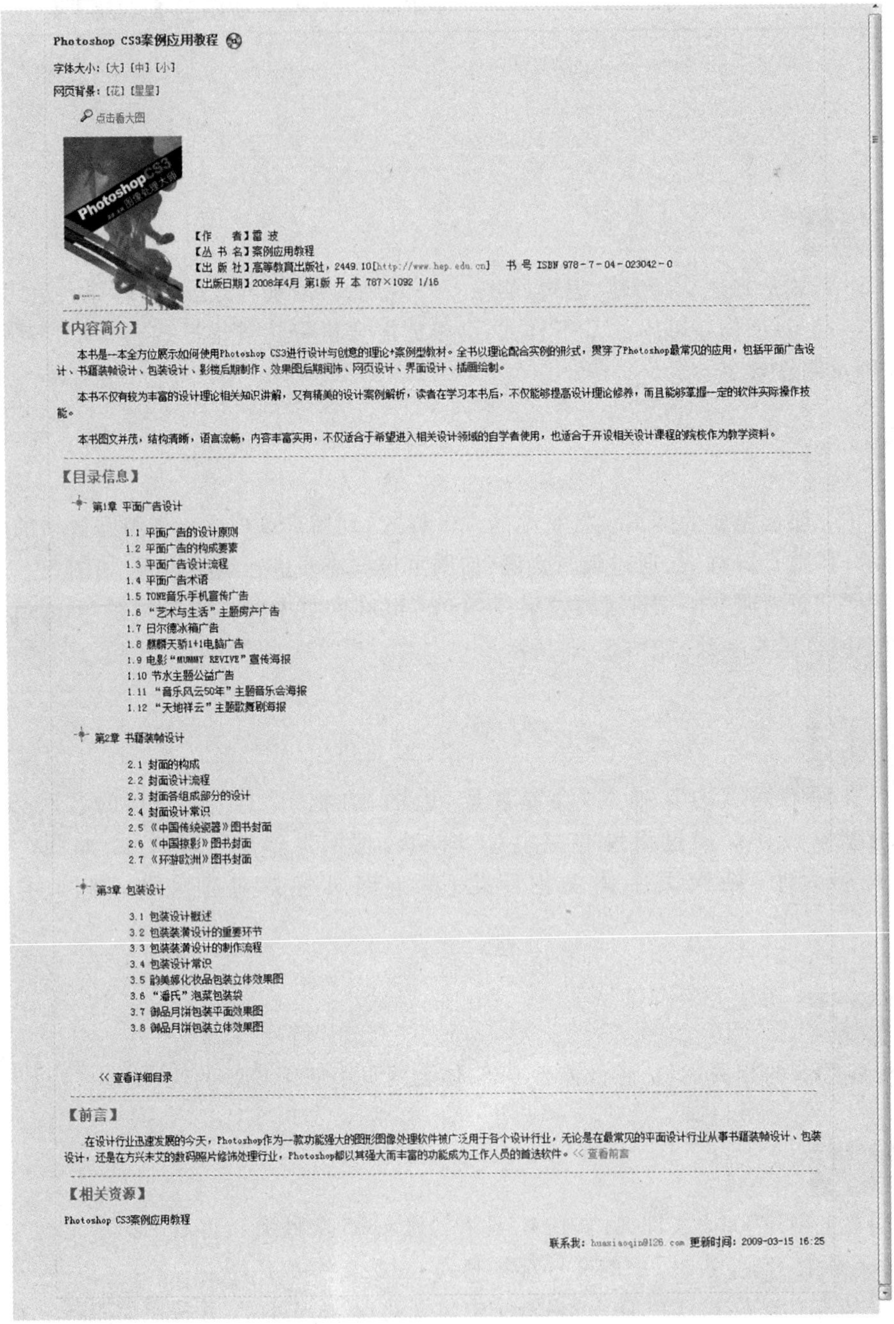

Photoshop CS3案例应用教程

字体大小：[大] [中] [小]

网页背景：[花] [星星]

点击看大图

Photoshop CS3 图像处理大师

【作　　者】雷 波
【丛 书 名】案例应用教程
【出 版 社】高等教育出版社，2449.10[http://www.hep.edu.cn]　书 号 ISBN 978-7-04-023042-0
【出版日期】2008年4月 第1版 开 本 787×1092 1/16

【内容简介】

本书是一本全方位展示如何使用Photoshop CS3进行设计与创意的理论+案例型教材。全书以理论配合实例的形式，贯穿了Photoshop最常见的应用，包括平面广告设计、书籍装帧设计、包装设计、影楼后期制作、效果图后期润饰、网页设计、界面设计、插画绘制。

本书不仅有较为丰富的设计理论相关知识讲解，又有精美的设计案例解析，读者在学习本书后，不仅能够提高设计理论修养，而且能够掌握一定的软件实际操作技能。

本书图文并茂，结构清晰，语言流畅，内容丰富实用，不仅适合于希望进入相关设计领域的自学者使用，也适合于开设相关设计课程的院校作为教学资料。

【目录信息】

第1章 平面广告设计

1.1 平面广告的设计原则
1.2 平面广告的构成要素
1.3 平面广告设计流程
1.4 平面广告术语
1.5 TONE音乐手机宣传广告
1.6 “艺术与生活”主题房产广告
1.7 日尔德冰箱广告
1.8 麒麟天骄1+1电脑广告
1.9 电影“MUMMY REVIVE”宣传海报
1.10 节水主题公益广告
1.11 “音乐风云50年”主题音乐会海报
1.12 “天地祥云”主题歌舞剧海报

第2章 书籍装帧设计

2.1 封面的构成
2.2 封面设计流程
2.3 封面各组成部分的设计
2.4 封面设计常识
2.5 《中国传统瓷器》图书封面
2.6 《中国掠影》图书封面
2.7 《环游欧洲》图书封面

第3章 包装设计

3.1 包装设计概述
3.2 包装装潢设计的重要环节
3.3 包装装潢设计的制作流程
3.4 包装设计常识
3.5 韵美娇化妆品包装立体效果图
3.6 “潘氏”泡菜包装袋
3.7 御品月饼包装平面效果图
3.8 御品月饼包装立体效果图

<< 查看详细目录

【前言】

在设计行业迅速发展的今天，Photoshop作为一款功能强大的图形图像处理软件被广泛用于各个设计行业，无论是在最常见的平面设计行业从事书籍装帧设计、包装设计，还是在方兴未艾的数码照片修饰处理行业，Photoshop都以其强大而丰富的功能成为工作人员的首选软件。<< 查看前言

【相关资源】

Photoshop CS3案例应用教程

联系我：huaxiaoqin@126.com 更新时间：2009-03-15 16:25

图 5-1　intro.html 页面

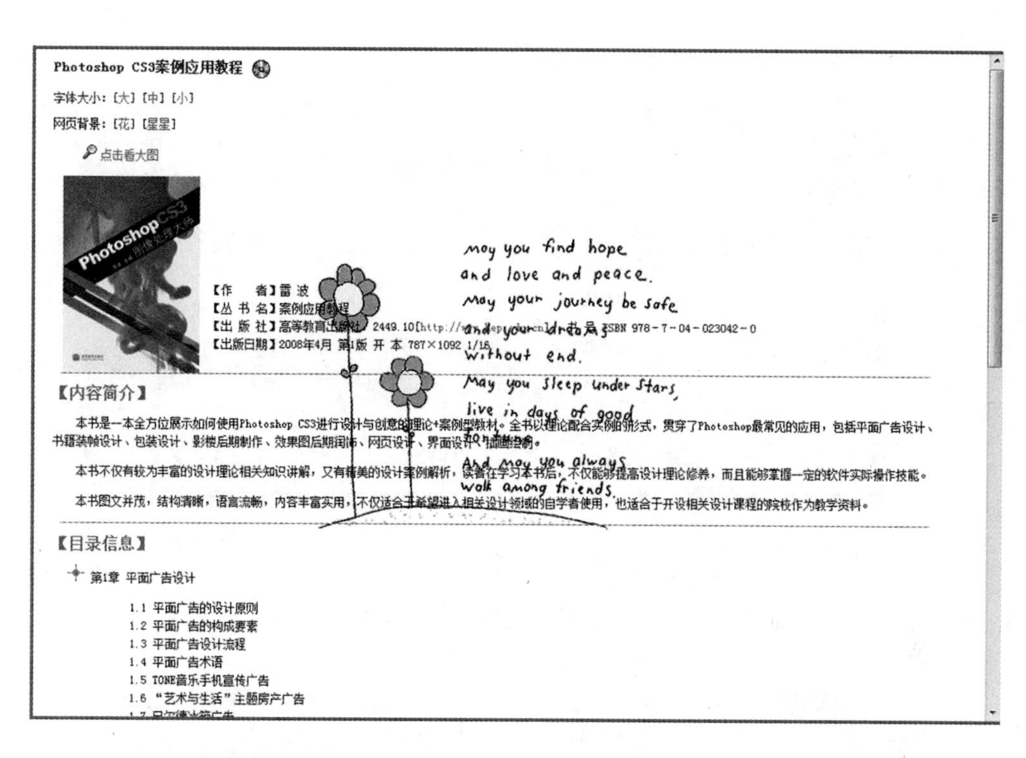

图 5-2 单击[花]后的效果

前言

Photoshop CS3案例应用教程

在设计行业迅速发展的今天，Photoshop作为一款功能强大的图形图像处理软件被广泛用于各个设计行业，无论是在最常见的平面设计行业从事书籍装帧设计、包装设计，还是在方兴未艾的数码照片修饰处理行业，Photoshop都以其强大而丰富的功能成为工作人员的首选软件。

甚至，在今天许多小的工作室，单纯依靠娴熟的Photoshop图像处理技术就能够获得不错的收益。例如某些数码人像修饰工作室，可从事杂志、书籍方面人像的专业修饰工作；还有从事效果图修饰的专业工作室，能够从专业的建筑可视化公司获得效果图后期修饰与处理的订单，因为无论是室内效果图，还是室外效果图，如果不依靠后期Photoshop处理，都无法达到较高的逼真度，这一点在室外效果图表现方面尤其突出。

可以预见，在图像数字化的时代，Photoshop将更加广泛地运用在当前及未来将出现的设计行业中。当然，除了设计行业外，Photoshop也被广泛应用在人们的生活中，例如美化数码照片，因此不仅越来越多的人开始学习此软件，越来越多的院校也开始开设与其相关的课程。上述设计领域，有些发展时间已经很长，整体产业链与学习体系也相对成熟，例如平面广告设计、书籍装帧设计、包装设计；也有些领域的发展时间不太长，各个环节仍处在摸索期，例如影楼后期制作、效果图后期润饰、界面设计等。虽然，为了便于读者快速了解相关设计领域的理论知识，在每一章的开始笔者都讲解了与其相关的基本知识，但这些知识仍不足以使读者了解相关设计领域的全貌，甚至可以说是管中窥豹。因此，对于已经相对成熟的设计领域，读者的学习重点应该是本书所展示的各个案例的实现技术，而对新兴的设计领域，读者则需要自己在学习中更多地加入自己的思考，同时在网络中寻找更多、更新的知识作为本书知识体系的有效补充。本书具有如下特点：

- 以国内流行的IT职位需求为切入点，一切为就业应用服务

本书是一本典型的理论+实例型教材，不仅较为全面地展现了Photoshop当前在8个热门设计领域的应用，而且还通过每一章有针对性的案例为读者剖析了若干精美案例的制作技术。本书所讲解的设计领域包括平面广告设计、书籍装帧设计、包装设计、影楼后期制作、效果图后期润饰、网页设计、界面设计、插画绘制等。

- 即学即用，手把手教授职业操作技能

理论知识的传授，又注重操作技能的培养与训练。

- 目标式项目教学，紧扣社会职业需求

本书采用实用易学的案例贯穿始终，在学习的过程中掌握软件的使用方法与技巧。

- 图例解说式的写作手法

在书中尽量以活泼直观的图例方式来取代文字说明，使读者能够直观地学习， 使学习的过程更加轻松有效。

本书附赠一张DVD光盘。光盘中不仅有便于读者学习使用的书中所有案例素材与PSD分层源文件，还有本书中15个案例的多媒体视频教程，相信这些分层源文件与多媒体视频教程能够帮助读者达到事半功倍的学习效果，从而快速掌握本书所介绍的知识与技能。

图 5-3 将 intro.html 网页中的样式应用在 qianyan.html 网页中后的效果

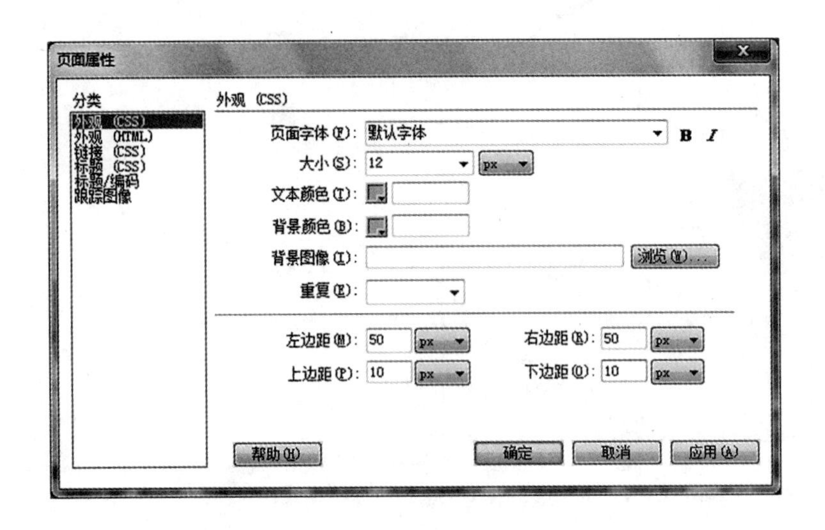

图 5－4　设置页面属性

3. 查看“CSS 样式”面板，发现多出两个 CSS 规则，如图 5－5、图 5－6 所示。

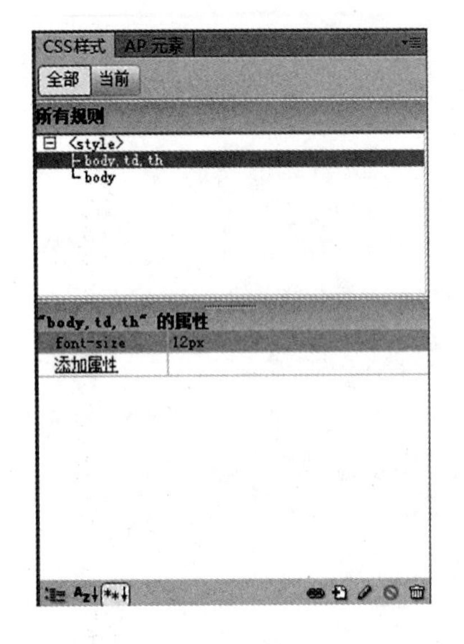

图 5－5　“body，td，th”CSS 样式

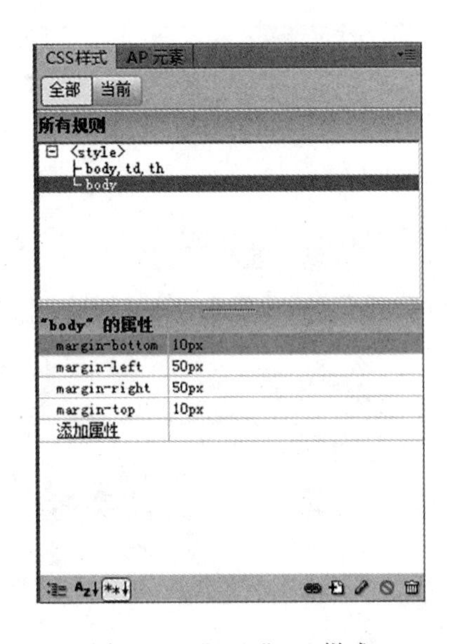

图 5－6　“body”CSS 样式

4. 设置不随内容一起滚动的背景图像。选择图 5－5 中的“body”样式，单击“CSS 样式”面板底部的“编辑样式”按钮，或双击图 5－5 中的“body”样式，在弹出的对话框中选择“背景”分类，并按图 5－7 所示进行设置，之后单击“确定”按钮，在浏览器中观察效果。发现单击滚动条时，背景图片并不随网页内容滚动。这是为什么？将“附件”设置为“滚动”，再到浏览器中仔细观察，发现了什么？

5. 设置文档边框．border。在“CSS 样式”面板中单击面板底部“新建 CSS 规则”按钮，打开如图 5－8 所示对话框，新建一个选择器类型为“类(可应用于任何 HTML 元素)”，在“选择器

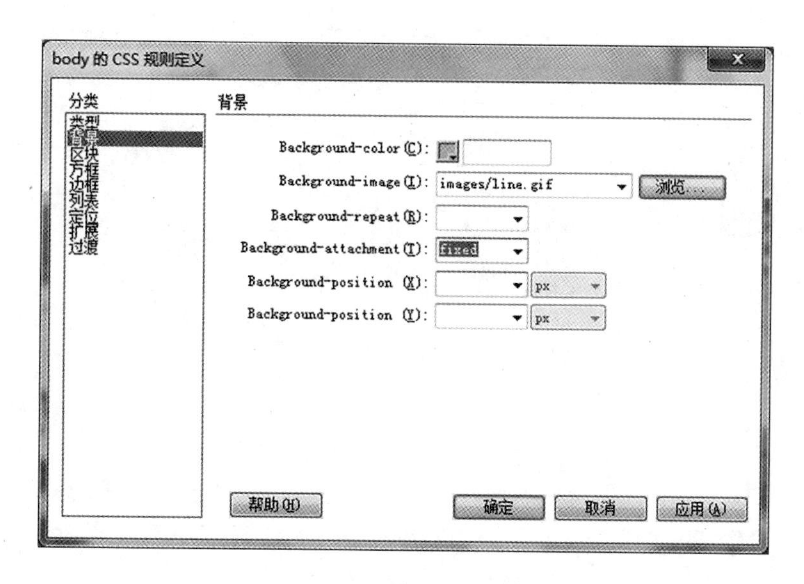

图 5－7 设置页面背景

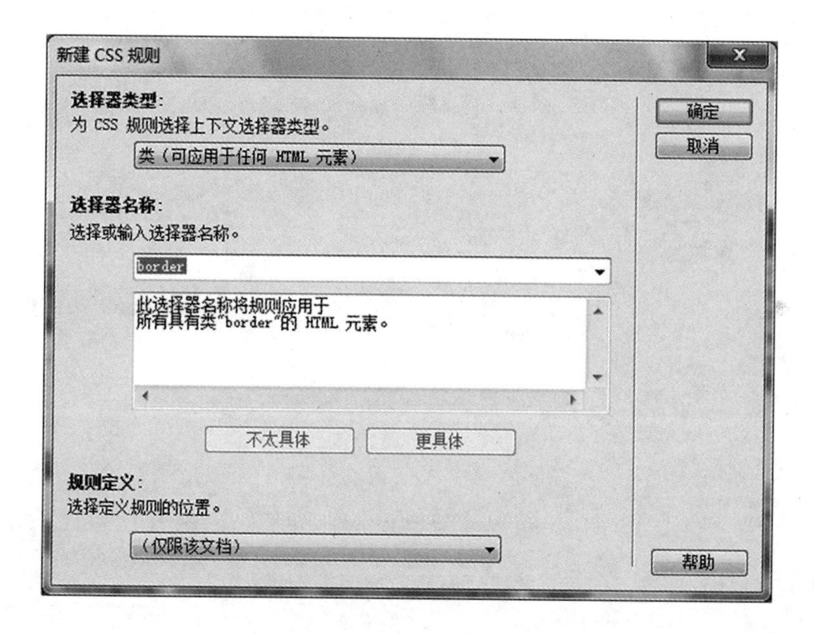

图 5－8 新建 CSS 规则

名称”栏内输入“border”，单击“确定”按钮。在“.border 的 CSS 规则定义”对话框中选择“边框”分类，并按图 5－9 所示进行设置，单击“确定”按钮后，在文档窗口底部的标签选择器中单击“body”标签，在“属性”面板的“类”下拉列表框中选择 border 样式，如图 5－10 所示。在浏览器中观察效果，发现网页四周出现边框，但边框与内容之间的间隙较小，因此在“CSS 样式”面板中编辑.border 样式，进行修改，设置方框样式填充为 10 像素，如图 5－11 所示，并再次浏览网页效果，观察其中的变化。

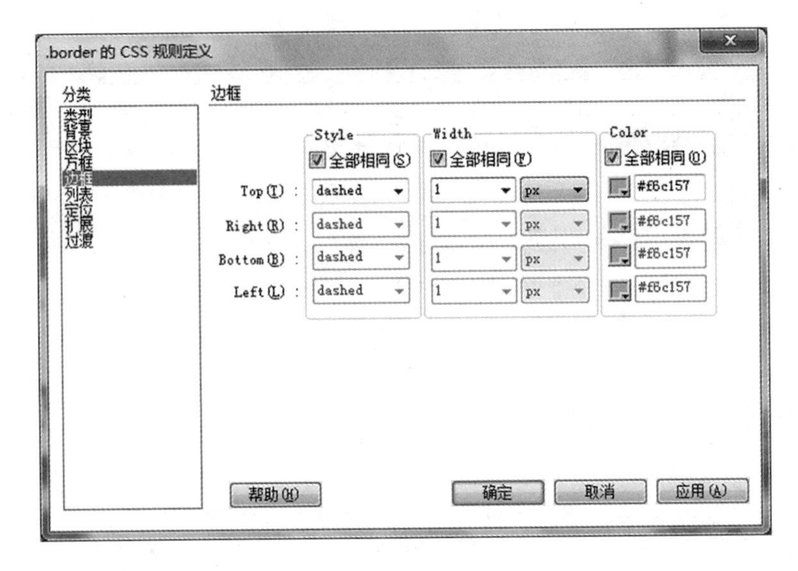

图 5-9　CSS 规则定义

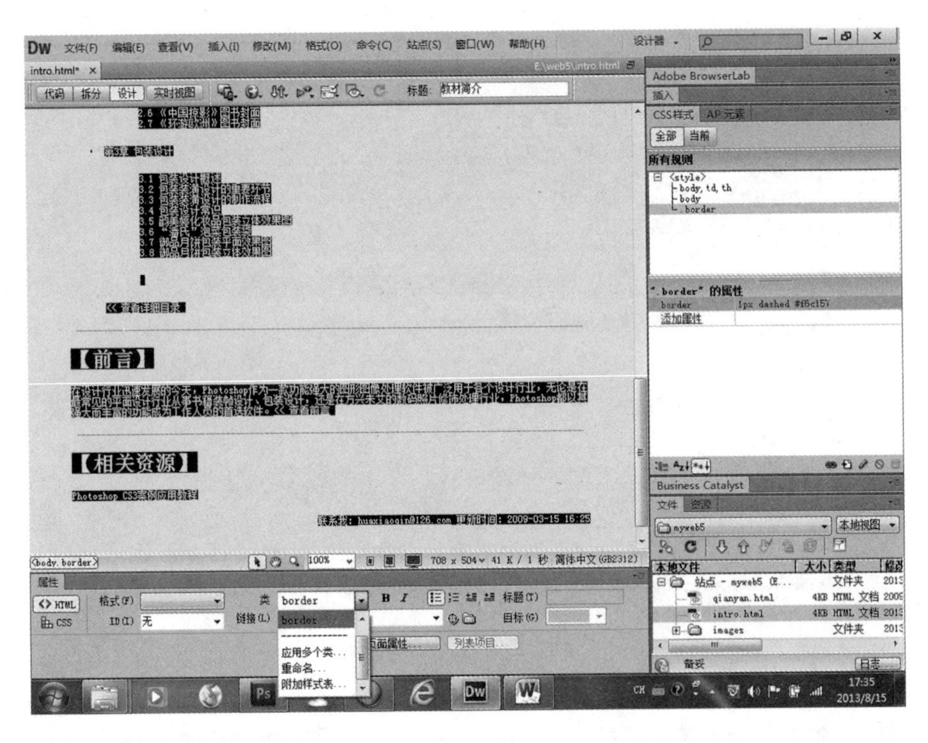

图 5-10　为选定文本应用“.border”样式

6. 设置文本缩进和行高。单击“CSS 规则”面板底部的“新建 CSS 规则”按钮，新建 CSS 规则类.p1(即“选择器类型”为“类(可应用于任何 HTML 元素)”、“选择器名称”为“p1”，规则定义位置为“仅限该文档”)，在“CSS 规则定义”对话框中选择“类型”分类，设置 Line - height(行高)为

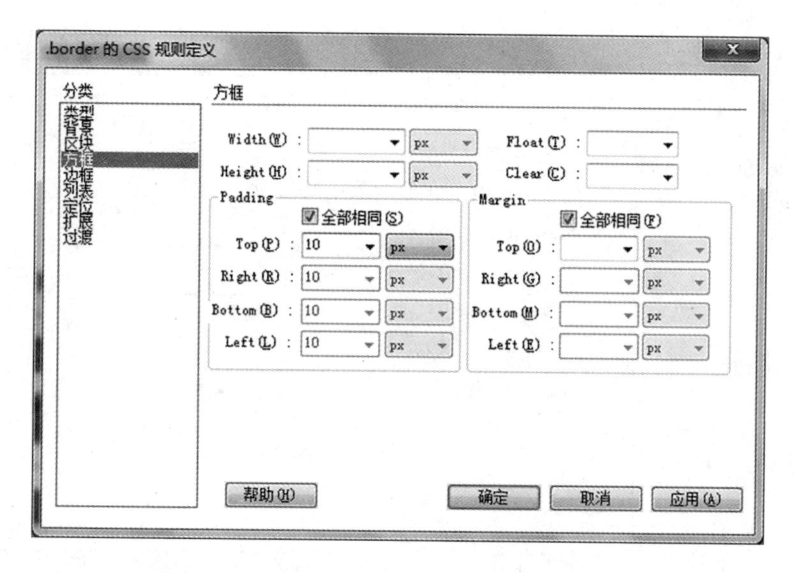

图 5-11　编辑修改“.border”样式

1.5 倍行高(值为 150% 或者 1.5 multiple),如图 5-12 所示;选择“区块”分类,设置Text-indent(文字缩进)为 2 字宽(2 ems),如图 5-13 所示;选择网页内容中图书基本信息内容(作者、丛书名、出版社、出版日期)中的文字,在属性检查器中设置类(样式)为“p1”,如图 5-14 所示(可切换到“代码”视图观察一下代码的变化,看看这种选择器类型在代码中是如何表示的),再依次对网页内容中“内容简介”、“目录信息”、“前言”、“相关资源”下的文字设置样式为“p1”。

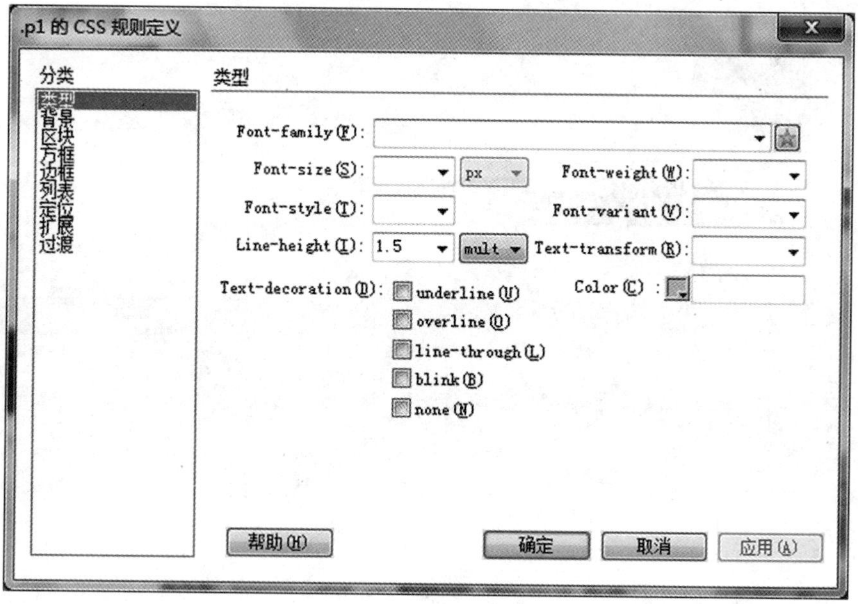

图 5-12　设置 1.5 倍行高

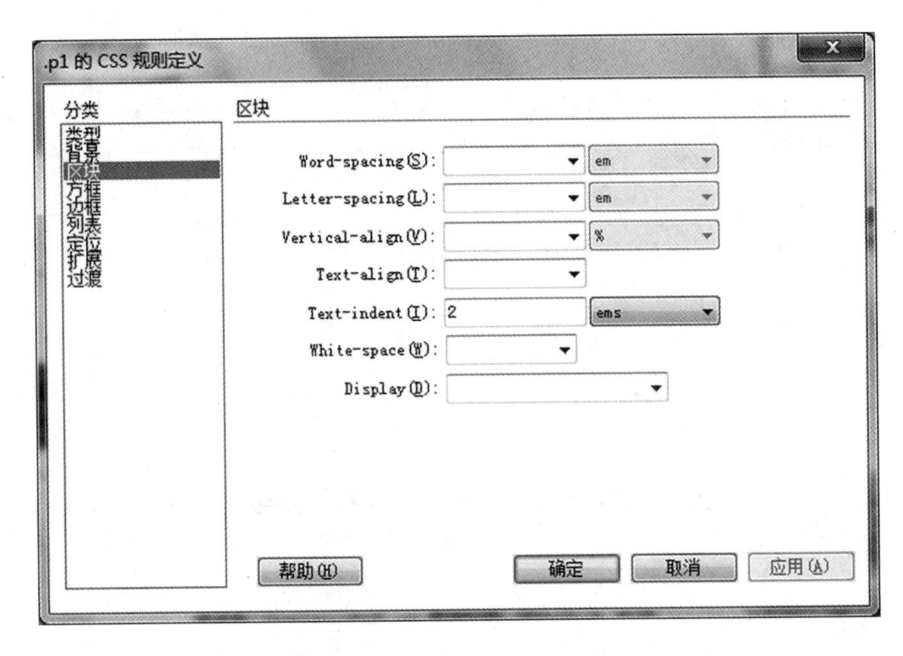

图 5－13　设置文字缩进 2 ems

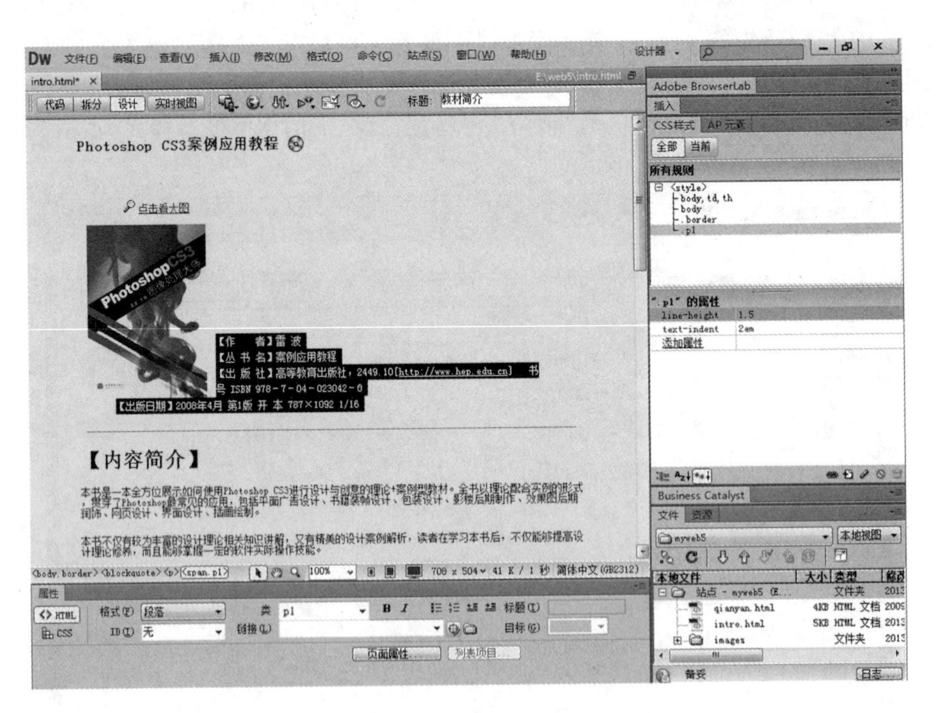

图 5－14　为选定文本应用“.p1”样式

7. 设置标题 1 和标题 2 样式。单击“CSS 规则”面板底部的“新建 CSS 规则”按钮，新建 CSS 标签 h1（即“选择器类型”为“标签（重新定义 HTML 元素）”、“选择器名称”为“h1”，规则定义位置为“仅限该文档”），如图 5－15 所示，单击“确定”按钮后，在“h1 的 CSS 规则定义”对话框中选

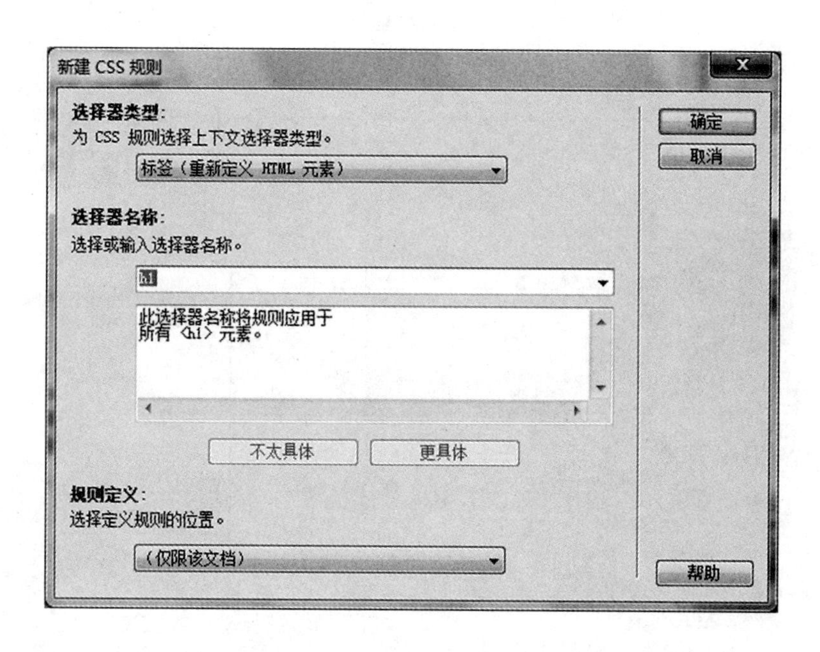

图 5－15 设置“标题 1”CSS 样式

择“类型”分类，设置 Font－size（字体大小）为 16 px（像素），字体颜色为#CC6633，如图 5－16 所示，观察发现网页中所有应用 h1 标签的文字都出现 CSS 规则设置的效果。使用相同方法新建 CSS 标签 h2，在“h2 的 CSS 规则定义”对话框中选择“类型”分类，设置 Font－size（字体大小）为 14 px（像素），字体颜色为#333333，观察发现，网页中所有应用 h2 标签的文字都出现 CSS 规则设置的效果。最后修改过 h1、h2 标题 CSS 样式后，网页效果如图 5－17 所示。

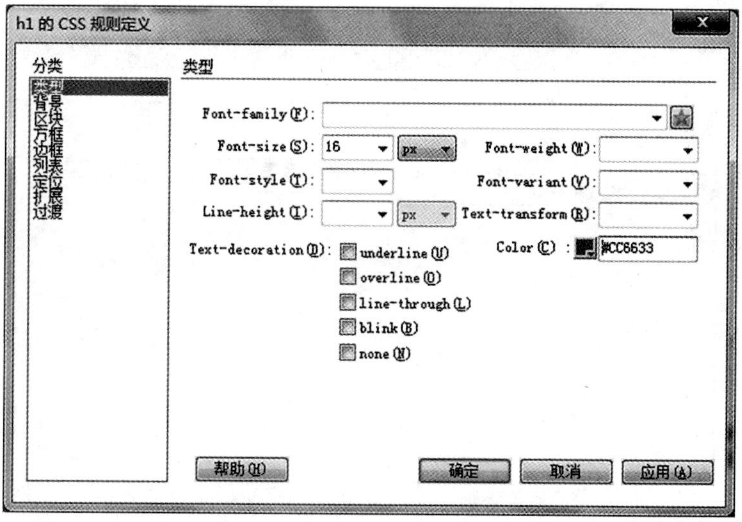

图 5－16 设置“标题 1”字体的 CSS 样式

图 5 - 17　设置完成后效果

8. 设置列表样式。依照上述方法新建 CSS 规则标签 ul(即“选择器类型”为“标签(重新定义 HTML 元素)”、“选择器名称”为 ul,规则定义位置为“仅限该文档”),在“ul 的 CSS 规则定义”对话框中,选择“列表”分类,设置 List - style - image(项目符号图像)为 images/top. gif,如图 5 - 18 所示,单击“确定”按钮后,发现所有的列表前面都出现 top. gif 图像。

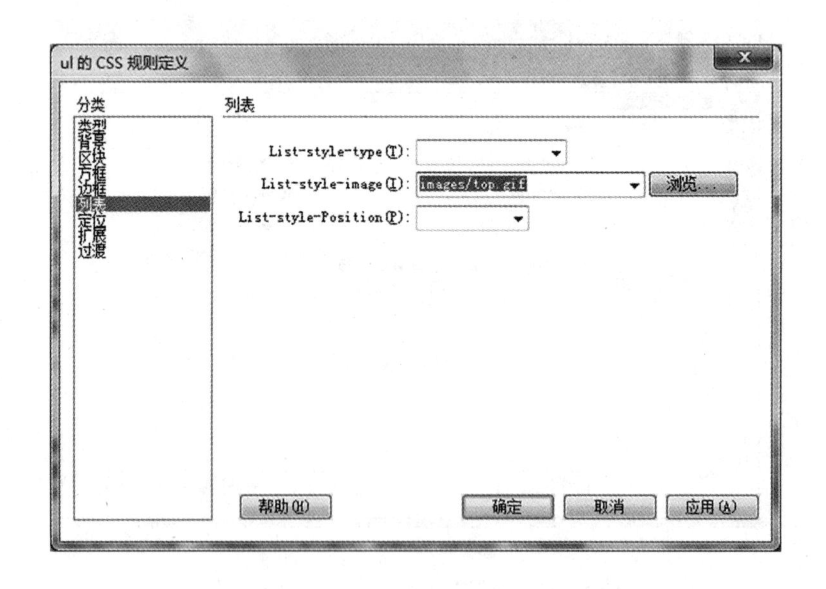

图 5 - 18　设置项目列表样式

9. 设置水平线样式。依照上述方法新建 CSS 规则标签 hr(注意“选择器类型”为“标签(重新定义 HTML 元素)”,想想为什么),设置 hr 的 CSS 规则定义,如图 5-19 所示。设置完成,浏览页面,注意观察页面中水平线的变化(Windows7 下的 IE 浏览器显示结果可能不正确,换一种浏览器看一下效果,水平线应当是粗细为 1 像素的灰色虚线,如图 5-20 所示为使用 Google 浏览器预览的效果)。

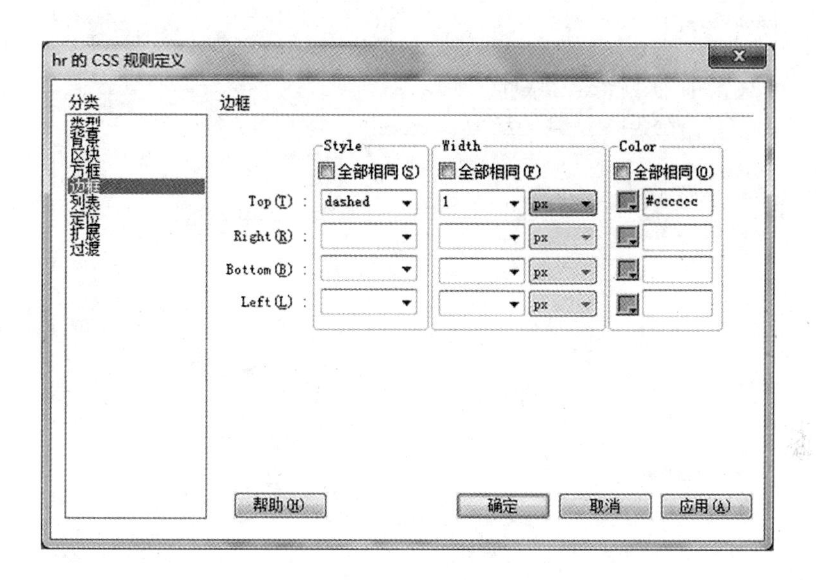

图 5-19 设置水平线 CSS 样式

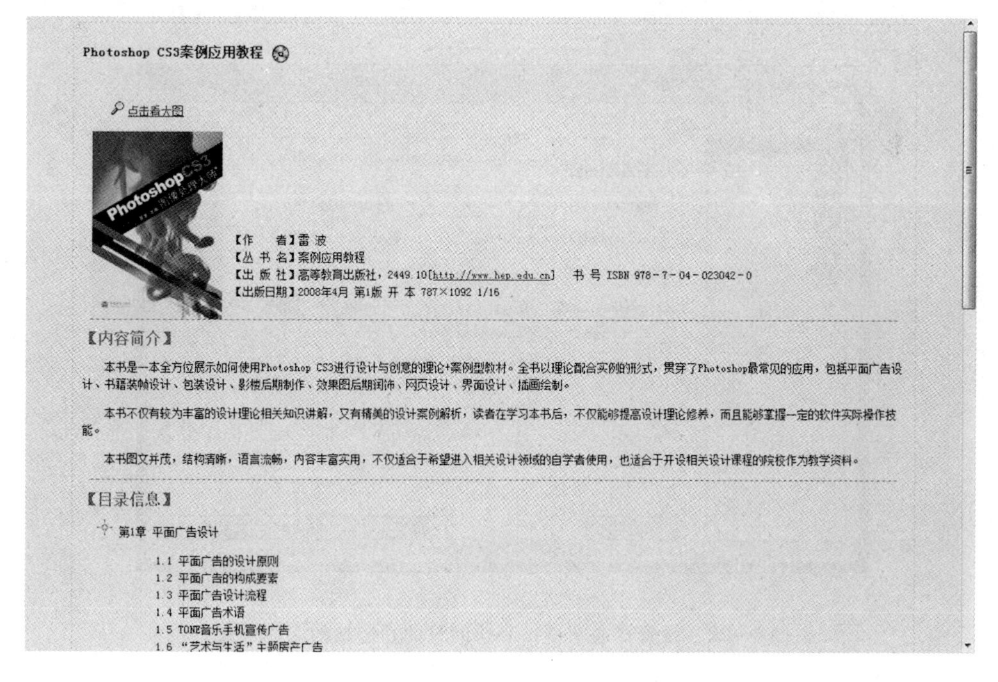

图 5-20 预览效果

10. 设置普通超链接和访问过的超链接的样式。新建 CSS 规则:a:link,a:visited(即"选择器类型"为"复合内容(基于选择的内容)"、"选择器名称"为"a:link,a:visited"),如图 5-21 所示。在弹出的"a:link,a:visited 的 CSS 规则定义"对话框中,选择"类型"分类,设置"修饰"为"无","颜色"为"#CC6600",如图 5-22 所示。

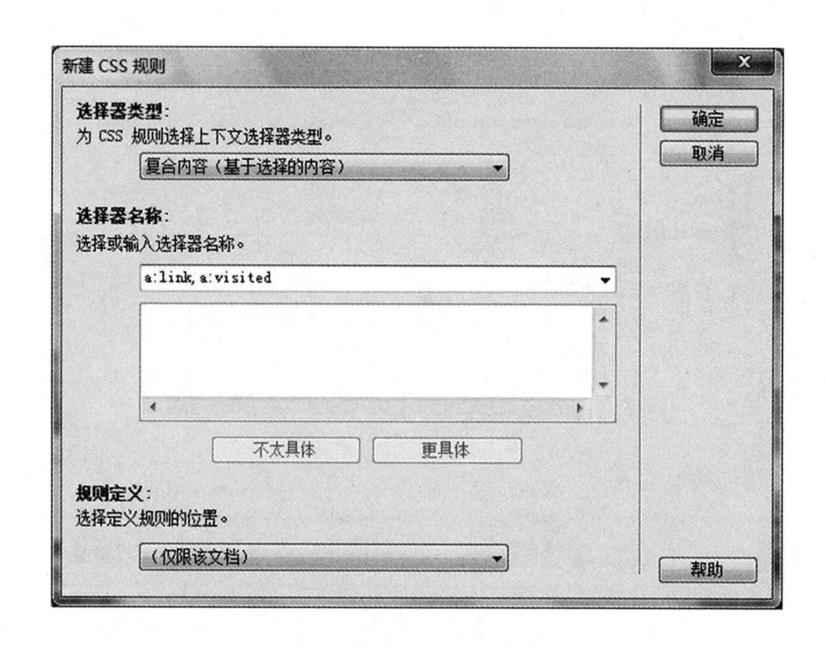

图 5-21　设置普通超链接和访问过的超链接的样式

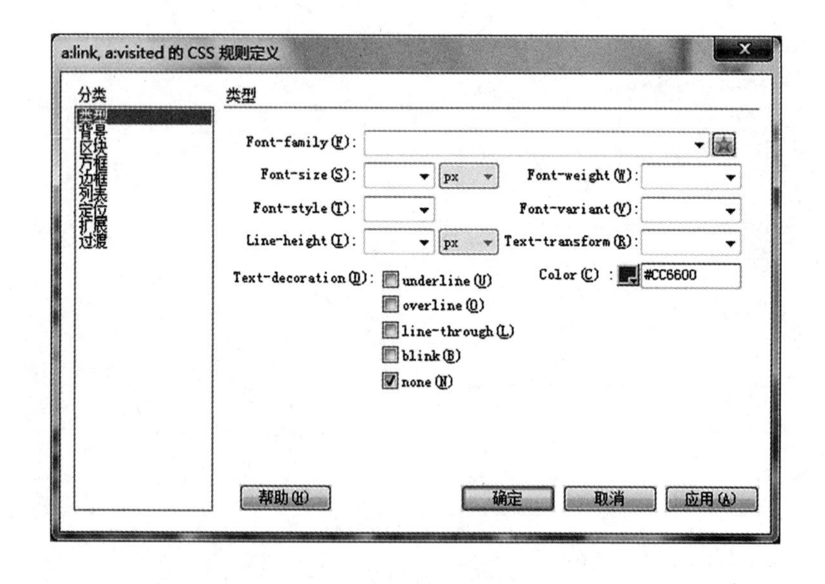

图 5-22　设置普通超链接和访问过的超链接的字体样式

11. 设置鼠标划过时和点击时的超链接的样式。新建 CSS 规则：a：hover，a：active（即“选择器类型”为“复合内容（基于选择的内容）”、“选择器名称”为“a：hover，a：active”），如图 5－23 所示。在弹出的“a：hover，a：active 的 CSS 规则定义”对话框中，选择“类型”分类，设置“修饰”为“下划线”，“颜色”为“#FFCC00”，如图 5－24 所示。

图 5－23 设置鼠标划过时的超链接和点击时的超链接的样式

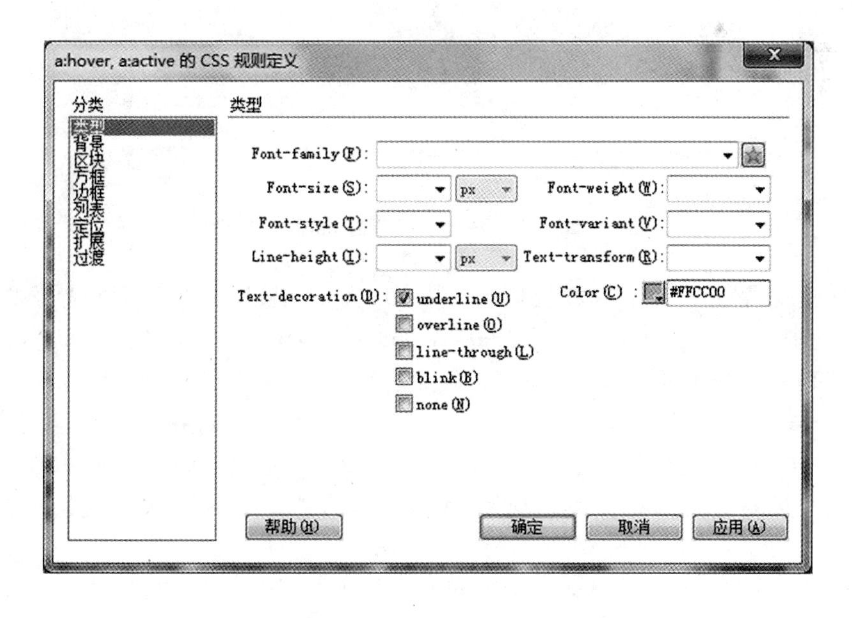

图 5－24 设置鼠标划过时和点击时的超链接的字体样式

12. 即时改变文本大小。新建 CSS 规则类. smallfont,设置字体大小 12 像素;新建 CSS 规则类. mediumfont,设置字体大小 14 像素;新建 CSS 规则类. bigfont,设置字体大小 16 像素;在网页的头部添加文字“字体大小:[大][中][小]”,分别给文字“大”、“中”、“小”添加空链接:光标定位于“大”字,单击选择“标签选择器”中的〈a〉标签,即选中空链接“大”,单击右键,选择“编辑标签(E)〈a〉”命令,如图 5－25 所示。

设置 onClick 事件:body. className = 'bigfont',如图 5－26 所示。在浏览器中观察效果,当单击文字链接“大”时,正文字体大小变为 16 像素。重复同样操作,设置文字“中”的 onClick 事件:body. className = 'mediumfont';设置文字“小”的 onClick 事件:body. className = 'smallfont'。

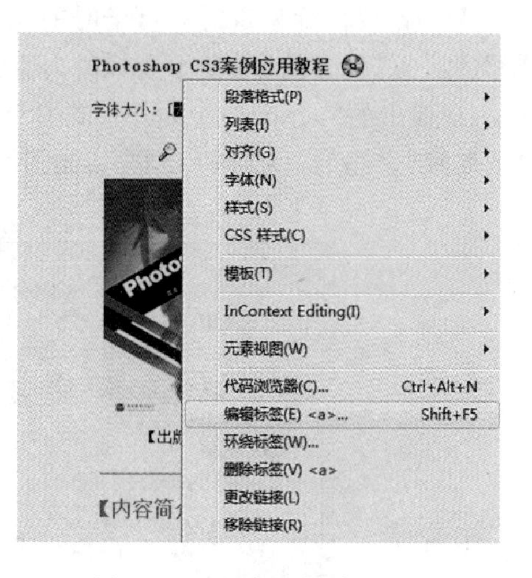

图 5－25 选定空链接“大”,并“编辑标签(E)〈a〉”

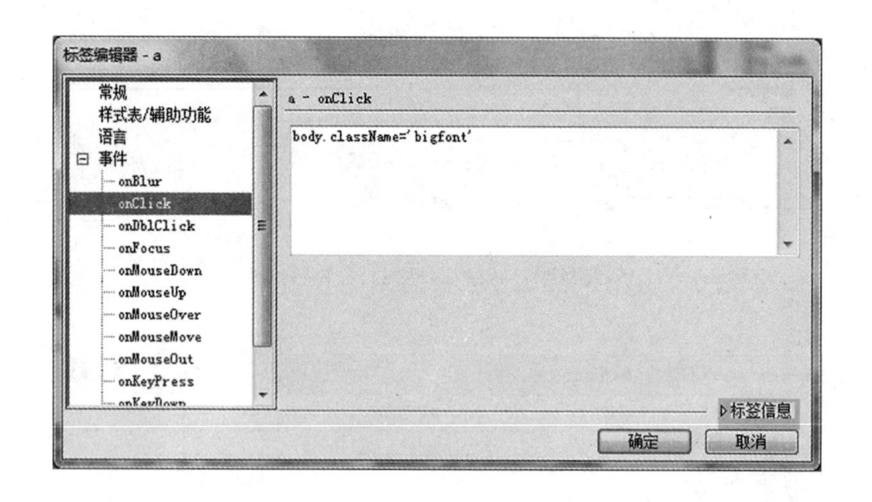

图 5－26 为空链接“大”设置 onClick 事件

13. 即时改变背景。新建 CSS 规则类. flower,在“背景”分类中设置背景图像为 images/hua. gif,选择 no－repeat(不重复),Background－position(X)(水平位置)和 Background－position(Y)(垂直位置)均设置为 center(居中),如图 5－27 所示。用同样的方法新建 CSS 规则类. star,设置背景图像为:images/star. gif,选择 repeat;在网页的头部添加文字:网页背景:[花][星星],根据步骤 12 的方法举一反三,完成效果:当单击文字链接“花”时,网页背景变成不重复的花图案且居中,而单击文字“星星”时,网页背景变成重复的星星图案。

14. 移动 CSS 规则与附加样式表。选择样式中的所有 CSS 规则(在“CSS 样式”面板的“全部”模式中,选择第一个样式,按 Shift 键的同时,选择面板中最后一个样式,以选择连续样式;也

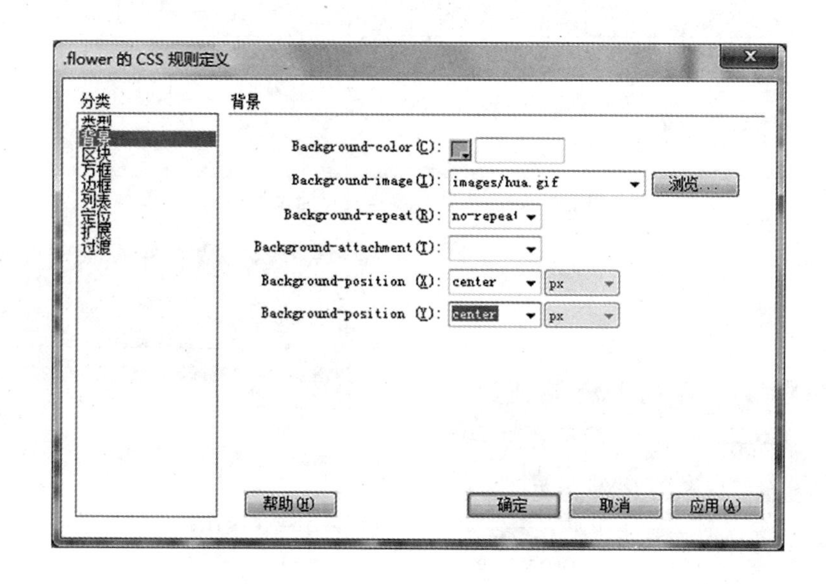

图 5－27 设置“.flower”CSS 样式

可在按住 Ctrl 键的同时单击鼠标，选择不连续样式)，单击鼠标右键，选择“移动 CSS 规则(M)”命令，如图 5－28 所示。在如图 5－29 所示的“移至外部样式表”对话框中选择“新样式表”，单击“确定”按钮，在弹出“将样式表文件另存为”对话框中，输入文件名“style”，保存类型默认为“样式表文件(＊.css)”，放在站点根目录下，单击“保存”按钮。单击“文件”→“保存全部”命令，观察发现：网站中多出 style.css 文件，而 intro.html 文件中的内部样式表中的 CSS 规则都移动到 style.css 文件中，如图 5－30、图 5－31 所示。打开 qianyan.html，打开“CSS 样式”面板，发现是空的，说明此文件没有使用 CSS 样式，在“CSS 样式”面板中单击“附加样式表”按钮，在弹出的“链接外部样式表”对话框中选择 style.css，如图 5－32 所示。观察 qianyan.html 在附加样式表前后的变化，将 qianyan.html 中的正文部分应用样式.p1，将 qianyan.html 中标签〈body〉应用样式.border(想想为什么要单独应用.p1 和.border样式)。

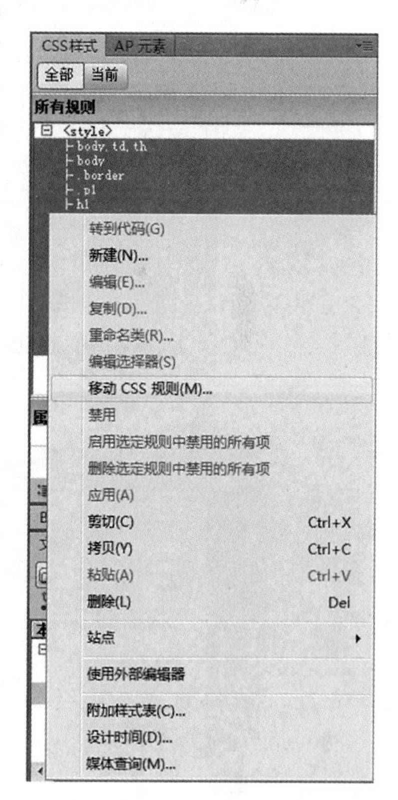

图 5－28 选中并移动 CSS 样式

15. 分析 style.css 文件。在 Dreamweaver 的“文件”面板中打开 style.css 文件，如图 5－33 和图 5－34 所示。请自行分析其中代码，并与先前设置的各 CSS 样式进行比较，你得出什么结论？请试着阅读其中代码。

图 5－29　选择 CSS 样式存储位置

图 5－30　网站中多出 style.css 文件

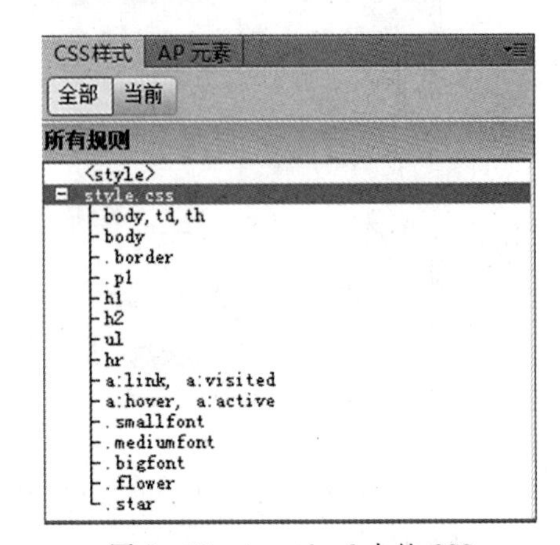

图 5－31　intro.html 中的 CSS 规则都移动到 style.css 文件中

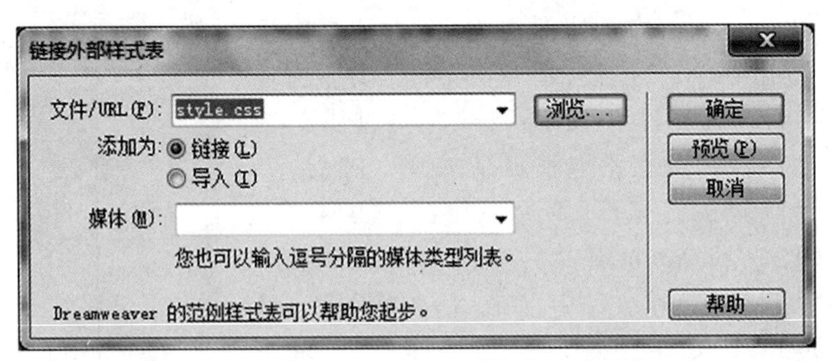

图 5－32　为 qianyan.html 附加样式表文件

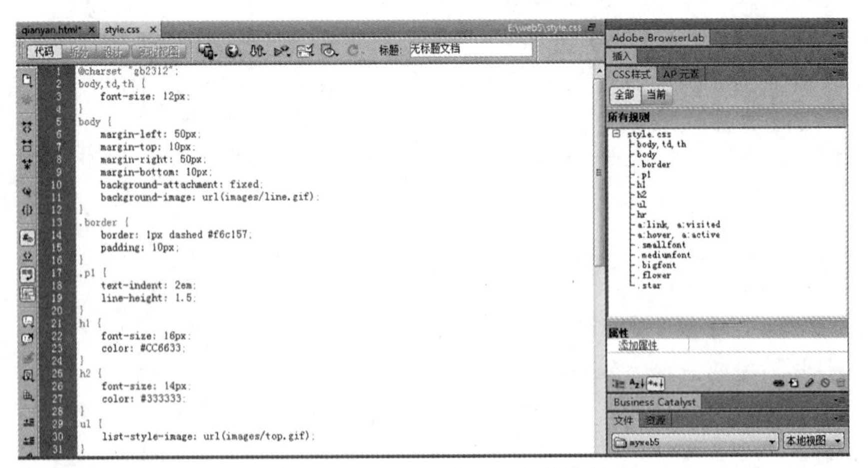

图 5－33　style.css 文件中 CSS 样式代码

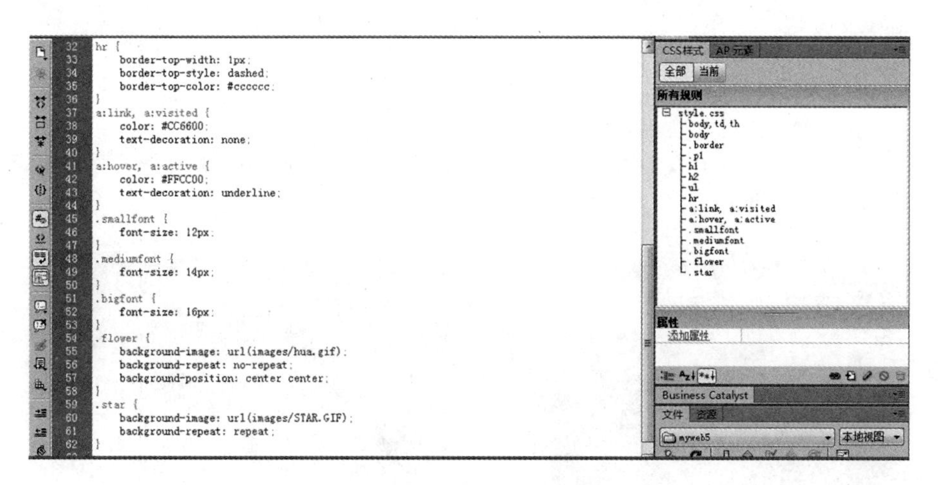

图 5－34　style. css 文件中 CSS 样式代码

相关知识

一、CSS 样式的作用

CSS 是 Cascading Style Sheets，中文名称为“层叠样式表”，简称样式表。CSS 是一组格式设置规则，用于控制网页内容的外观。在制作网页时采用 CSS 技术，可以有效地对页面的布局、字体、颜色、背景和其他效果实现更加精确的控制。通过使用 CSS 样式设置页面的格式，可将页面的内容与表现形式分离开。页面内容（即 HTML 代码）存放在 HTML 文件中，而用于定义代码表现形式的 CSS 规则存放在另一个文件（外部样式表）或 HTML 文档的另一部分（通常为文件头部分）中。

只要对相应的代码做一些简单的修改，就可以改变同一页面的不同部分，或者页数不同的网页的外观和格式。

二、 CSS 样式的分类

CSS 按其位置可以分成三种：

1. 内联样式：内联样式只对所在的标签有效。如：

```
<p style="font-size:20 pt;color:red">Style 定义 </p>
```

表示〈p〉和〈/p〉之间包围的文字“这个 Style 定义”字体大小是 20 pt，字体颜色是红色。一般不建议使用此样式。

2. 内部（或嵌入式）CSS 样式表：若干组包含在 HTML 文档头部分的 style 标签中的 CSS 规则，在引用的页面中位于文件头〈head〉〈/head〉内，且包含在标签〈style〉〈/style〉中，只对所在的网页有效。

内部样式表要用到〈style〉这个标签，语法格式如下：

```
<style type="text/css">
……
</style>
```

如本项目网页 intro.html 在移动 CSS 规则之前其 CSS 样式表就属于内部(或嵌入式)CSS 样式表,其代码位置位于页面头部(〈head〉〈/head〉之间),如图 5-35 所示。

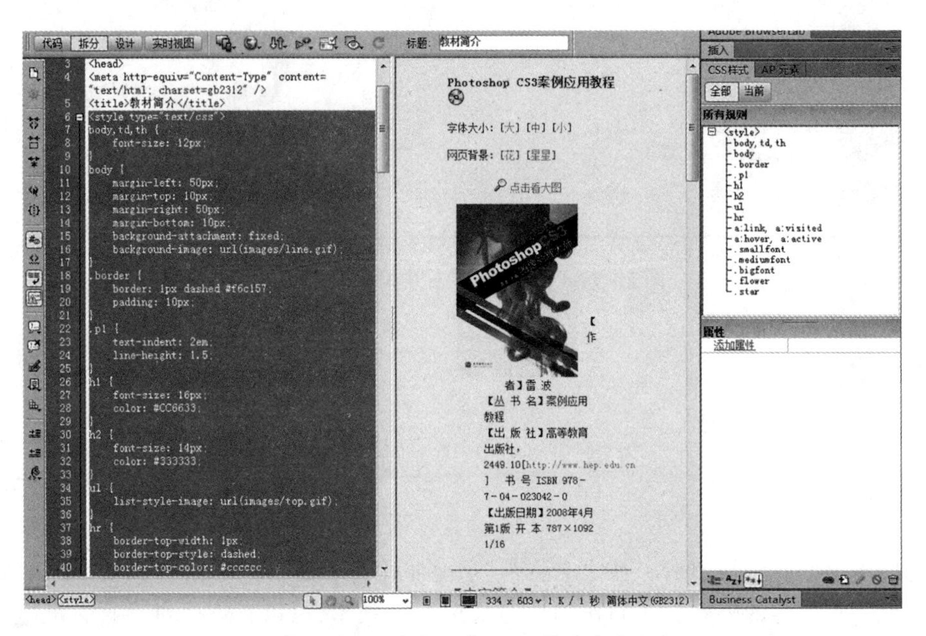

图 5-35 内部(或嵌入式)CSS 样式表代码位置

3. 外部 CSS 样式表:存储在一个单独的外部 CSS 文件(文件名后缀为.css)中的若干组 CSS 规则。此文件利用文档头部分的链接或@ import 规则链接到网站中的一个或多个页面。如本例中移动 CSS 规则生成的 style.css 文件,在引用的页面中位于标签〈head〉〈/head〉内,是使用链接方式引用外部 CSS 样式表文件的,代码显示为〈link href = "样式表文件名"……〉的形式。

使用外部 CSS 样式表,有以下优点:

① 样式代码可以复用。一个外部 CSS 文件,可以被很多网页共用。

② 便于修改。如果要修改样式,只需要修改 CSS 文件,而不需要修改每个网页。

③ 提高网页显示的速度。如果样式写在网页里,会降低网页显示的速度,如果网页引用一个 CSS 文件,这个 CSS 文件多半已经在缓存区(其他网页早已经引用过它),网页显示的速度就比较快。

需要注意的是,Dreamweaver 可识别现有文档中定义的样式(只要这些样式符合 CSS 样式准则),还可在"设计"视图中直接呈现大多数已应用的样式。不过,在浏览器窗口中预览文档才是最准确的页面效果呈现。有些 CSS 样式在 Internet Explorer、Netscape、Opera、Safari 或其他浏览器中呈现的外观不相同,而有些 CSS 样式目前不受任何浏览器支持。如本项目中,有些 CSS 样式在 Windows 7 下的 IE10 浏览器中就无法正常显示。

三、创建 CSS 样式的方法

1. 单击菜单“窗口”→“CSS 样式”命令，打开“CSS 样式”面板，如图 5－36 所示。

2. 单击“CSS 样式”面板右下角的“新建 CSS 规则”按钮，打开“新建 CSS 规则”对话框，如图 5－37 所示。

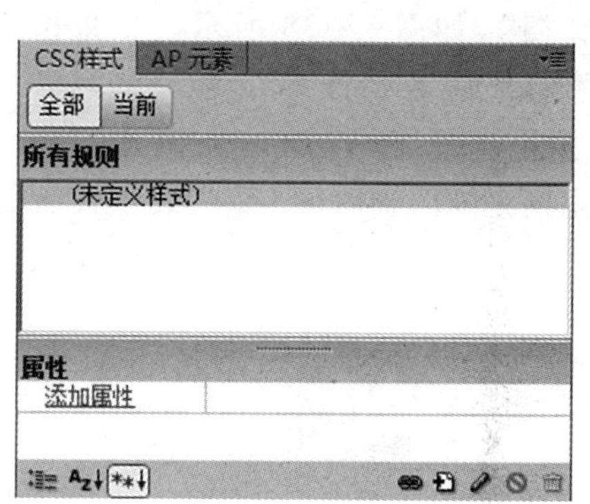

图 5－36 “CSS 样式”面板

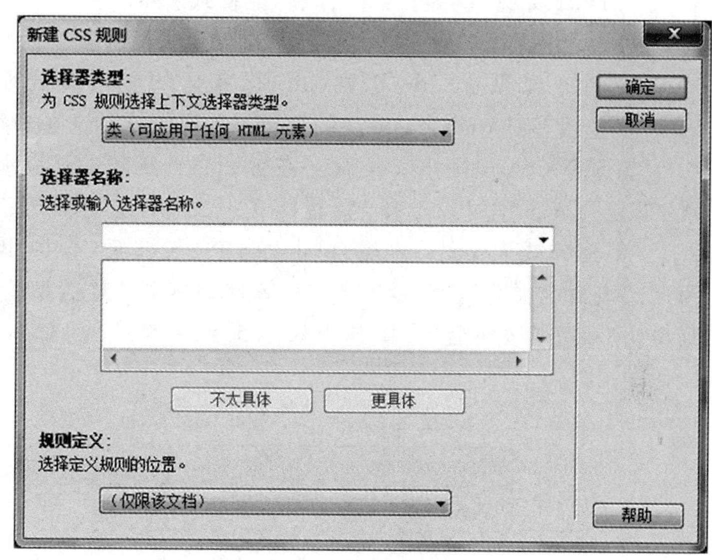

图 5－37 “新建 CSS 规则”对话框

“选择器类型”下拉列表框提供了以下几种选项。

- 类(可应用于任何 HTML 元素)：创建一个用 class 属性声明的应用于任何 HTML 元素的类选择器。“选择器名称”文本框中输入类名称。类名称以句点(.)开头，能够包含任何字母和数字(如本项目中的.p1、.border)。此种样式需应用才可起作用，可在“设计”视图直接应用样式，如本项目步骤 14 中，将 qianyan.html 中的正文部分应用样式.p1，将 qianyan.html 中的标签〈body〉应用样式.border，必须先选定正文相关内容，然后在属性检查器的“类”下拉列表框中进行设置。这种样式在“代码”视图应用时，需添加代码 class = "自定义类名称"。例如：〈p class = "p1"〉，即应用了一个叫做.p1 的类。注意，这种样式的定义在“代码”视图中的形式是“.类名称{样式内容}”，如本项目 CSS 样式.p1 在代码中的定义为：

```
.p1{
    text-indent:2em;
    line-height:1.5;
}
```

- ID(仅应用于一个 HTML 元素)：创建一个用 ID 属性声明的仅应用于一个 HTML 元素的 ID 选择器。“选择器名称”文本框中输入 ID 号，ID 必须以井号(#)开头，如“#nav”，其对应的代码形式为:#样式名称{样式内容},如#nav{font - size:9pt};引用时需使用 id = "样式名称",如〈div id = nav〉,则表示 ID 为“nav”的对象的样式为字体大小是 9 pt。此样式在 Div + CSS 布局页面中的应用很常见,在后面的项目学习中多体会与关注。

- 标签(重新定义 HTML 元素):重新定义特定 HTML 标签的默认格式。在“选择器名称”文本框中输入 HTML 标签或从下拉列表框中选择一个标签。如项目中重新设置了标题 1(h1 标签)、标题 2(h2 标签)的样式。
- 复合内容(基于选择的内容):可以定义同时影响两个或多个标签、类或 ID 的复合规则。例如,如果输入 div p,则〈div〉标签内的所有〈p〉元素都将受此规则影响,本项目中对超链接“a:hover,a:active”的设置就使用了这种选择器类型。

3. 选择 CSS 规则定义位置。在弹出的“新建 CSS 规则”对话框中“选择定义规则的位置”下拉列表框中可以选择“新建样式表文件”或“仅限该文档”,如图 5 - 38 所示。如果选择了“新建样式表文件”选项,单击“确定”按钮后,会弹出“将样式表文件另存为”对话框,为样式表命名并保存后,会弹出“CSS 规则定义”对话框。如果选择了“仅限该文档”选项,则单击“确定”按钮后,直接弹出如图 5 - 39 所示的“CSS 规则定义”对话框,可在其中设置 CSS 样式。

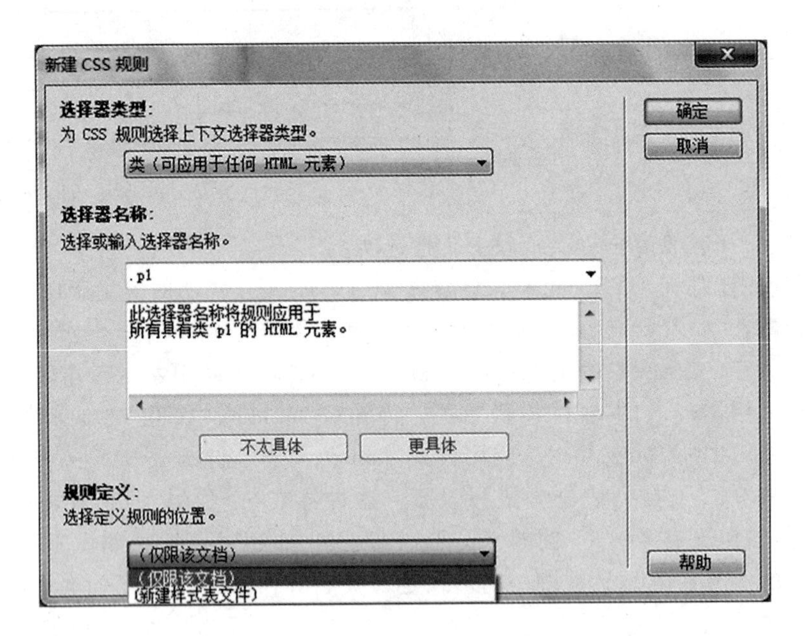

图 5 - 38 CSS 样式规则定义位置

4. 在“CSS 规则定义”对话框中设置 CSS 规则定义。CSS 规则可以分为 9 类:“类型”、“背景”、“区块”、“方框”、“边框”、“列表”、“定位”、“扩展”和“过渡”。每类规则都可以对所选标签做不同方面的定义,可以根据需要设定。定义完毕后,单击“确定”按钮,完成创建 CSS 样式。

下面简要介绍各类规则的主要选项。

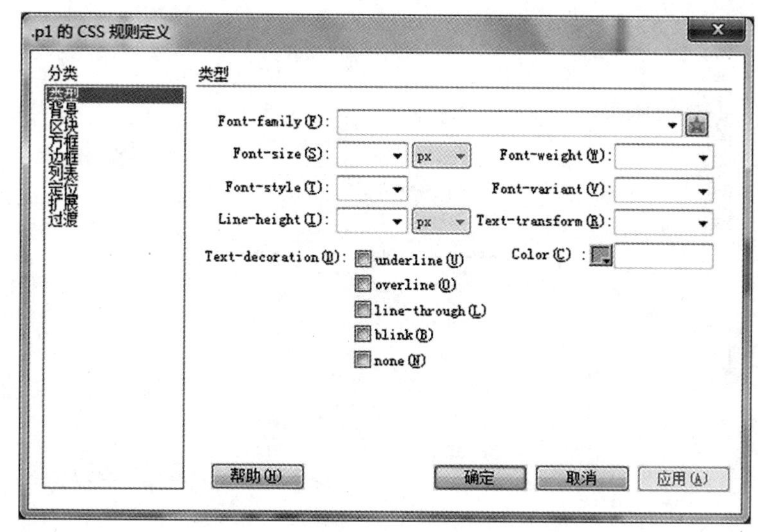

图 5-39 “CSS 规则定义”类型选项

① 类型(如图 5-39 所示)。

字体(Font-family):可以在下拉列表框中选择相应的字体。

字体大小(Font-size):通过选择数值和单位设置(单位是像素),也可以选择相对大小。

字形(Font-style):设置文字的外观,包括正常、斜体、偏斜体。

行高(Line-height):设置文本所在行的高度。选择“正常”自动计算字体大小的行高,或输入一个确切的值并选择一种度量单位。例如本项目中设置的“1.5 multiple”代表 1.5 倍行距,也可以表示为“150%”,效果是一样的。

修饰(Text-decoration):向文本中添加下划线、上划线或删除线,或使文本闪烁。常规文本的默认设置是“none(无)”,链接的默认设置是“underline(下划线)”。将修饰设置设为无时,可以通过定义类去除链接中的下划线。

粗细(Font-weight):对字体应用特定或相对的粗体量。“正常”等于 400,“粗体”等于 700。

变体(Font-variant):设置文本的小型大写字母变体。

文字大小写(Text-transform):设置字符的大小写方式。“capticalize”表示首字母大写;“uppercase”表示大写;“lowercase”表示小写;“none”表示保持原有大小写格式。

颜色(Color):设置文字的色彩。

② 背景(图 5-40)。

定义 CSS 样式的背景,可以对网页中的任何元素应用背景属性。

在 HTML 中,背景只能使用单一的色彩或利用图像水平或垂直方向的平铺。使用 CSS 之后,有了更加灵活的设置。

背景颜色(Background-color):设置元素的背景颜色。

背景图像(Background-image):设置元素的背景图像。直接填写背景图像的路径,或单击“浏览”按钮找到背景图像的位置。

重复(Background-repeat):确定是否以及如何重复背景图像。有以下 4 个选项。

- 不重复(no-repeat):只在元素开始处显示一次图像。

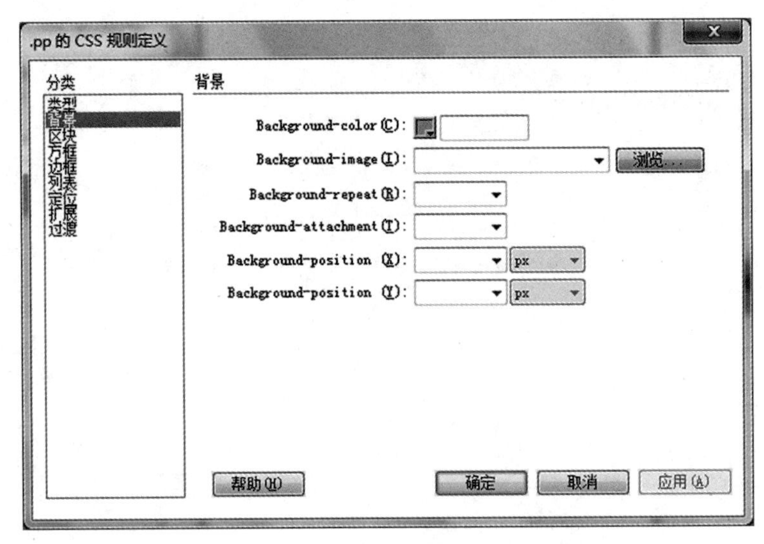

图 5－40 “CSS 规则定义”背景选项

- 重复(repeat):在元素的后面水平和垂直平铺图像。
- 横向重复(repeat－x)和纵向重复(repeat－y):分别显示图像的水平带区和垂直带区。

背景图像(Background－attachment):选择图像做背景的时候,可以设置图像是否跟随网页一同滚动。

水平位置(Background－position(X)):设置水平方向的位置,可以是“左对齐”、“居中”、“右对齐”。还可以数值与单位(像素)结合表示的方式设置位置。

垂直位置(Background－position(Y)):可以选择“顶部”、“居中”、“底部”。还可以数值和单位(像素)结合表示的方式设置位置。

以上两项指定背景图像相对于元素的初始位置,可用于将背景图像与页面中心垂直(Y)和水平(X)对齐。如果背景图像属性为“固定”,则位置相对于“文档”窗口而不是元素。

③ 区块(图 5－41)。

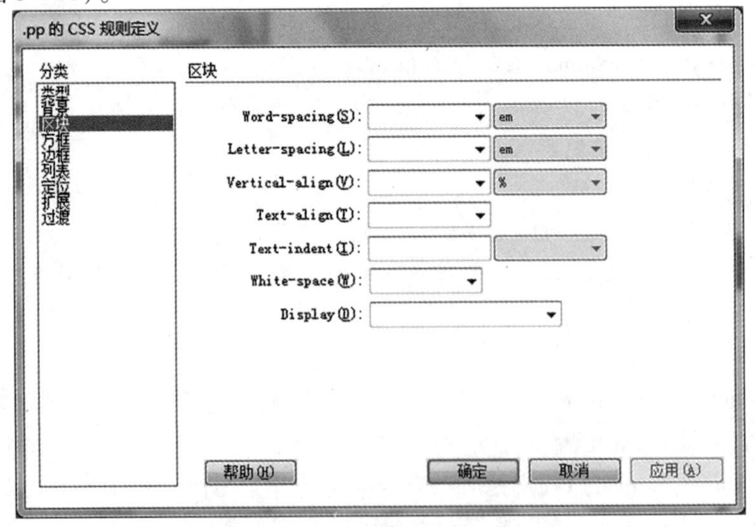

图 5－41 “CSS 规则定义”区块选项

定义标签和属性的间距及对齐方式。

字间距(Word - spacing):设置字的间距。注意:可以指定负值,但显示方式取决于浏览器。

字符间距(Letter - spacing):增加或减小字符的间距。若要减小字符间距,设置为负值(例如 -4)。

垂直对齐(Vertical - align):设置垂直对齐方式。

文本对齐(Text - align):设置文本在元素内的对齐方式。

文字缩进(Text - indent):指定第一行文本缩进的距离。可以使用负值创建凸出,但显示方式取决于浏览器。

空格(White - space):确定如何处理元素中的空格。从三个选项中进行选择:“正常”,收缩空白;“保留”,其处理方式与文本被括在〈pre〉标签中一样(即保留所有空白,包括空格、制表符和回车符);“不换行”,指定仅当遇到〈br〉标签时文本才换行。

显示(Display):指定是否以及如何显示元素。“无”指定到某个元素时,它将禁用该元素的显示。

④ 方框(图 5 -42)。

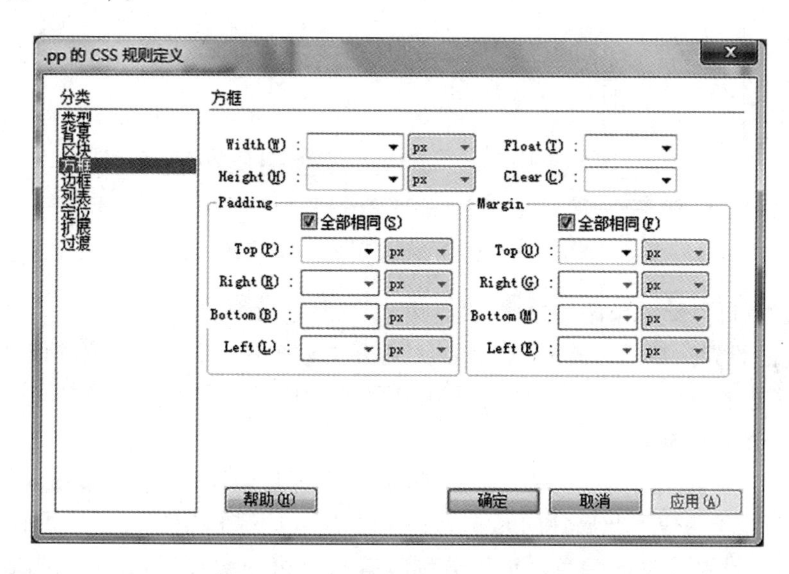

图 5 -42 “CSS 规则定义”方框选项

用于控制对象在页面上的放置方式,实际上就是设置环绕效果。可以在应用填充和边距设置时将设置应用于元素的各个边,也可以使用“全部相同”设置将相同的设置应用于元素的四周。

宽(Width)和高(Height):设置宽度和高度。

浮动(Float):设置应用样式的元素的在浏览器中显示的位置。浮动元素固定在浮动一侧,其他内容在另一侧围绕排列。例如,在右侧浮动的图像固定在右侧,则其周围元素流动到图像的左侧。

清除(Clear):指定不允许有其他浮动元素的元素一侧。

填充(Padding):指定元素内容与元素边框之间的间距(如果没有边框,则为边距),就是指边框和其中内容之间的空白区域。取消选择“全部相同”选项可设置元素各个边的填充。“全部相同”选项用于为应用此属性的元素的“上”、“右”、“下”和“左”设置相同的填充属性。

边距(Margin):指定一个元素的边框与另一个元素之间的间距(如果没有边框,则为填充),就是指边框外侧的空白区域。取消选择“全部相同”可设置元素各个边的边距。“全部相同”选项用于为应用此属性的元素的“上”、“右”、“下”和“左”设置相同的边距属性。

⑤ 边框(图 5-43)。

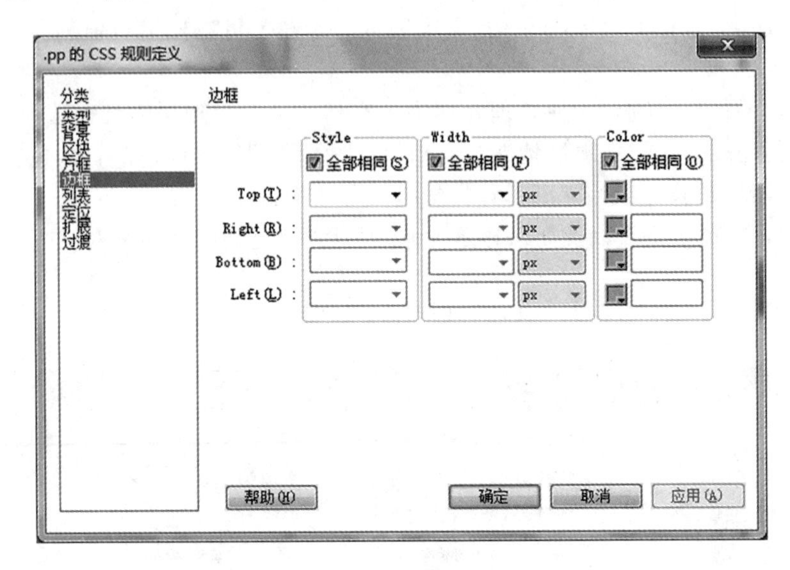

图 5-43 “CSS 规则定义”边框选项

边框样式设置可以给对象添加边框,设置边框的颜色、粗细、样式。

样式(Style):设置边框的样式外观。样式的显示方式取决于浏览器。取消选择“全部相同”可设置元素各个边的边框样式。“全部相同”选项用于为应用此属性的元素的“上”、“右”、“下”和“左”设置相同的边框样式属性。

宽度(Width):设置元素边框的粗细。取消选择“全部相同”可设置元素各个边的边框宽度。“全部相同”选项用于为应用此属性的元素的“上”、“右”、“下”和“左”设置相同的边框宽度。

颜色(Color):设置边框的颜色。可以分别设置每条边的颜色,但显示方式取决于浏览器。取消选择“全部相同”可设置元素各个边的边框颜色。“全部相同”选项用于为应用此属性的元素的“上”、“右”、“下”和“左”设置相同的边框颜色。

⑥ 列表(图 5-44)。

类型(List-style-type):设置项目符号或编号的外观。

项目符号图像(List-style-image):可以为项目符号指定自定义图像。单击“浏览”通过浏览选择图像,或输入图像的路径。

位置(List-style-Position):“外部”表示设置列表项文本是否换行并缩进,“内部”表示文本是否换行到左边距。

⑦ 定位(图 5-45)。

位置(Position):确定浏览器应如何来定位选定的元素,包括如下选项。

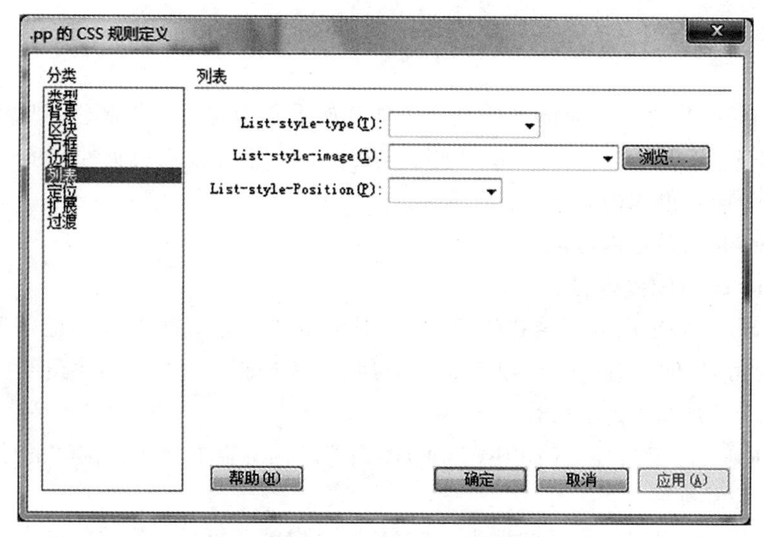

图 5-44 "CSS 规则定义"列表选项

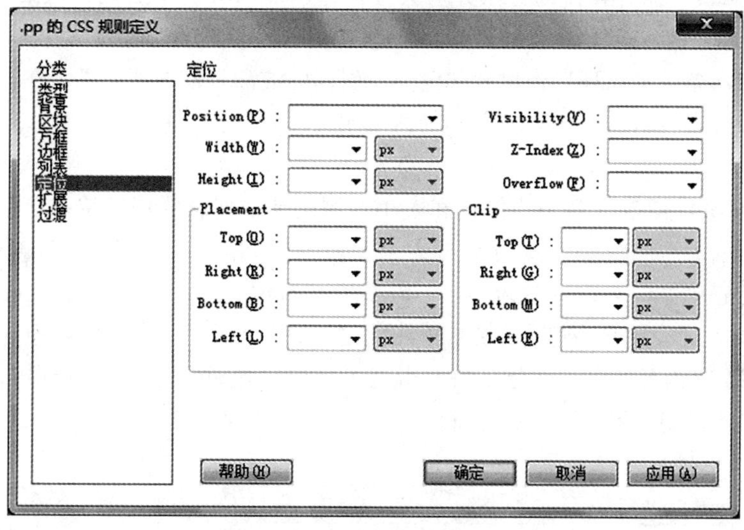

图 5-45 "CSS 规则定义"定位选项

- 绝对(absolute):使用"定位(Placement)"选项指定的、相对于最近的绝对或相对定位上级元素的坐标(如果不存在绝对或相对定位的上级元素,则为相对于页面左上角的坐标)来放置内容。
- 相对(relative):使用"定位"选项指定的、相对于区块在文档文本流中的位置的坐标来放置内容区块。例如,若为元素指定一个相对位置,并且其上坐标和左坐标均为 20 px,则将元素从其在文本流中的正常位置向右和向下移动 20 px。也可以在使用(或不使用)上坐标、左坐标、右坐标或下坐标的情况下对元素进行相对定位,以便为绝对定位的子元素创建一个上下文。
- 固定(fixed):使用"定位"选项指定的坐标(相对于浏览器的左上角)来放置内容。当用户滚动页面时,内容将在此位置保持固定。

- 静态(static):将内容放在其在文本流中的位置。这是所有可定位的 HTML 元素的默认位置。

可见性(Visibility):确定内容的初始显示条件。如果不指定可见性属性,则默认情况下内容将继承父级标签的值。body 标签的默认可见性是可见的。选择以下可见性选项之一。

- 继承(inherit):继承内容父级的可见性属性。
- 可见(visible):显示内容。
- 隐藏(hidden):隐藏内容。

Z 轴(Z - Index):确定内容的堆叠顺序。Z 轴值较高的元素显示在 Z 轴值较低的元素(或根本没有 Z 轴值的元素)的上方。值可以为正,也可以为负(如果已经对内容进行了绝对定位,则可以使用“AP 元素”面板来更改堆叠顺序)。

溢出(Overflow):确定当容器(如 Div 或 P)的内容超出容器的显示范围时的处理方式。这些属性按以下方式控制扩展。

- 可见(visible):将增加容器的大小,以使其所有内容都可见。容器将向右下方扩展。
- 隐藏(hidden):保持容器的大小并剪去任何超出的内容。不提供任何滚动条。
- 滚动(scroll):将在容器中添加滚动条,而不论内容是否超出容器的大小。明确提供滚动条可避免滚动条在动态环境中出现和消失所引起的混乱。该选项不显示在“文档”窗口中。
- 自动(auto):将使滚动条仅在容器的内容超出容器的边界时才出现。该选项不显示在“文档”窗口中。

定位(Placement):指定内容块的位置和大小。浏览器如何解释位置取决于“类型”设置。如果内容块的内容超出指定的大小,则将改写大小值。位置和大小的默认单位是像素。还可以指定以下单位:pc(皮卡,1 pc = 12 pt)、pt(点)、in(英寸)、mm(毫米)、cm(厘米)、em(字宽)、ex(字高)或%(父级值的百分比)。缩写必须紧跟在值之后,中间不留空格。例如,3 mm。

剪辑(Clip):定义内容的可见部分。如果指定了剪辑区域,可以通过脚本语言(如 JavaScript)访问它,并操作属性以创建像擦除这样的特殊效果。使用“改变属性”行为可以设置擦除效果。

⑧ 扩展(图 5 - 46)。

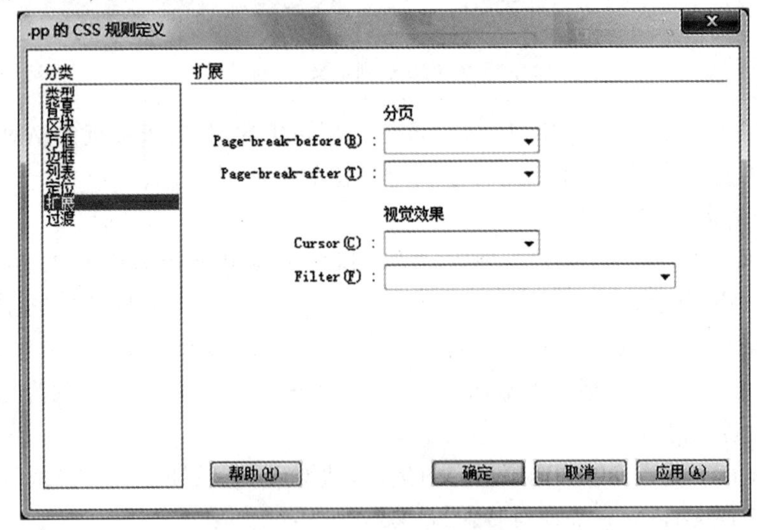

图 5 - 46 “CSS 规则定义”扩展选项

分页(Page - break - before、Page - break - after):在打印期间在样式所控制的对象之前或者之后强行分页。在下拉列表框中选择要设置的选项。

指针(Cursor):当指针位于样式所控制的对象上时改变指针图像。在下拉列表框中选择要设置的选项。

过滤器(Filter):对样式所控制的对象应用特殊效果(包括模糊和反转)。从下拉列表框中选择一种效果。

⑨ 过渡(图 5 -47)。

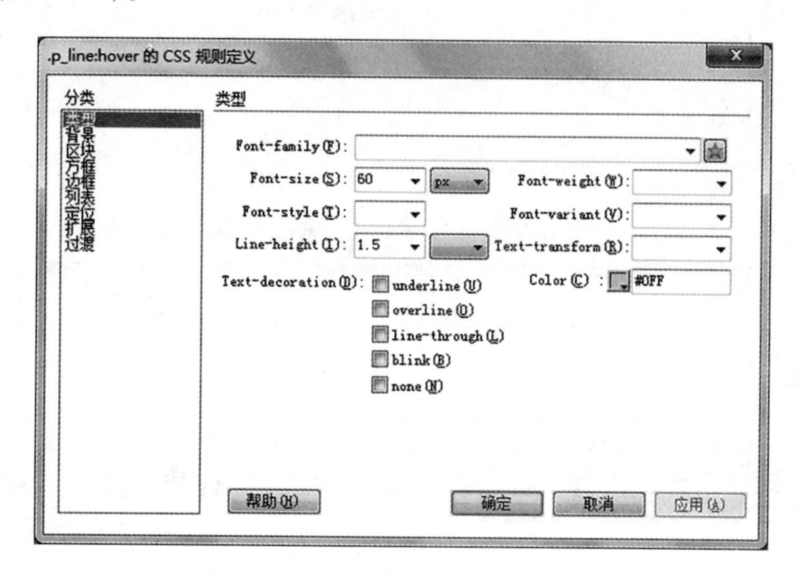

图 5 -47 新建 CSS 规则“. p_line:hover”

可将平滑属性变化应用于基于 CSS 的页面元素,以响应触发器事件,如悬停、单击和聚焦。最常见的例子是当鼠标指针悬停在菜单栏项上时,会逐渐从一种颜色变成另一种颜色。可以使用代码设置或使用“CSS 过渡效果”面板(单击“窗口”→“CSS 过渡效果”命令打开)创建 CSS 过渡效果,也可先定义一个 CSS 规则,再对此规则设置“过渡”分类。例如,先新建 CSS 规则“. p_line:hover”(选择器类型选择“复合内容(基于选择的内容)”,表示鼠标移动到应用了类“. p_line”文本上时,字体颜色#00FFFF,字体大小 60,行距 1.5 倍),如图 5 -47 所示;然后新建 CSS 规则“. p_line”,选择“过渡”分类,设置此类的“过渡”属性(当鼠标移动到应用类“. p_line”文本上时,此段文本将按“过渡”分类设置的持续时间、延迟等属性进行显示,最终变成:字体颜色#00FFFF,字体大小 60,行距 1.5 倍),如图 5 -48 所示;最后在文档窗口中选定要应用此效果的文本,并在属性检查器中设置类为“p_line”,如图 5 -49 所示。在浏览器中预览,显示效果如图 5 -50所示;当鼠标移动到此段文本时,则按照设定的持续时间和延时,文本逐渐发生变化,最终达到类“. p_line:hover”设置的效果,如图 5 -51 所示;当鼠标移出此文本后,又恢复正常(如图 5 -50所示)。

属性:单击“ + ”以向过渡效果添加 CSS 属性。

持续时间:以秒(s)或毫秒(ms)为单位输入过渡效果的持续时间。

延迟:时间,以秒或毫秒为单位,在过渡效果开始之前。

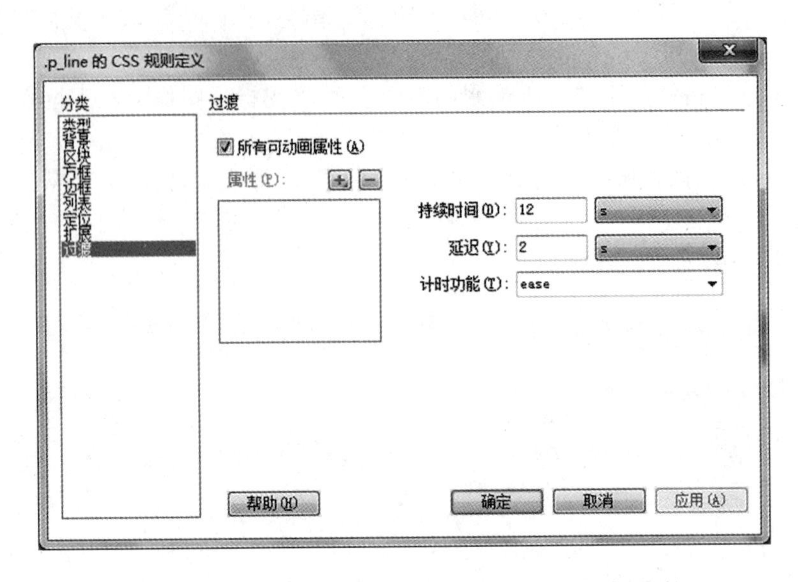

图 5-48 新建 CSS 规则“. p_line”并设置其“过渡”属性

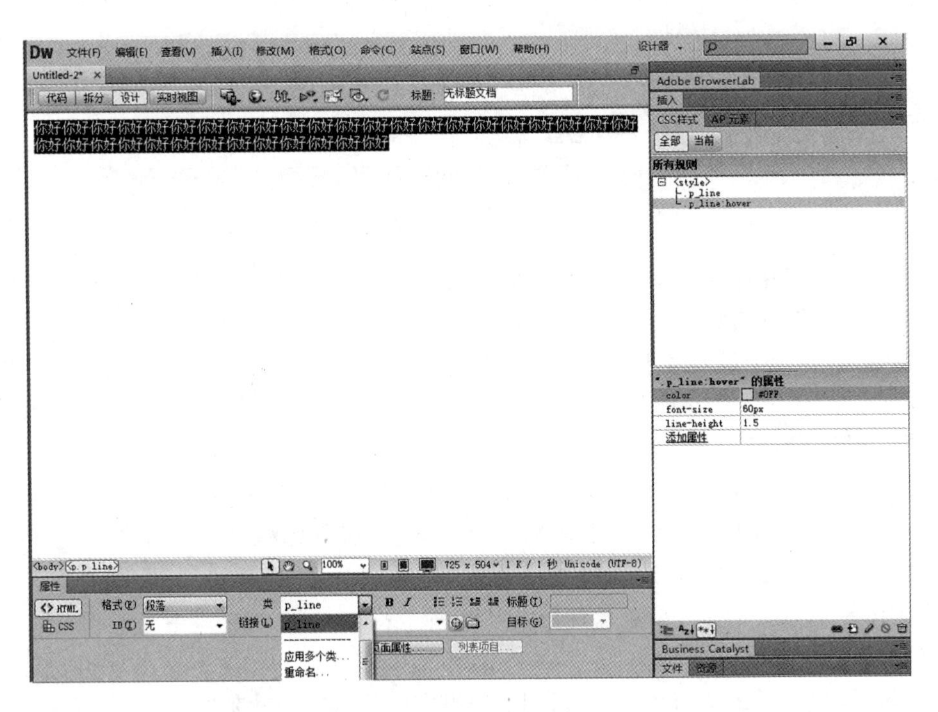

图 5-49 为选定文本设置“p_line”CSS 样式

计时功能:从可用选项中选择过渡效果样式。

说明:过渡效果也可使用“CSS 过渡效果”面板直接进行设置,在此不再叙述,感兴趣的读者可以查阅相关资料自行学习。

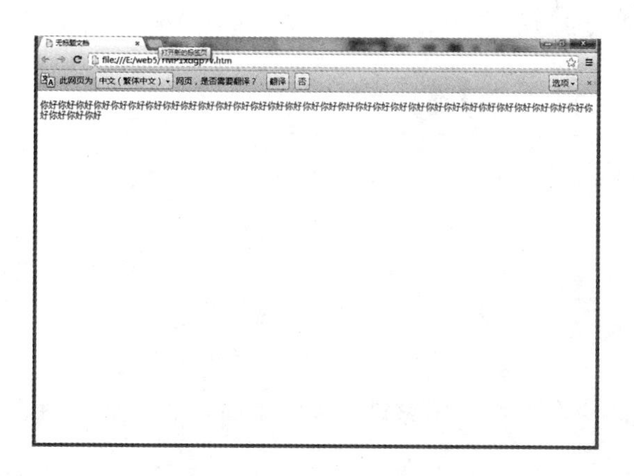

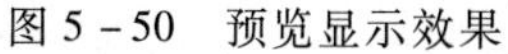

图 5－50 预览显示效果

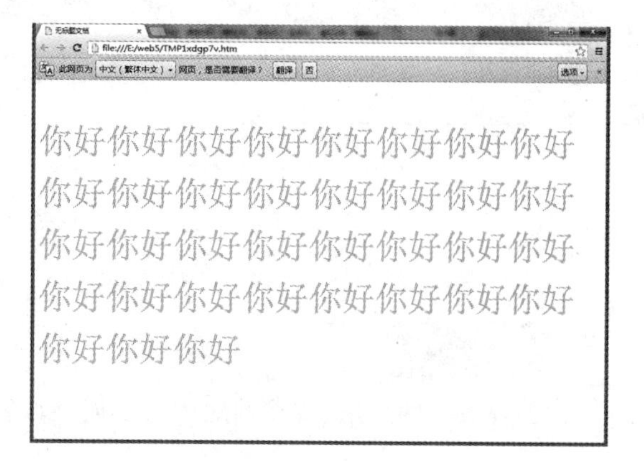

图 5－51 预览时鼠标移动到此段文本时显示效果

四、超链接的四种状态

① a:link:设定正常状态下链接文字的样式。
② a:active:设定鼠标单击时链接的外观。
③ a:visited:设定访问过的链接的外观。
④ a:hover:设定鼠标放置在链接文字之上时文字的外观。

项目总结

CSS 样式具有强大的功能和诸多优点:在几乎所有的浏览器上都可以使用;可以使页面的字体变得更漂亮,更容易编排,使页面真正赏心悦目;使设计人员可以轻松地控制页面的布局,等等。由此可见,掌握 CSS 样式,熟练运用 CSS 样式是一个网页设计初学者向网页设计高手过渡的必备条件。

思考与深入学习

1. 简述 CSS 样式的定义和作用。
2. CSS 样式按其位置分可以分为几种？有什么区别？
3. 超链接有几种状态？使用样式时如何设置？

6 项目 6 “中国网通”——表格布局

学习目标

了解表格的用途、掌握创建表格及属性设置的方法、掌握利用表格布局精美网页的方法。

项目要求

分析图 6－1 所示的页面效果，使用表格布局的方法完成“中国网通”页面的制作。

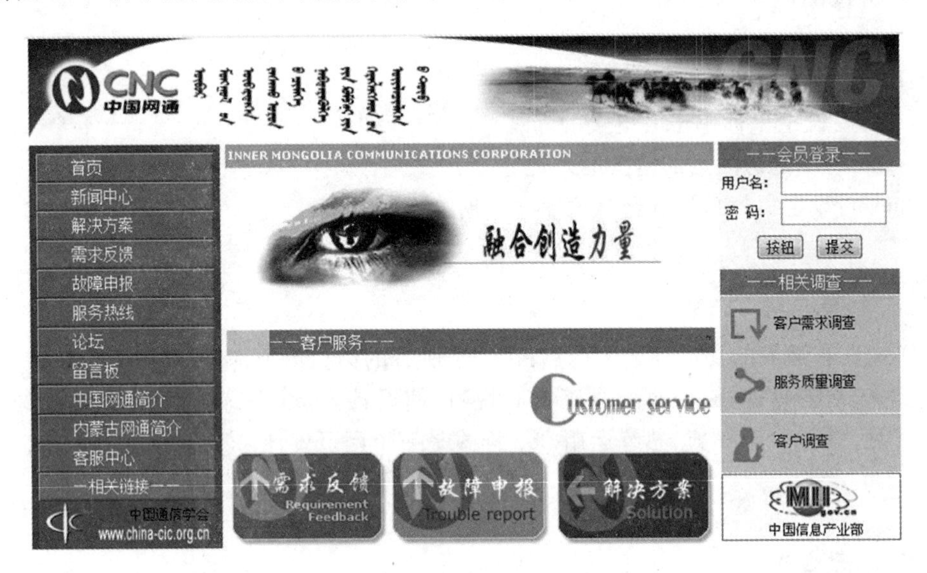

图 6－1 “中国网通”页面样图

项目分析

要设计一个页面，涉及很多页面元素，例如图像、文本、表格、动画、视频等。如何将这些页面元素有机地组合起来，达到满意的视觉效果？这不仅需要页面元素有自身的特点，还必须把这些元素放在合适的位置上，这就是页面元素的定位，或称页面布局。采用表格进行页面布局，可以简洁明了和高效快捷地将文本、图片和多媒体对象等页面元素有序地显示在页面上，从而设计出版式美观的页面效果。

完成本项目分两步：首先，分析网页布局，设计表格；然后，创建表格及进行表格属性的设置，添加内容。本网页由上、下两个表格构成。根据对页面布局及素材图片的分析，初步构思如下：

第一个表格：网页头部。1 行 2 列，宽度为 772 px，每个单元格内放置一张图片。

第二个表格：网页主体部分。1 行 3 列，宽度为 772 px ，根据图片大小来设置单元格的宽度，并分别嵌套小表格。

探索学习

根据样图，分析网页的头部、导航条、主体部分，以及如何根据素材图片及显示器分辨率来设置表格宽度，在一个网页中如何设置比较协调的颜色。

操作步骤

1. 在磁盘上创建 web6 文件夹（如在 E 盘下创建 web6 文件夹），将本书配套光盘“案例文件\项目 6\项目 6 素材”中的 images 文件夹复制到 web6 文件夹中。在 Dreamweaver 中新建站点指向 web6 文件夹，并在“高级设置”中，将 web6\images 文件夹设为默认图像文件夹。

2. 新建 index. html 文件，设置页面属性：字体大小 12 px，上、下、左、右边距均为 0。网页标题为“项目 6 - 中国网通”。

3. 插入第一个表格：单击“插入”面板的“布局”标签，然后单击“表格”按钮，如图 6 - 2 所示。弹出图 6 - 3 所示“表格”对话框，设置表格参数，并在属性检查器中设置表格居中对齐，如图 6 - 4所示。

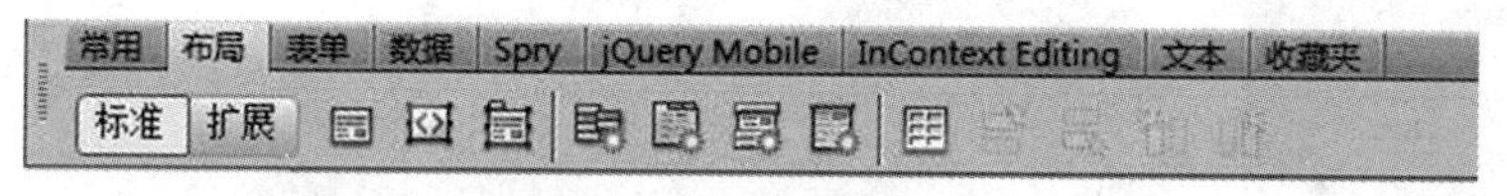

图 6 - 2 “布局”面板

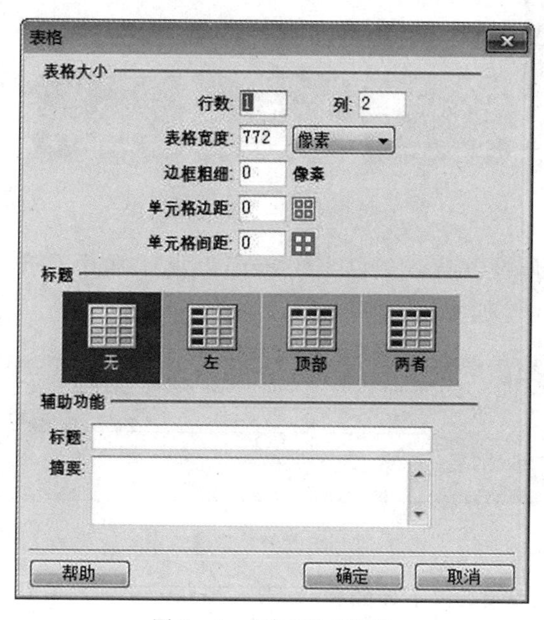

图 6 - 3 “表格”对话框

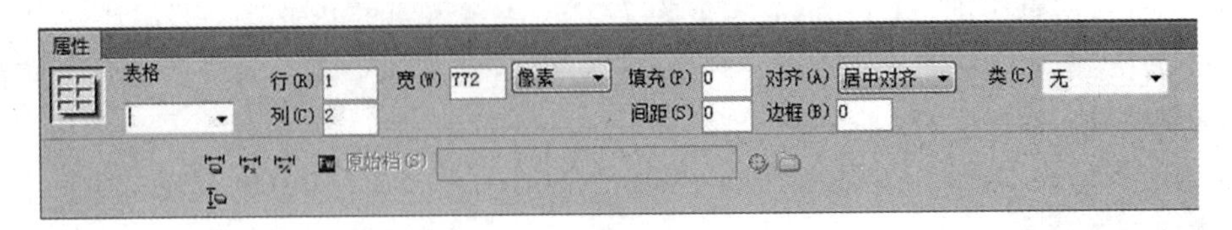

图 6－4　表格属性检查器

4. 添加图片:分别在左、右单元格中添加头部图片,效果图 6－5 所示。

图 6－5　第一个表格完成效果

5. 插入第二个表格:光标定位于第一个表格中,选择〈table〉标签:<body><table><tr><td><img>,并按→键,此时光标定位于第一个表格末尾。插入一个 1 行 3 列的表格,宽度为 772 px,同样设置为居中对齐。需要实现的效果如图 6－6 所示。

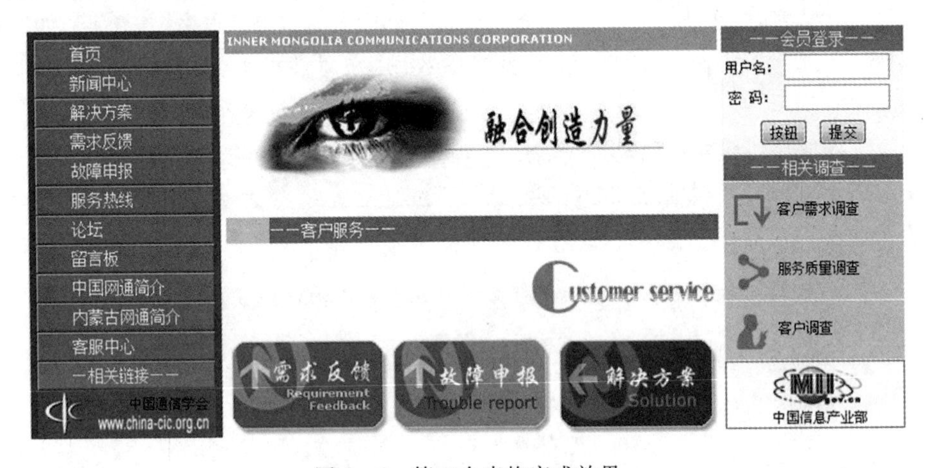

图 6－6　第二个表格完成效果

6. 设置左侧单元格属性。背景颜色为#0066AC,水平居中对齐,垂直顶端对齐,宽度为 170 px。属性面板如图 6－7 所示。

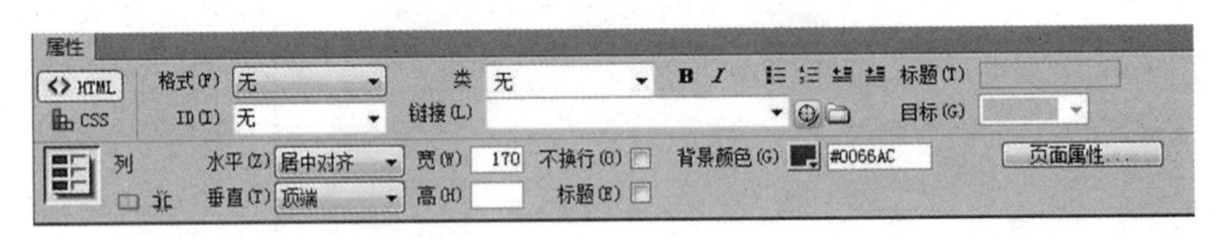

图 6－7　左侧单元格属性设置

7. 在左侧单元格内插入 14 行 1 列的表格,宽度为 90%,间距为 1,填充边框均为 0。完成效果如图 6－8 所示。

① 第1行：高度设置为5 px，在“代码”视图中删除单元格中间空格代码“ ”。

② 第2～12行：高度设置为22 px，背景颜色为#3399CC，添加导航文字，并设置为空链接。

③ 设置导航部分的立体表格效果：新建CSS规则类.dh，设置边框属性，并应用于第2～12行的单元格。CSS设置如图6－9所示。

图6－8 嵌套表格①

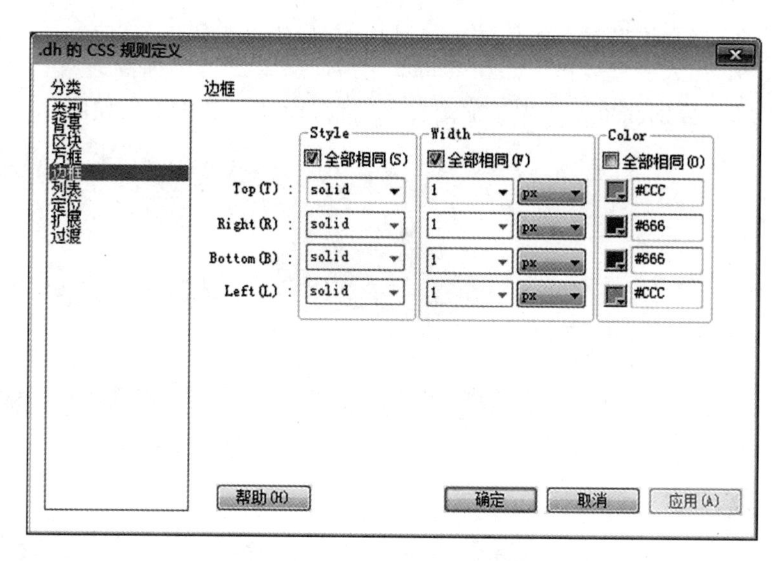

图6－9 .dh的CSS边框规则定义

④ 设置导航文字的链接效果：选择导航文字的标签“〈a〉”，新建CSS规则“.dh a”，设置文字大小为14 px，颜色为白色，无下划线；区块显示属性为块：display：block；方框属性如图6－10所示，并在浏览器中测试效果。

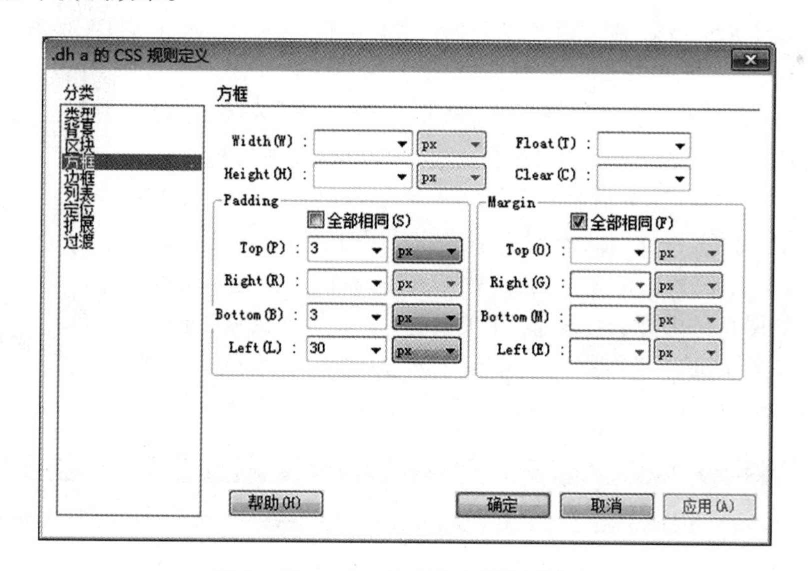

图6－10 .dh a的CSS方框规则定义

⑤ 设置导航文字的链接翻转效果：选择导航文字的标签“〈a〉”，新建CSS规则“.dh a hover，.dh a：active”，设置背景颜色为#A1C5E1，字体颜色为#003173，并在浏览器中查看效果，可以

看到当鼠标划过超链接文字时,背景和颜色都发生了变化。

⑥ 第 13 行:高度设置为 22 px,背景颜色为#FF6600,添加文字,并设置文字大小为 14 px,颜色为白色。

⑦ 第 14 行:插入图片。

8. 设置中间单元格属性。垂直顶端对齐,水平居中对齐。

9. 插入嵌套表格②。在中间单元格内插入 5 行 1 列的表格,宽度为 98%,填充、边距、边框均为 0。分别在单元格中添加图文,请自行设计。完成效果如图 6-11 所示。

图 6-11 嵌套表格②

10. 设置右侧单元格属性。宽度为 160px,垂直顶端对齐,水平居中对齐。背景颜色为#FFFFCE。

11. 插入登录表单及嵌套表格③,完成效果如图 6-12 所示。注意,需要先添加表单 form,然后再在表单中插入表格进行布局(项目 9 中有对于表单的具体介绍,本项目中请自行探索)。单击如图 6-13 所示"插入"面板的"表单"标签,再分别插入表单、文本字段和按钮。

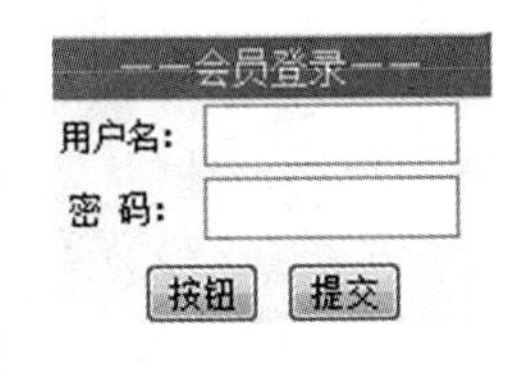

图 6-12 登录表单及嵌套表格③

12. 插入嵌套表格④:5 行 1 列,宽度为 100%,填充、边框为 0,间距为 1,实现效果如图 6-14 所示。注意"相关调查"下面的图文混排部分,可以用小表格布局,也可以直接插入图片和文字,并选择图片,单击右键,选择"对齐"→"绝对中间"。

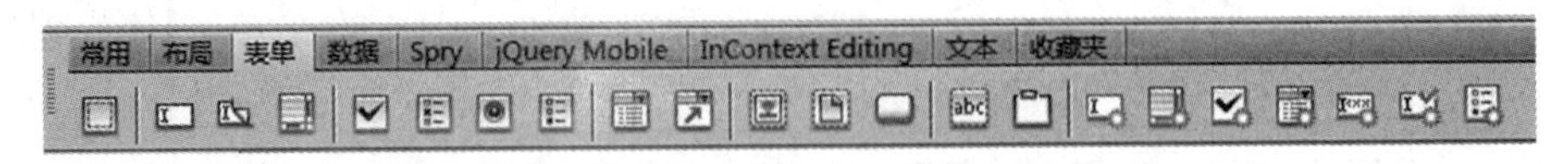

图 6-13 插入表单

13. 在浏览器中测试效果。

图6-14 嵌套表格④

相关知识

一、表格的基本操作

1. 行、列的操作。

(1) 插入行或列。

方法一:将光标定位于需要插入行、列的最后一个单元格内,单击鼠标右键,在弹出的快捷菜单中选择“表格”→“插入行或列”命令,打开“插入行或列”对话框,选择后单击“确定”按钮,如图6-15所示。

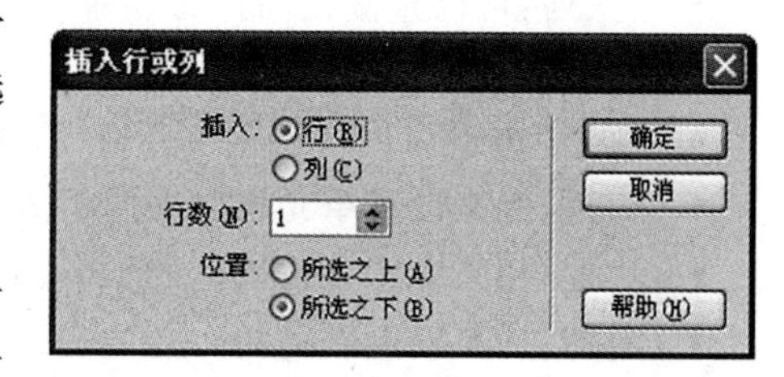

图6-15 “插入行或列”对话框

方法二:将光标定位于需要插入行、列的最后一个单元格内,选择“插入”→“表格对象”命令,插入一个新行或者新列。

方法三:将光标定位于需要插入行、列的最后一个单元格内,根据需要单击“布局”面板中的中的按钮,进行行或者列的插入。

(2) 删除行或列。

删除行或列的方法很简单,选中要删除的行或列,然后单击鼠标右键,在弹出的快捷菜单中选择“表格”→“删除行”或“表格”→“删除列”或者直接按 Delete 键即可。

2. 单元格的操作。

(1) 拆分和合并单元格。

合并单元格:选中需要合并的相邻单元格,单击单元格属性检查器中的“合并所选单元格”按钮即可。

拆分单元格:将光标定位于要拆分的单元格中,单击单元格属性检查器中的“拆分单元格为行或列”按钮,打开“拆分单元格”对话框,设置需要拆分的行列数,单击“确定”按钮即可,如图6-16所示。

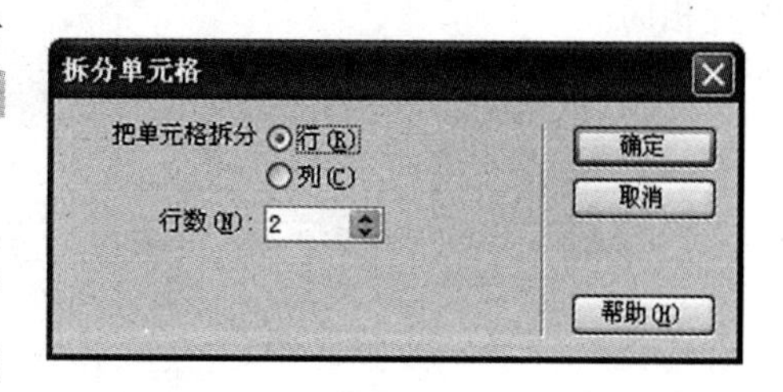

图6-16 “拆分单元格”对话框

(2) 复制和粘贴单元格。

选择要复制的一个或多个单元格,按 Ctrl + C 键,然后将光标定位在要粘贴单元格的位置,再按 Ctrl + V 键即可。

二、 相关属性的设置

在表格布局中,灵活设置表格和单元格的属性,可以达到特殊表格的效果,并使页面更加美观。表格属性设置可以通过表格属性检查器来完成,单元格属性通过单元格属性检查器来完成。另外,可以通过手写 HTML 代码和运用 CSS 样式的方法来实现属性检查器中没有的功能。

1. 表格属性的设置(图 6－17)。

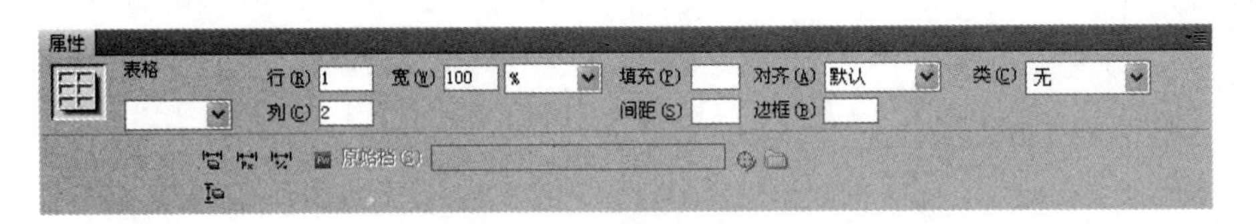

图 6－17　表格属性检查器

- 行、列:可以直接在“行”或“列”后的文本框中输入行数或列数,以调整原来表格的结构。
- 宽:可以选择像素(px)为单位,也可以用百分比(%)为单位,直接输入数值即可。
- 填充(边距):用来设置单元格内容与单元格边框之间的距离,单位为像素。
- 间距:用来设置单元格之间的距离,单位为像素。
- 边框:用来设置表格边框的宽度,单位为像素。
- 对齐:用来设置表格的对齐方式,选项有“默认”、“左对齐”、“居中对齐”和“右对齐”。
- 类:结合 CSS 样式使用。
- 表格高度、背景颜色、边框颜色、背景图像:需通过手写 HTML 代码或者结合 CSS 样式实现。
- 按钮 :清除列宽;按钮 :清除行高;按钮 :将表格宽度转换成像素;按钮 :将表格宽度转换成百分比。

2. 单元格属性的设置(图 6－18、图 6－19)。

将光标放在表格的某个单元格中,页面下方就会显示单元格属性检查器。左侧有两个按钮可以切换,即 HTML 和 CSS,使用的时候可以体会一下不同点。其余一些属性大体与表格属性的设置相同。

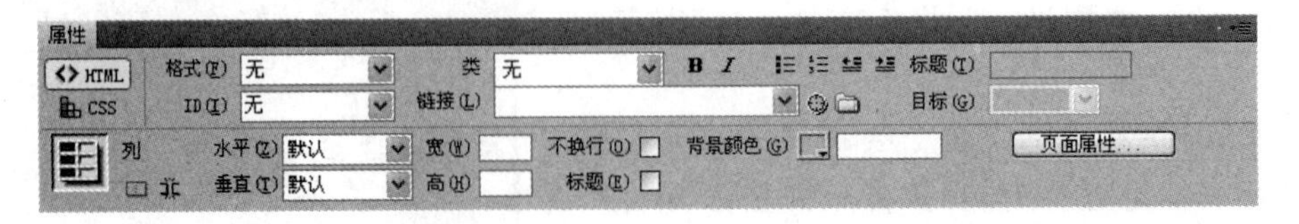

图 6－18　单元格属性检查器(HTML)

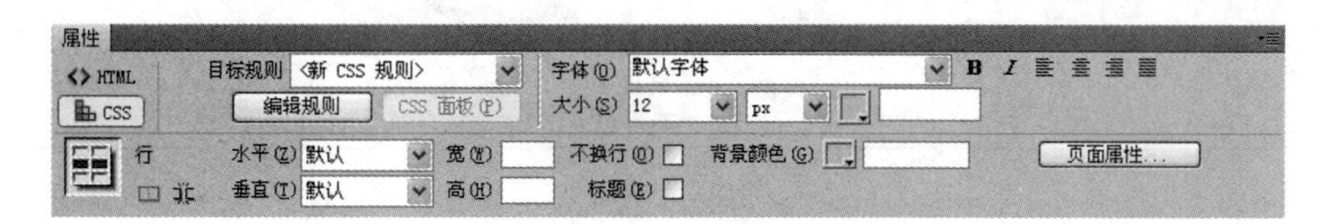

图 6-19 单元格属性检查器(CSS)

三、认识表格的相关代码

在 HTML 语法中,表格最主要的标记有 3 个:表格标记(〈table〉〈/table〉)、表格行标记(〈tr〉〈/tr〉)和单元格标记(〈td〉〈/td〉)。

项目总结

我们通过综合设置表格和单元格的属性实现了“中国网通”的页面效果,在设计过程中,应注意以下事项:

1. 表格要用嵌套来实现,不要在一个表格上合并和拆分单元格,这样左右会互相影响。
2. 设置表格的属性有很多种方法,小表格与上一层表格的间距可以填充,也可以设小表格的宽度为 95% 。
3. 细线表格,可以设单元格的高度为 1,删除空格;也可以设置表格的间距,设置表格和单元格的背景颜色;还可以设置 CSS 样式的边框。
4. 设置单元格属性时,3 列表格只精确设置 2 列宽度,另外一列由计算机自行调整。
5. 设置表格宽度时,外层表格用像素;内部表格用百分比;除非内部表格宽度已确定。

思考与深入学习

1. 在 Dreamweaver 中,选择表格、行、列有哪些方法?
2. 阐述表格在网页布局中的作用。

7 项目 7 “我的个人简历”——Div + CSS 布局

学习目标

理解网页中层的概念，会利用两种方法创建层，熟练进行层的基本操作，学会运用 Div + CSS 样式来布局网页。

项目要求

利用网页布局的另一种方法：Div + CSS 来制作“我的个人简历”网页，如图 7 - 1 所示。

项目分析

本网页未用一张图片，却层次分明、色彩丰富，一方面是因为色彩搭配的合理性；另一方面是因为将 Div 与 CSS 很好地配合在一起。

本网页宽度为：660 px。

本网页的层依次为：#header、#title、#general、#objective、#skillareas、#history、#awards、#copyright，具体设置如图 7 - 2 所示。

本网页中的色彩为：背景色#63617b；表格背景色#eeeeee；表格边框色#8c8ea5；橘黄色#f7941c；深蓝色#333366；文字背景色#f7f3f7；灰色边框色#cccccc。

探索学习

根据相关学习资料，了解什么是层，如何创建层，Div 如何与 CSS 样式配合进行网页布局。

操作步骤

1. 新建站点。在磁盘上创建 web7 文件夹（如在 E 盘下创建 web7 文件夹），在站点中创建文件 index.html；设置页面属性：页面字体为 Arial，宋体；大小 12 px，上、下、左、右边距均为0 px，背景色为#63617b。

2. 制作第一个层#header，如图 7 - 3 所示。

① 单击“插入”面板“布局”标签的“插入 Div 标签”按钮，弹出“插入 Div 标签”对话框，如图 7 - 4 所示，在插入点插入 Div 标签 header，效果如图 7 - 5 所示。

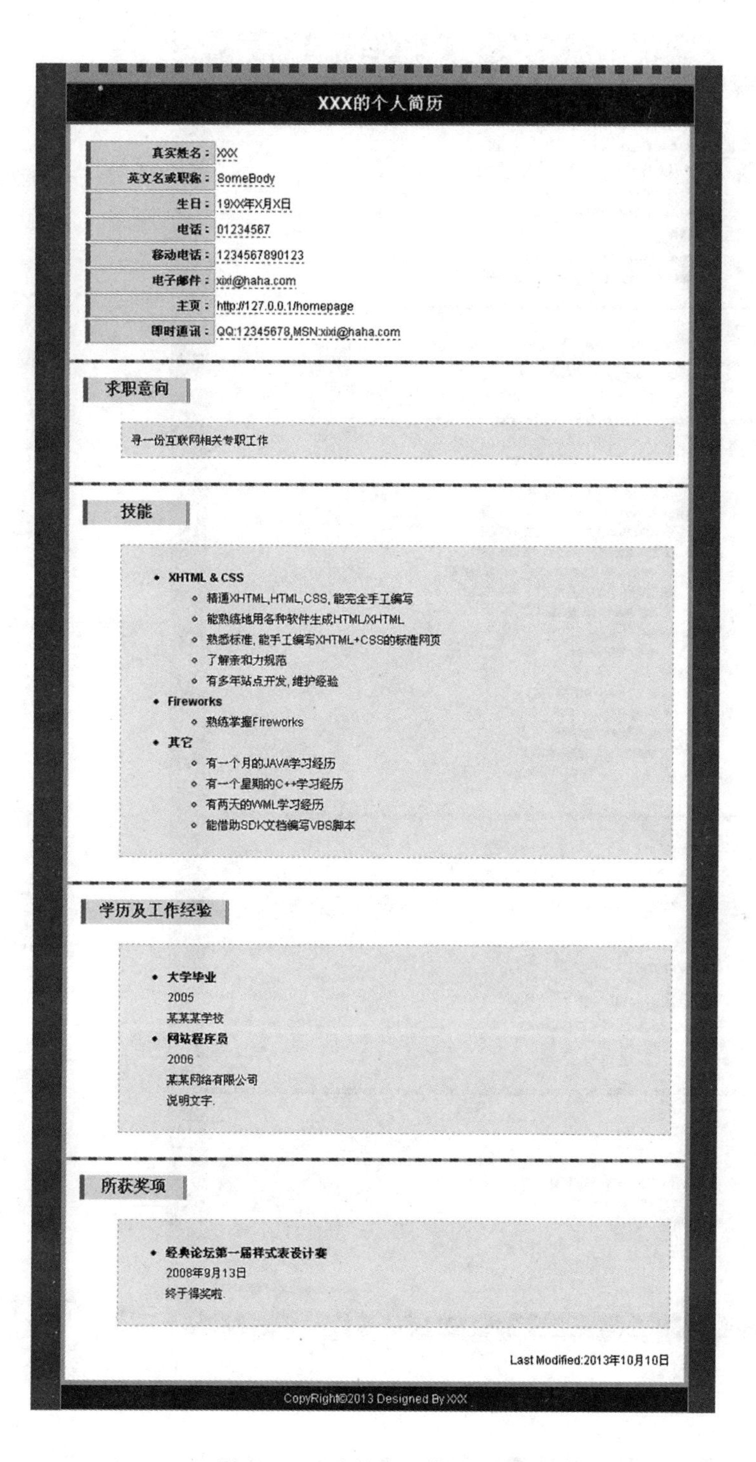

图 7－1 “我的个人简历”网页

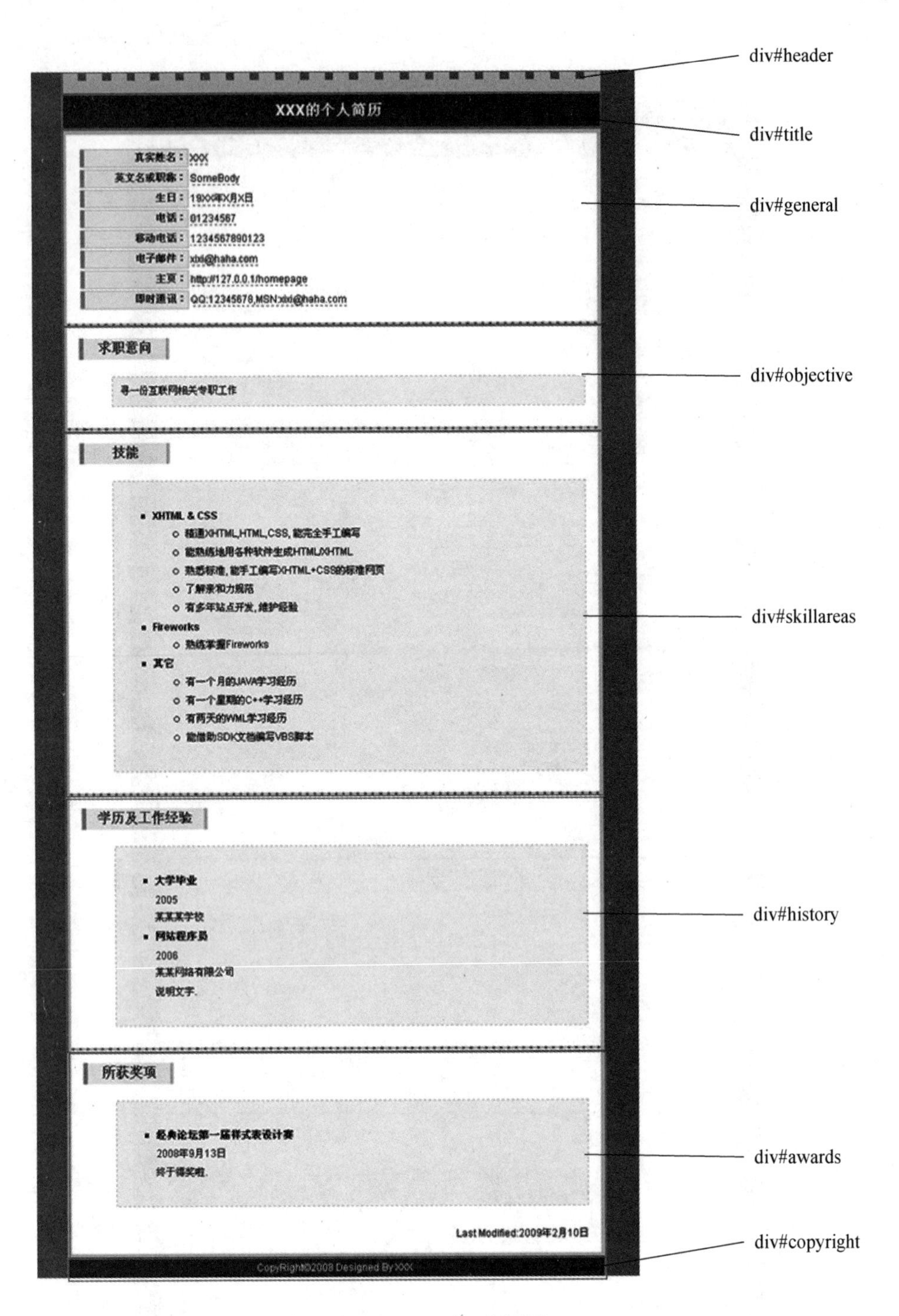

图 7－2　页面分析图

图 7－3　层 div#header 效果

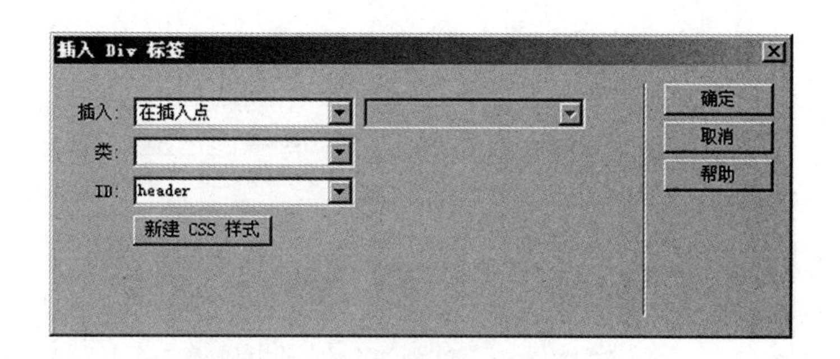

图 7 - 4 插入 Div 标签

② 选择标签 header，如图 7 - 6 所示，新建类型为 ID 的 CSS 规则#header，如图 7 - 7 所示。

此处显示 id "header" 的内容

图 7 - 5 插入后页面显示

<body><div#header>

图 7 - 6 选择标签“header”

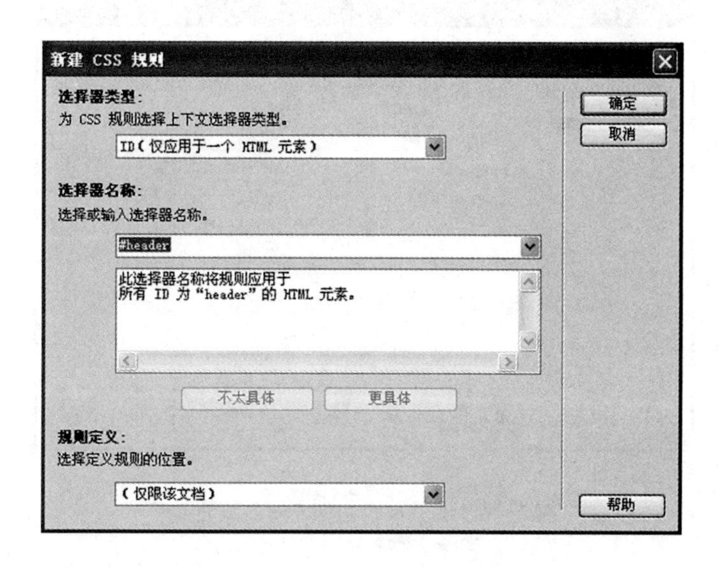

图 7 - 7 新建 CSS 规则“#header”

③ #header 的 CSS 规则定义为：宽度 660 px，居中对齐（设置上下边距为 0，左右边距为自动）；上边框 10 px 虚线，颜色为#cccccc；下边框 10 px 实线，颜色为#cccccc；详细设置如图 7 - 8、图 7 - 9 所示。

#header 的 CSS 代码为：

```
#header {
width:660px;
margin - top:0px;
```

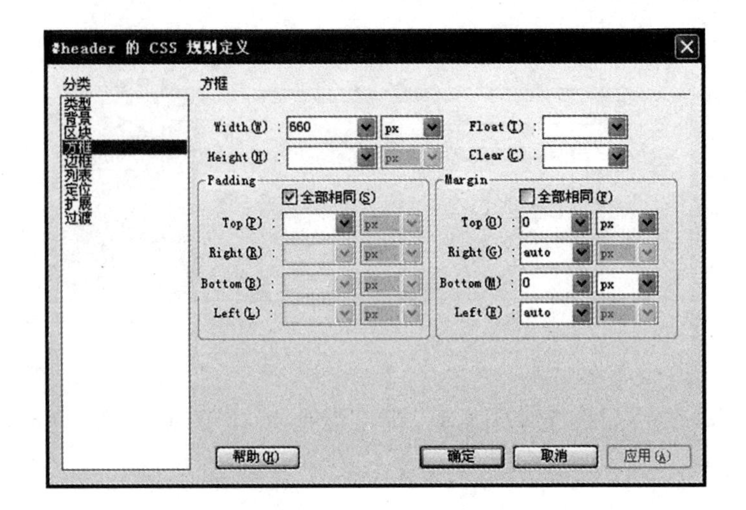

图 7－8 #header 的方框 CSS 规则定义

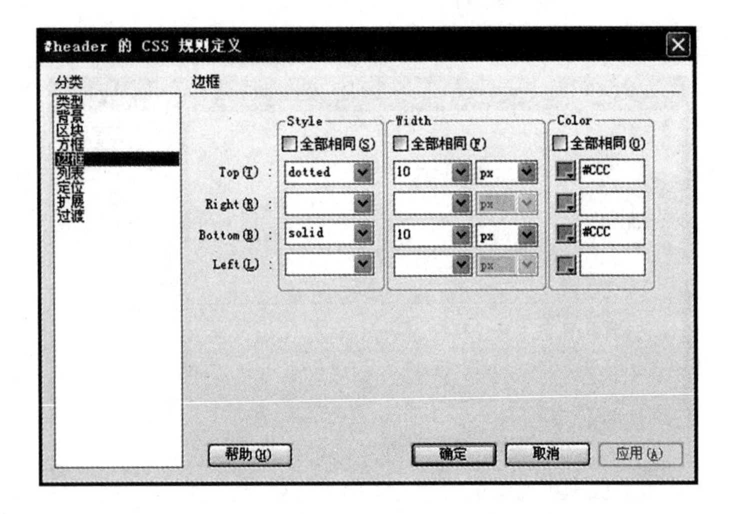

图 7－9 #header 的边框 CSS 规则定义

```
margin-right:auto;
margin-bottom:0px;
margin-left:auto;
border-top-width:10px;
border-top-style:dotted;
border-top-color:#CCC;
border-bottom-width:10px;
border-bottom-style:solid;
border-bottom-color:#CCC;
}
```

3. 制作其他层。

① #title 层：宽度 658 px；背景：#333366；边框：上 2 px，#f7941c，下 3 px，#8c8ea5，左 1 px，#cccccc；右 1 px，#cccccc；填充：上、下各 8 px；边界：上、下各 0 px，左、右自动；文字大小 18 px，白色，加粗，居中对齐，效果如图 7-10 所示。

XXX的个人简历

图 7-10 层“#title”效果

② #general：宽度为 620 px；背景白色；填充 15 px；边框：上、左、右均为 5 px，#cccccc，下边框无；居中对齐。

③ 在#general 之后插入 Div 标签类“line”，宽度 660 px，居中对齐；上边框 3 px，#cccccc，虚线，如图 7-11 所示。

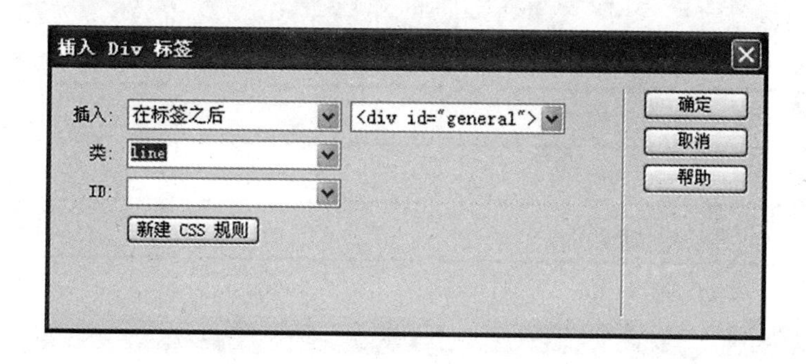

图 7-11 插入 Div 标签类 line

#general 与 . line 显示效果如图 7-12 所示。

此处显示 id "general" 的内容

图 7-12 层“#general”与“. line”效果

④ #objective：同 general，无上边框。可通过复制 CSS 规则实现。在#objective 之后插入 Div 标签类“. line”，效果如图 7-13 所示。

此处显示 id "objective" 的内容

图 7-13 层“#objective”与“line”效果

⑤ #skillareas：同 objective；其后插入 Div 标签类“line”。

⑥ #history：同 objective；其后插入 Div 标签类“line”。

⑦ #awards：同 objective，下边框 5 px，#cccccc，效果如图 7－14 所示。

图 7－14　层“#awards”效果

⑧ #copyright：宽度 658 px；背景#333366；填充上、下各 5 px；居中对齐；边框：下、左、右均为 1 px，#cccccc；字体颜色：白色，居中对齐。效果如图 7－15 所示。

图 7－15　层“#copyright”效果

此时页面整体效果如图 7－16 所示。

图 7－16　页面效果图

4．制作 div#general 中的内容，效果如图 7－17 所示。

① 插入一个 8 行 2 列、宽度为 100% 的表格，单元格高度为 22 px，间距为 2 px。

② 设置左列样式类．bt1：类型：粗体#333366；背景颜色：#eeeeee；边框：上、右、下均为 1 px，#cccccc；左边框 5 px，#8c8ea5。

③ 设置右列文字样式．xuxian：设置下边框 1 px，#666666，虚线。

5．制作各标题样式，效果如图 7－18 所示。

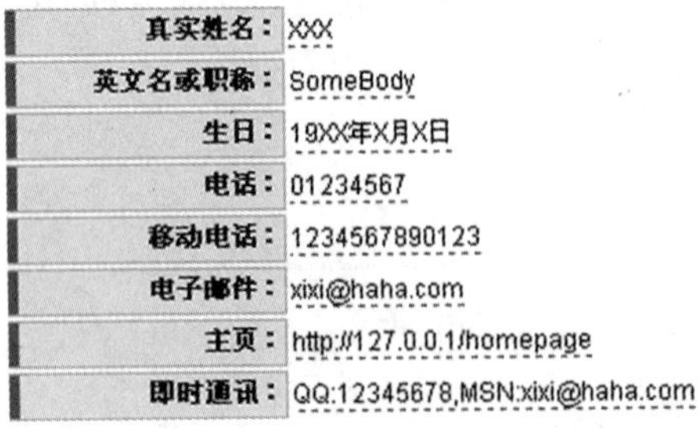

图 7－17　层“#general”中内容

图 7－18　标题样式

① 插入一个1行2列的表格，单元格高度为25 px。

② 设置左列样式类.bt2：类型：粗体，#333366，16px；背景颜色：#eeeeee；边框：上、下均为1 px，#cccccc；左边框5 px，#8c8ea5；右边框3 px，#8c8ea5，双线。

③ 应用样式。

6. 制作各具体内容样式，效果如图7-19所示。

寻一份互联网相关专职工作

图7-19 层“.content”效果

① 设置.content样式：背景#f7f3f7；方框：填充10 px；边界：上、下各10 px，左30 px；边框：1 px，#cccccc，虚线。

② 应用样式。

7. 制作列表样式，效果如图7-20所示。

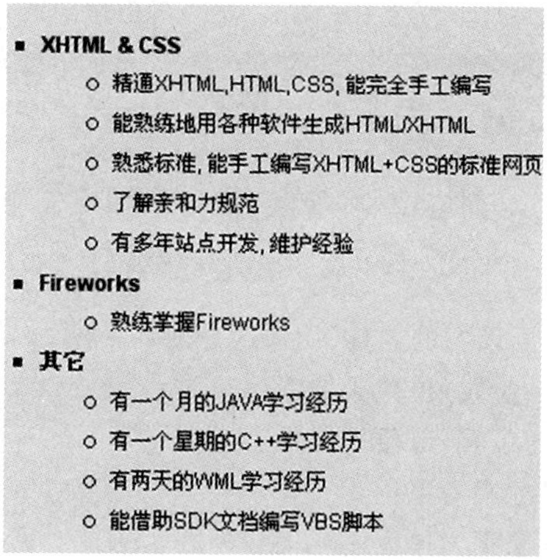

- XHTML & CSS
  - 精通XHTML,HTML,CSS, 能完全手工编写
  - 能熟练地用各种软件生成HTML/XHTML
  - 熟悉标准, 能手工编写XHTML+CSS的标准网页
  - 了解亲和力规范
  - 有多年站点开发, 维护经验
- Fireworks
  - 熟练掌握Fireworks
- 其它
  - 有一个月的JAVA学习经历
  - 有一个星期的C++学习经历
  - 有两天的WML学习经历
  - 能借助SDK文档编写VBS脚本

图7-20 列表样式

① 设置标签ul，行高1.8倍，列表类型：方框。

② 设置二级列表样式.li2，列表类型：圆圈。

③ 应用样式。

相关知识

层是网页设计中的一个重要元素，层可以放置在网页中的任何位置，不受任何限制。在Dreamweaver中，层还可以随意拖动，多个层之间可以相互重叠，且可以控制层的上下位置，显示和隐藏层。

一、“插入Div标签”和“绘制AP Div”的区别

1. 绘制AP Div。

① 单击“布局”面板上的“绘制 AP Div”按钮。

② 文档中按住鼠标左键并拖动，绘制一个层，如图 7－21 所示。

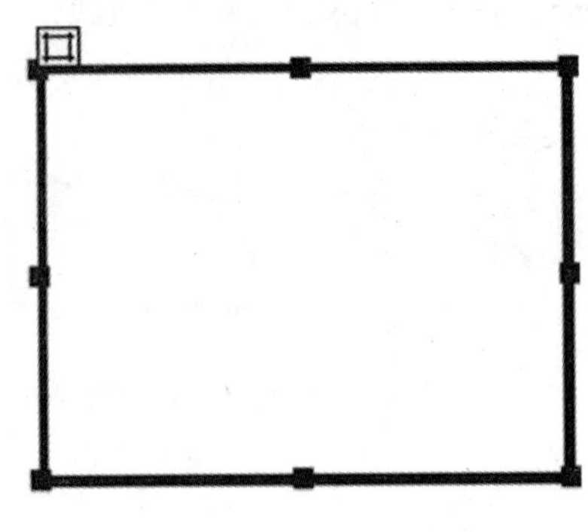

图 7－21　绘制层

③ 设置层的属性，如图 7－22 所示。

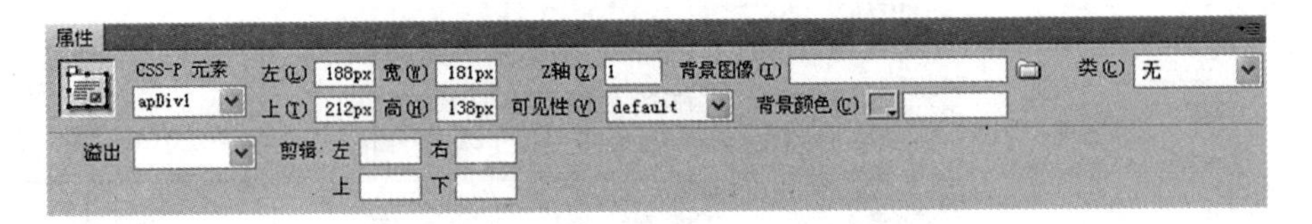

图 7－22　层属性检查器

- CSS－P 元素：给每个层设置的名称，用来区分每一个层。
- 左：定位层的左边框的位置，单位为像素。
- 上：定位层的上边框的位置，单位为像素。
- 宽：设置层的宽度，以像素为单位。
- 高：设置层的高度，以像素为单位。
- Z 轴：确定层的堆叠排序，第 1 个绘制的层编号为 1，第 2 个绘制的层编号为 2，以此类推。数值越高越靠前。
- 可见性：设置层的显示状态，包括“default”、“inherit”、“visible”和“hidden”4 种。
- 背景图像：设置层的背景图像，如果不设置则默认层为透明背景。
- 背景颜色：设置层的背景颜色。
- 类：为层添加样式，默认为无。
- 溢出：设置层中的内容超出层的大小时，在浏览器吕浏览的效果，共有“visible”、“hidden”、“scroll”和“auto”4 种。其中，“visible”表示照常显示超出部分，“hidden”表示隐藏超出部分，“scroll”表示任何时候都显示滚动条，“auto”表示只有当内容超出层的范围进才显示滚动条。
- 剪辑：定义层的可见区域。

2. 插入 Div 标签。

① 单击 “插入”面板“布局”标签上的“插入 Div 标签”按钮。

② 弹出“插入 Div 标签”窗口，如图 7－23 所示。

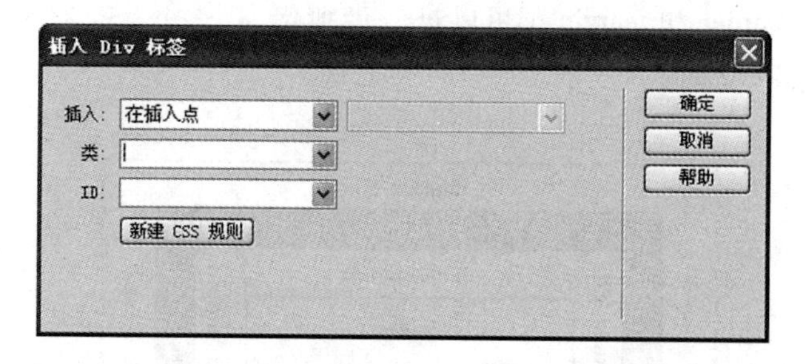

图 7-23 “插入 Div 标签”对话框

③ 选择插入的位置,共有五种选择:“在插入点”、“在标签之前”、“在开始标签之后”、“在结束标签之前”、“在标签之后”。根据实际需要选择。并设置 Div 的 CSS 类,设置 Div 的 ID 号配合相应的 CSS 样式使用。

二、Div 的相对定位与绝对定位

通过实际操作,我们发现“绘制 AP Div”生成的 Div 是绝对定位的 Div,可以通过属性检查器设置其属性。大部分用于一些浮于其他网页元素表面的 Div,比较自由。

“插入 Div 标签”生成的 Div 是相对定位的 Div,在属性检查器上只有两个属性:ID 和类,意味着需要通过 CSS 的配合才能够起作用。这种类型的 Div 主要用于布局,也可以通过手写 HTML 代码的方式实现。

三、Div+CSS 的 ID 与 class

class 在 CSS 中称为“类”。以小写的“点”即“.”来命名。如:.css5{属性:属性值;},而在 HTML 页面里则以 class="css5"来选择调用。同一个 HTML 页面可以无数次调用相同的 class 类。

ID 表示标签的身份,也就是说 ID 只是页面元素的标识,供其他元素脚本等引用。同样 ID 在页面里也只能出现一次。通常我们在 CSS 样式定义的时候 以“#”来开头命名 id 名称,例如:#css5{属性:属性值;}。

总结:一个样式仅仅用于一处时,Div 设置 ID,CSS 设置高级#id 名称;一个样式用于多处时,Div 设置 class,CSS 设置类.class 名称。

四、Div+CSS 的填充与边界

所有页面中的元素都可以看成是一个盒子,它占据着一定的页面空间。在 CSS 中,一个独立的盒子模型由 content(内容)、padding(内边距)、border(边框)和 margin(外边距)4 个部分组成。其中,padding 为内部元素与边框的距离,影响 Div 的宽度和高度。margin 为外部元素与边框的距离,不影响 Div 的宽度和高度。

此外，对 padding、border 和 margin 都可以进一步细化为上、下、左、右 4 个部分，在 CSS 中分别单独设置，如图 7－24 所示。

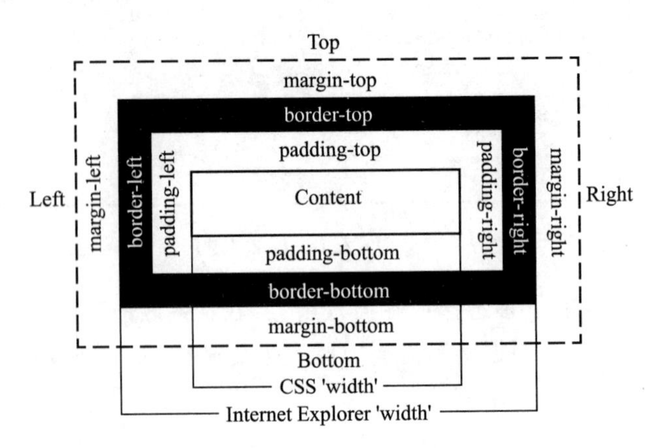

图 7－24　盒子模型

盒子本身的大小的计算公式如下：

宽度 = 自身宽度 + 左内边距 + 右内边距 + 左边框 + 右边框

高度 = 自身高度 + 上内边距 + 下内边距 + 上边框 + 下边框

项目总结

层是网页布局中非常重要的一个工具，相对于表格来说，层更具灵活性，可以弥补表格布局繁琐的定位操作。在层中可以放置文本、图像和动画等任何页面元素，利用它还可以精确地定位页面中元素的位置。而 Div + CSS 的配合更是如虎添翼，随着 W3C 标准的发布，越来越多的设计师倾向于采用 Div + CSS 的网页布局方式。在 Div + CSS 布局中，Div 承载的是内容，而 CSS 承载的是样式。Div + CSS 具有搜索引擎的亲和力和重构页面的方便性。所以 Div + CSS 布局是当今网页制作的一个趋势。

思考与深入学习

1. 阐述表格布局与 Div + CSS 布局的优劣之处。
2. 创建层有哪几种方法？有什么不同？
3. 理解“盒子模型”的概念。

8 项目 8 “QQ 邮箱”——框架布局

学习目标

了解关于框架的概念，会创建框架和框架集，设置框架和框架集的属性，能根据实际需要进行框架的布局。

项目要求

分析各网页之间的关系，参考 QQ 邮箱，运用框架知识创建如图 8－1 所示 QQ 邮箱网站。其中图 8－1 所示为“QQ 邮箱”首页，图 8－2 所示为“QQ 邮箱”收件箱（收信）页面，图 8－3 所示为写信页面，图 8－4 所示为记事本页面。

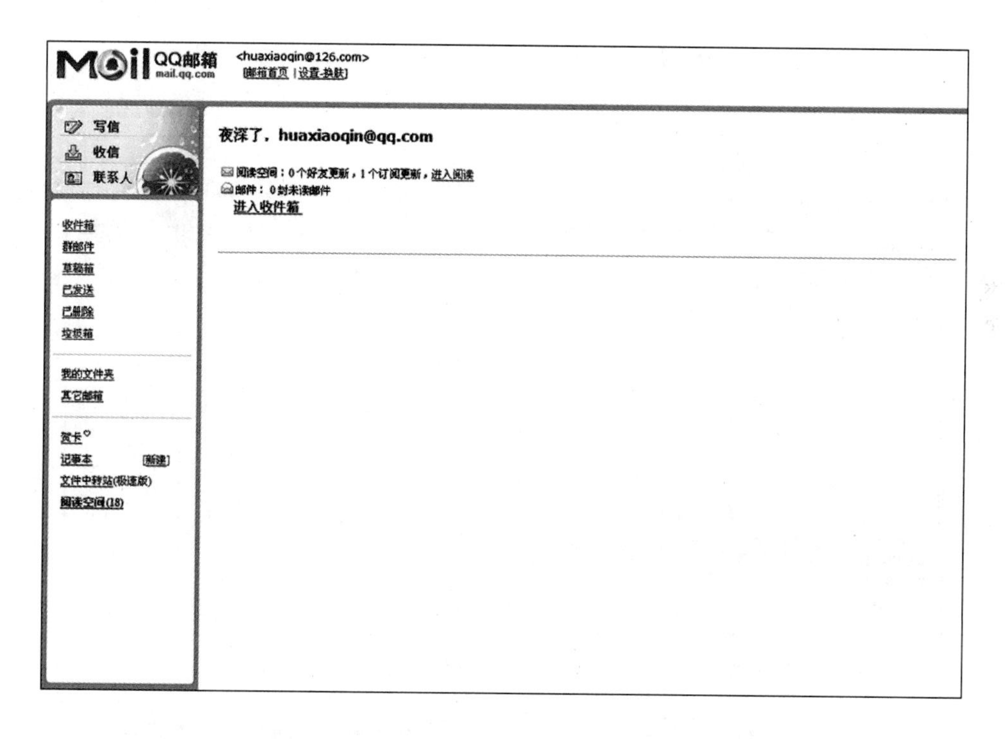

图 8－1 “QQ 邮箱”首页样图

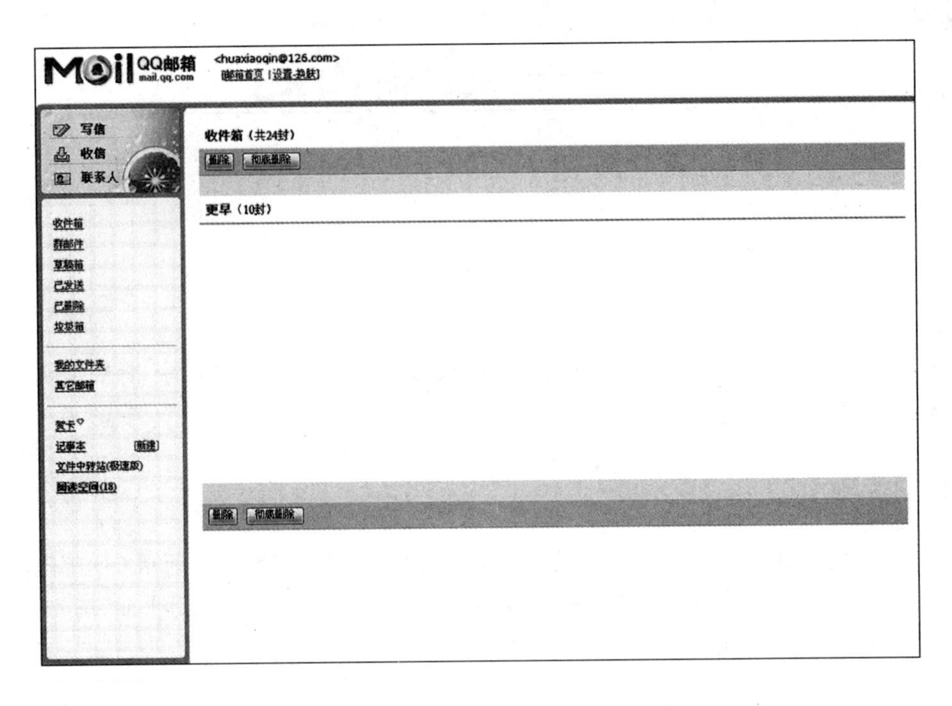

图 8－2　“QQ 邮箱”收件箱(收信)页面样图

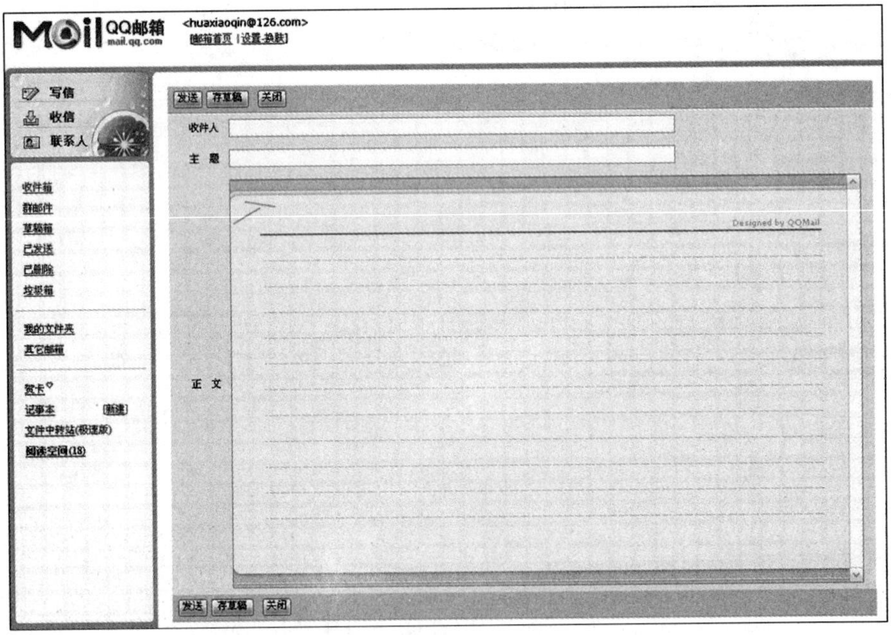

图 8－3　“QQ 邮箱”写信页面样图

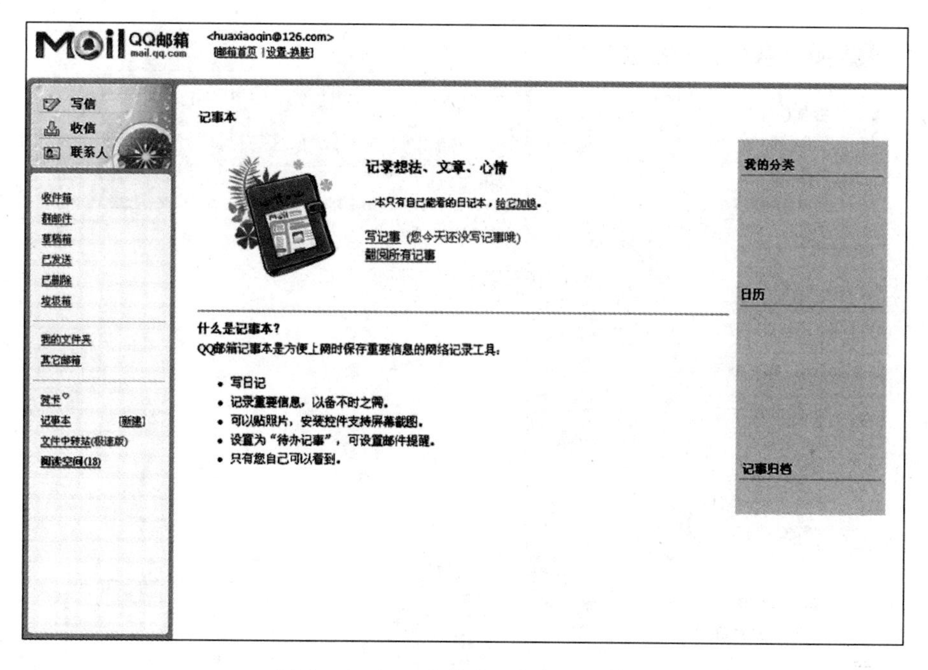

图 8-4 “QQ 邮箱”记事本页面样图

项目分析

为了使网站中的网页风格统一，我们一般用模板的方法，其实还有另一种方法，就是框架。

使用框架能在同一个浏览器窗口中显示多个网页的内容，并可以使不同的页面在同一个浏览器窗口中互相切换，能更好地表现网页布局。

完成本项目分三步：首先新建并保存框架集；其次完成各框架中的网页，同时根据需要设置框架集和框架的属性；最后完成各分页面并根据需要完成站点的超链接。

探索学习

探索“Windows 资源管理器”和 Outlook Express 窗口的组成特点：它们都由窗格共同组成一个整体，不同窗格显示的内容不同。要求通过查阅相关资料，了解并体会框架网页的组成与特点。

操作步骤

1. 新建站点 myweb8，新建框架集并保存。并设置相关属性。

① 在磁盘上创建 web8 文件夹（如在 E 盘下创建 web8 文件夹），将本书配套光盘“案例文件\项目 8\项目 8 素材”中的 images 文件夹复制到该文件夹中；新建站点 myweb8 并进行设置，使本地根文件夹指向 web8 文件夹，默认图像文件夹指向 web8\images 文件夹。

② 新建框架集：选择“文件”菜单中的“新建”，新建一个普通的 html 空白页。然后选择菜单“插入”→“HTML 对象”→“框架”→“上方及左侧嵌套”命令，新建一个如图 8-5 所示的框架集。

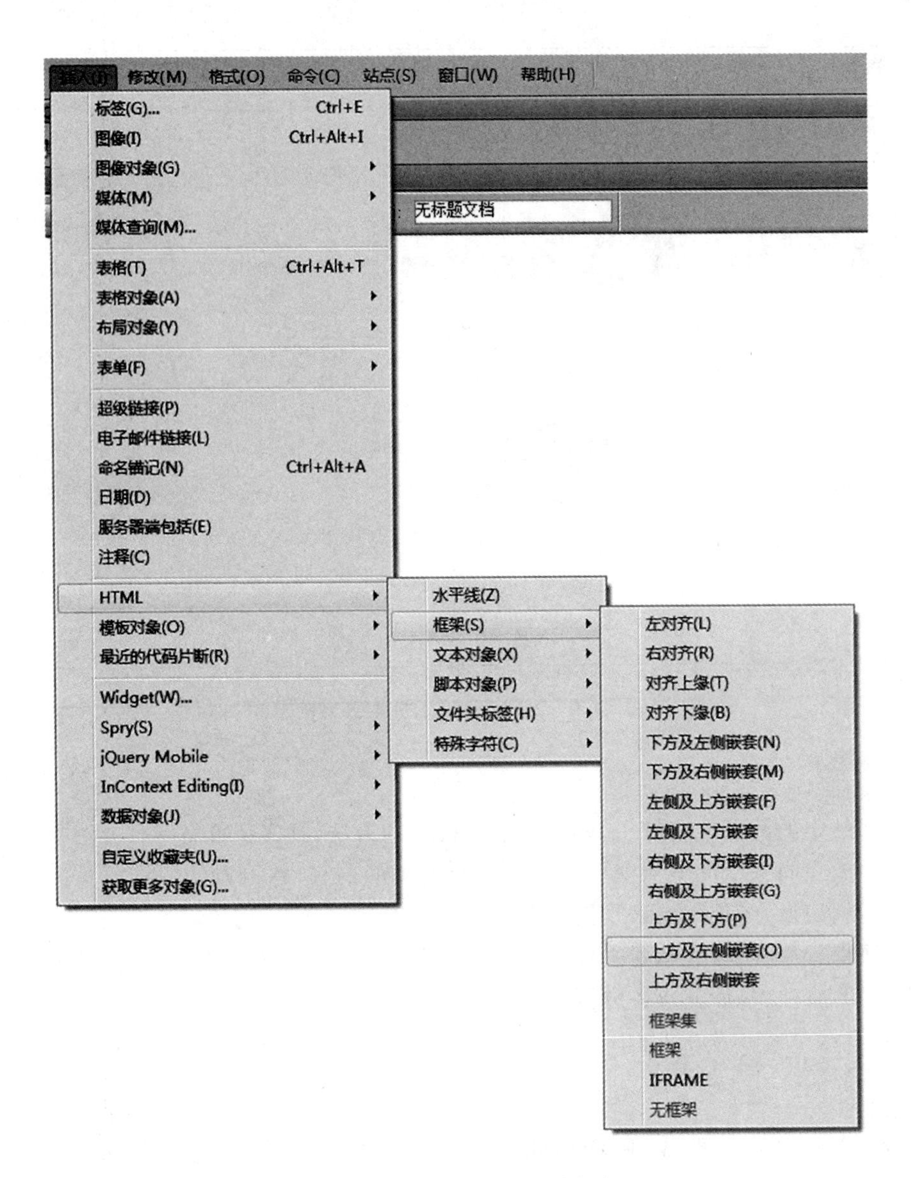

图 8－5　插入框架集菜单命令

③ 选定和调整框架和框架集，可以在如图 8－6 所示的框架集中，调整框架间的边框线，当鼠标指向边框出现双向箭头时，即可调整框架的大小。

④ 选择菜单“文件”→“保存全部”，根据提示保存两个网页：index. html 和 main. html。保存时注意：窗口显示为虚框的，就是当前需要保存的页面，如图 8－7 所示。

⑤ 将光标定位于左侧框架，选择菜单“文件”→“保存框架”命令，保存为 left. html；将光标定位于上方框架，选择菜单“文件”→“保存框架”命令，保存为 top. html。

⑥ 在 top. html 中添加内容，观察在 index. html 中的变化（可以看出，无论是单独在网页 top. html 中设置还是在框架 topFrame 中设置，其效果是一样的）。

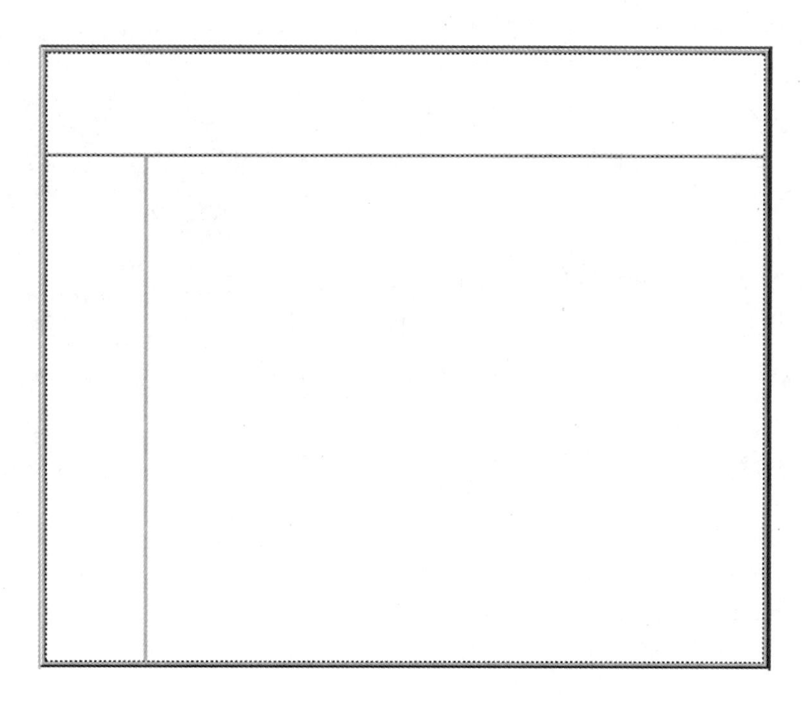

图 8-6 框架集

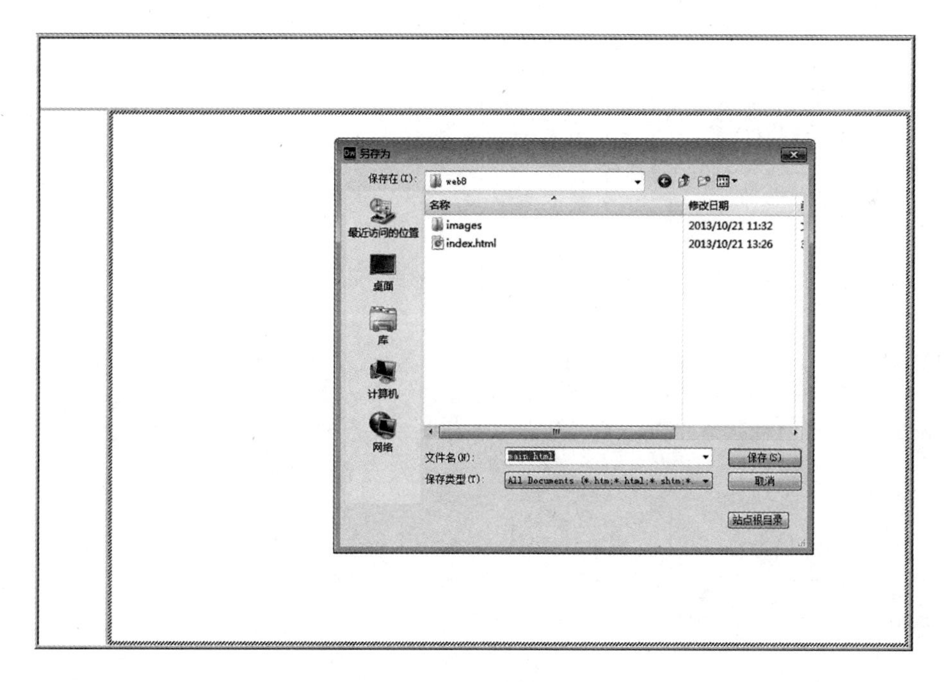

图 8-7 保存主框架 main.html

⑦ 选择菜单“窗口”→“框架”命令，调出框架窗口，如图 8-8 所示，这样操作和设置框架属性更加方便。

注意:当框架网页新建并保存后,我们就可以和平常一样用表格布局来做网页了,不同的是,以往一个窗口中只有一个网页,现在却有多个,我们需要一个个完成,同时根据需要调整框架集和框架的属性,使框架网页在一个窗口中看起来更像是一个整体。

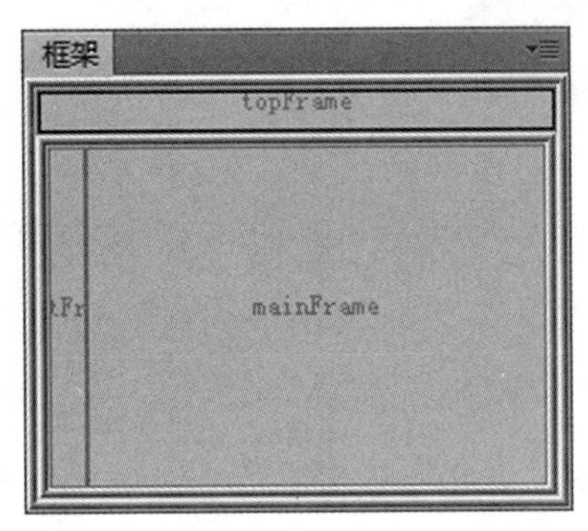

图 8-8 框架窗口

2. 设置整个站点的 CSS 样式。

① 新建页面 style. css,根据以往学习的 CSS 样式的知识,设置相应的样式。以下 CSS 代码仅供参考,也可以在制作网页的过程中根据需要设置样式。

```
body {
    margin:0px;
}
body,div, input, div ,textarea{
    font - size:12px;
    line - height:1.6;
}
.leftnav {
    line - height:2;
    padding - left:10px;
}
a:link, a:visited {
    color: #993300;
    text - decoration:underline;
}
a:hover, a:active {
    color: #E3000B;
}
.linebg {
    background - image:url(images/line7.jpg);
    background - repeat:repeat - x;
}
#nav a {
    font - size:14px;
    font - weight:bold;
    text - decoration:none;
}
```

② 将 sytle. css 附加于各个网页中,加以应用。

3. 编辑页面 top. html 并设置相应的 CSS 样式,效果如图 8-9 所示。

图 8-9 上方框架 top. html 样图

① 表格布局:1 行 2 列,高度 80 px,根据样图在表

格中填充内容。

② 设置框架 topFrame 的高度为 80 px：可以在框架窗口中选择整个框架，再设置框架集的行高为 80 px。

③ “QQ 邮箱”首页链接到 main. html，目标为 mainFrame；“设置 - 换肤”设置为空链接；此时超链接样式自动应用。

4. 编辑页面 left. html 并应用相应的 CSS 样式，如图 8 - 10 所示。

① 表格布局：5 行 1 列，宽度 179 px，对齐方式：右对齐。

② 设置框架 leftFrame 的宽度为 189 px。

③ 填充相关内容。

- 第 1 行：插入图片 images\line1. jpg，单元格高度设置为 11 px。
- 第 2 行：设置单元格背景为 images\line2. jpg，在其中插入 ID 为 nav 的 3 行 2 列的小表格，分别插入“写信”、“收信”、“联系人”的图标和文字。文字“写信”链接到 write. html，目标为 mainFrame；文字“收信”链接到 receive. html，目标为 mainFrame；其他文字设置为空链接。
- 第 3 行：插入图片 images\line3. jpg，单元格高度设置为 10 px。
- 第 4 行：设置单元格背景为 images\line4. jpg，在其中插入 5 行 1 列、宽度为 88% 的小表格，在小表格内插入相应的导航文字和水平线，单元格应用样式 leftnav。

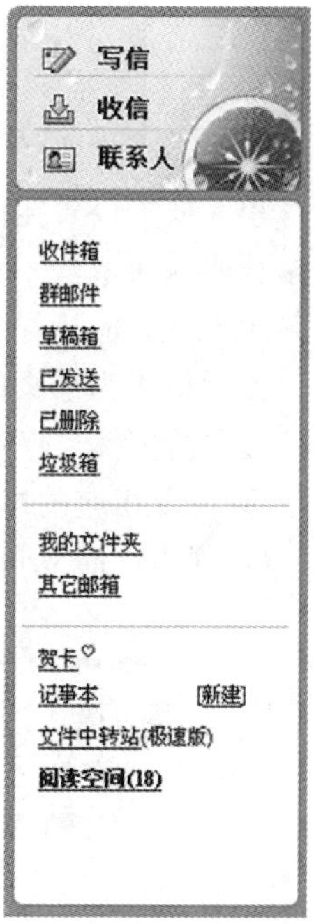

文字“收件箱”链接到 receive. html，目标为 mainFrame。

文字“记事本”链接到 note. html，目标为 mainFrame。

- 其余文字可设置为空链接。
- 第 5 行：插入图片 images\line5. jpg，单元格高度为 13 px。

5. 编辑页面 main. html 并应用相应的 CSS 样式，如图 8 - 11 所示。

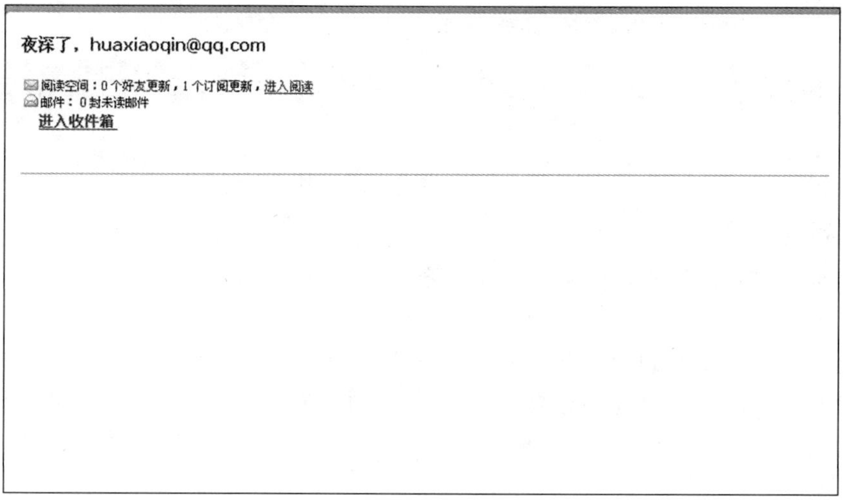

写信
收信
联系人
收件箱
群邮件
草稿箱
已发送
已删除
垃圾箱
我的文件夹
其它邮箱
贺卡
记事本 [新建]
文件中转站(极速版)
阅读空间(18)

图 8 - 10　左侧框架 left. html 样图

夜深了，huaxiaoqin@qq.com
阅读空间：0 个好友更新，1 个订阅更新，进入阅读
邮件：0 封未读邮件
进入收件箱

图 8 - 11　主框架 main. html 样图

① 表格布局:外层表格 98% ,2 行 2 列,样式如下,完成圆角边框的制作。

①	②
③	④

单元格①设置宽度为 5 px,高度为 24 px,插入图片 images\line6. jpg,同时删除单元格③中的空格代码 。

单元格②应用样式. linebg,即设置水平重复的背景图片 images\line7. jpg。

单元格④为网页的主体内容部分,插入内层表格。

② 内层表格:97% ,根据样图填充相关内容。

③ 设置相应的样式。

6. 创建页面 write. html 并设置相应的 CSS 样式,如图 8 - 12 所示。

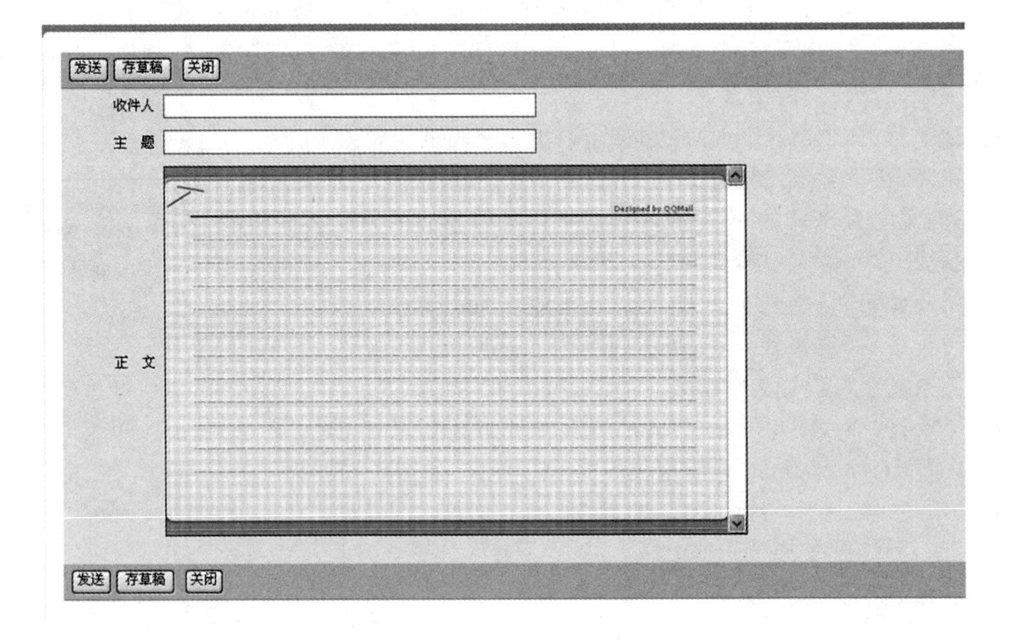

图 8 - 12 写信页面样图

① 将 main. html 另存为 write. html。

② 在单元格④中插入表单域,布局表单内容。

③ 设置文本区域 textarea 的 CSS 样式。

7. 创建页面 receive. html 并应用相应的 CSS 样式,如图 8 - 13 所示。

8. 创建页面 note. html 并应用相应的 CSS 样式,如图 8 - 14 所示。

9. 在浏览器中调试整个网站的效果。

图 8－13 收件箱(写信)页面样图

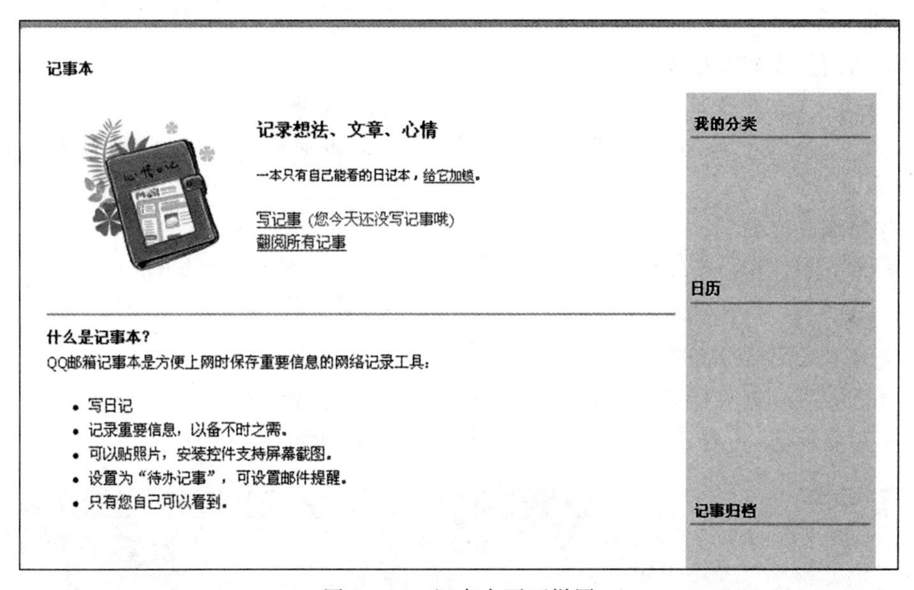

图 8－14 记事本页面样图

相关知识

一、框架和框架集

框架集(Frameset):框架集是多个框架的集合,它实际是一个 HTML 文件,用于定义多个框架的结构和属性。

框架(Frame):框架是框架集中所要载入的文档,它实际上就是单独的网页文件。

二、框架网页的优缺点

优点:方便用户浏览网页,节省页面空间,便于维护和管理,使网页风格统一。

缺点:无法被大多数搜索引擎搜索到,不被低版本浏览器支持,样式陈旧,无法满足个性需求,难以实现不同框架中各元素的精确对齐。

三、框架的基本操作

1. 创建框架和框架集的方法:直接新建普通网页后,选择菜单“插入”→“HTML”→“框架”命令,根据需要选择合适的框架样式即可。

2. 保存框架和框架集。

初次创建框架集时,保存时使用“文件”→“保存全部”命令,根据提示分别保存框架集和主框架,将光标定位于其他框架中,保存其他框架。如图 8-6 所示上方固定、左侧嵌套的框架集,需要保存 4 个网页。

3. 选定和调整框架和框架集。

选定框架集:单击框架间边框,即可选中其上一层的框架集。

选定框架:选择“窗口”→“框架”命令,打开框架面板,此时单击窗口中的框架区域即可选择需要的框架。

4. 拆分和删除框架。

拆分框架:按住 Alt 键的同时拖动边框;或单击“修改”→“框架集”→“拆分左(右、上、下)框架”命令。

删除:拖动边框线至父框架。

5. 设置框架集和框架的属性:选定后使用属性检查器进行设置。

① 框架集属性有:边框、边框宽度、边框颜色、行(列),如图 8-15 所示。

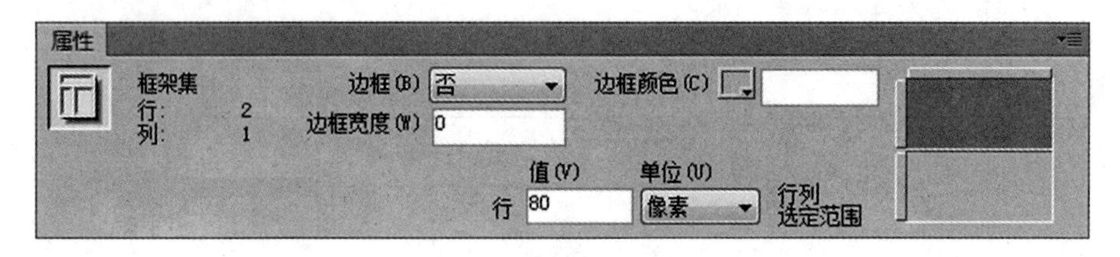

图 8-15　框架集属性检查器

- 边框:设置是否在浏览器中显示框架的边框。
- 边框宽度:为框架的边框设置宽度,以像素为单位。
- 边框颜色:为框架的边框设置颜色。
- 行:设置框架集中框架的行高,有“像素”、“百分比”和“相对”三种单位。
- 行列选定范围:在行列选定范围的框中选择框架集中的框架,以便于为其设置高度或宽度。

② 框架属性有:框架名称、源文件、滚动、不能调整大小、边框、边框颜色、边界宽度、边界高度,如图 8 - 16 所示。

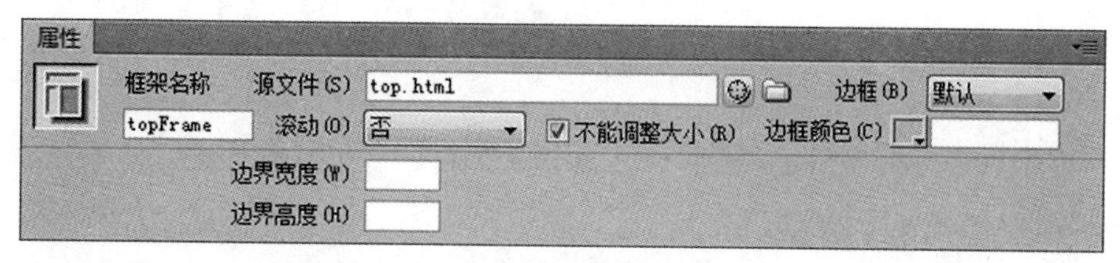

图 8 - 16 框架属性检查器

- 源文件:设置框架的源文件。在浏览器中浏览时,该框架中显示的内容即为源文件中的内容。
- 滚动:设置框架中的内容在不能完全显示时是否显示滚动条,包括“是”、“否”、“自动”和“默认”4 个选项。在该项中选择“默认”时,大多数的浏览器默认为“自动”。
- 不能调整大小:选择该复选框后,在浏览器中浏览网页时不能调整框架的大小。
- 边框:设置是否在浏览器中显示框架的边框,包括“是”、“否”和“默认”3 个选项。
- 边框颜色:为框架的边框设置颜色,当然如果在“边框”中选择“否”,边框颜色即使设置了也无法显示出来。
- 边界宽度:设置框架内容与框架左右两边框的距离,以像素为单位。
- 边界高度:设置框架内容与框架上下两边框的距离,以像素为单位。

6. 设置框架页中的超链接。

链接的目标除了普通网页中都有的_blank、_parent、_self、_top,还有各个框架的名称,如 mainFrame、topFrame、leftFrame,选择其中一个则链接的目标网页会出现在相应框架中。

项目总结

框架布局在 BBS、E-mail、各种功能性网站(如教务管理系统)中运用比较普遍,主要原因在于其风格统一、布局清晰、功能明确,能够一目了然。希望读者多去观察,看看哪些网页是用框架布局来实现的。

思考与深入学习

1. 什么是框架集? 什么是框架?
2. 如何选中框架并设置它的属性?
3. 如何拆分和删除框架?
4. 使用框架布局有什么优点和缺点?
5. 根据本书配套光盘中的“案例文件\项目 8\项目 8 练习\spring 素材”,利用框架布局技术,完成如“spring 结果”所示的网站。

提示:

① 制作出一个框架集 spring. html;

② 将制作好的网页分别导入框架集的各框架中;

③ 设置超链接。

9 项目9 “注册页”——表单的应用

学习目标

掌握表单的创建、文本域、单选按钮、复选框、菜单列表、命令按钮、隐藏域等对象的创建方法，学会利用JavaScript脚本语言对表单进行一些简单的验证处理。

项目要求

分析图9-1所示的网页结构，收集自学相关内容制作完成注册页网页。

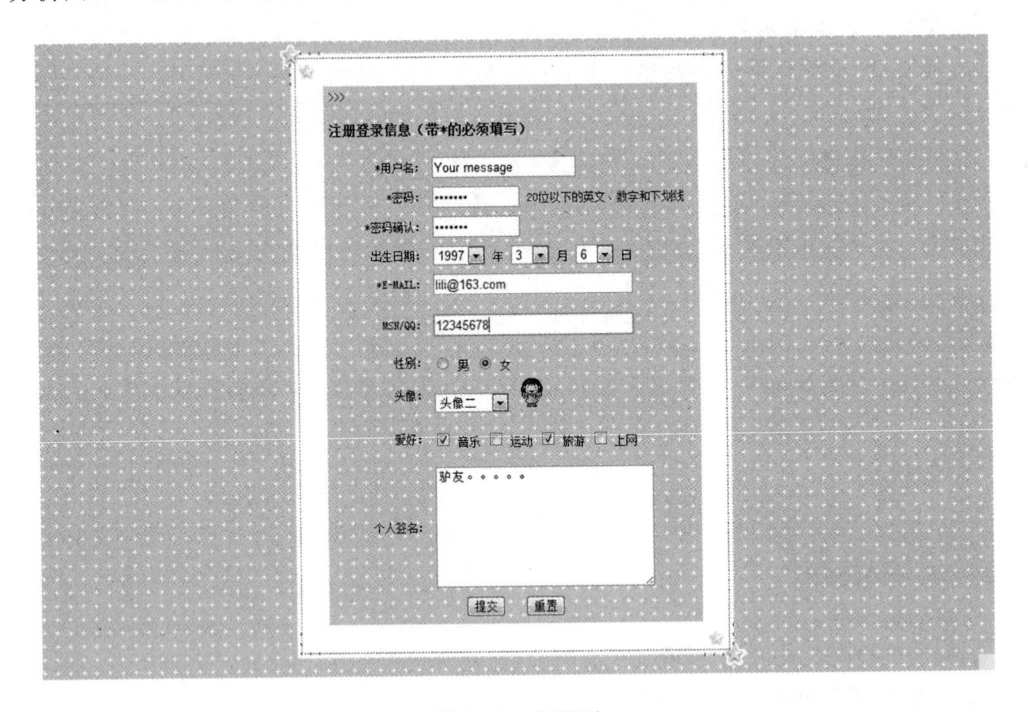

图9-1 注册页

项目分析

不少网站功能都离不开和用户的交互。而人机对话的平台，基本上是靠相应的文本框、列表框进行输入，然后通过按钮提交送至后台数据库。如何将网页中的数据发送出去？例如，注册网页中用户输入信息要发送到后台数据库中，这一功能利用表单就可以很方便地实现。

完成本项目分两步:首先,布局网页;其次,插入表单。

探索学习

根据相关学习资料,完成网页布局;探索表单域的插入;探索在表单域中插入表格和各种表单元素:文本框、密码域、单选按钮、菜单、列表框、复选框、按钮等。

操作步骤

1. 在磁盘上创建 web9 文件夹(如在 E 盘下创建 web9 文件夹),在 web9 文件夹下再创建 images 文件夹,以存放网站中的图像。编辑原先的站点 myweb:单击“站点”→“管理站点”命令,选定“myweb”,单击“编辑当前选定的站点”按钮,在弹出的“站点设置对象 myweb”对话框中进行设置,使本地根文件夹指向新建的 web9 文件夹,默认图像文件夹指向 web9\images 文件夹。

2. 新建 reg. html 文件,设置页面属性:大小为 12 px,左、右、上、下边距均为 0,背景图片设置为 c39. gif,如图 9 - 2 所示。

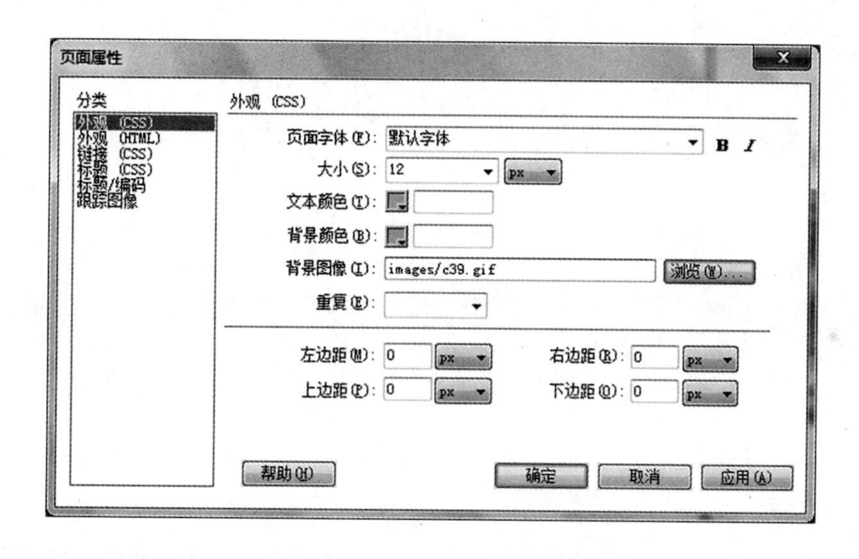

图 9 - 2 设置注册页页面属性

3. 插入一个宽度为 500 px、3 行 3 列的表格,对齐方式为居中。将四个角的单元格高和宽均设置为 50 像素,运用 CSS 样式或插入图片的方法设置其背景;选中第二行的三个单元格,设置其高为 450 px;,运用 CSS 样式设置四个边的背景,如图 9 - 3 所示。

4. 插入表单域:将光标定位在要插入表单位置的中间单元格区域,设置此单元格左对齐、顶端对齐,打开“插入”面板,选择“表单”类别,单击“表单”按钮,或者执行菜单“插入”→“表单”→“表单”命令,在表格里插入表单域对象。在属性检查器中设置表单属性:表单 ID 为 form1,方法为 POST,动作为 result. html,如图 9 - 4 所示。

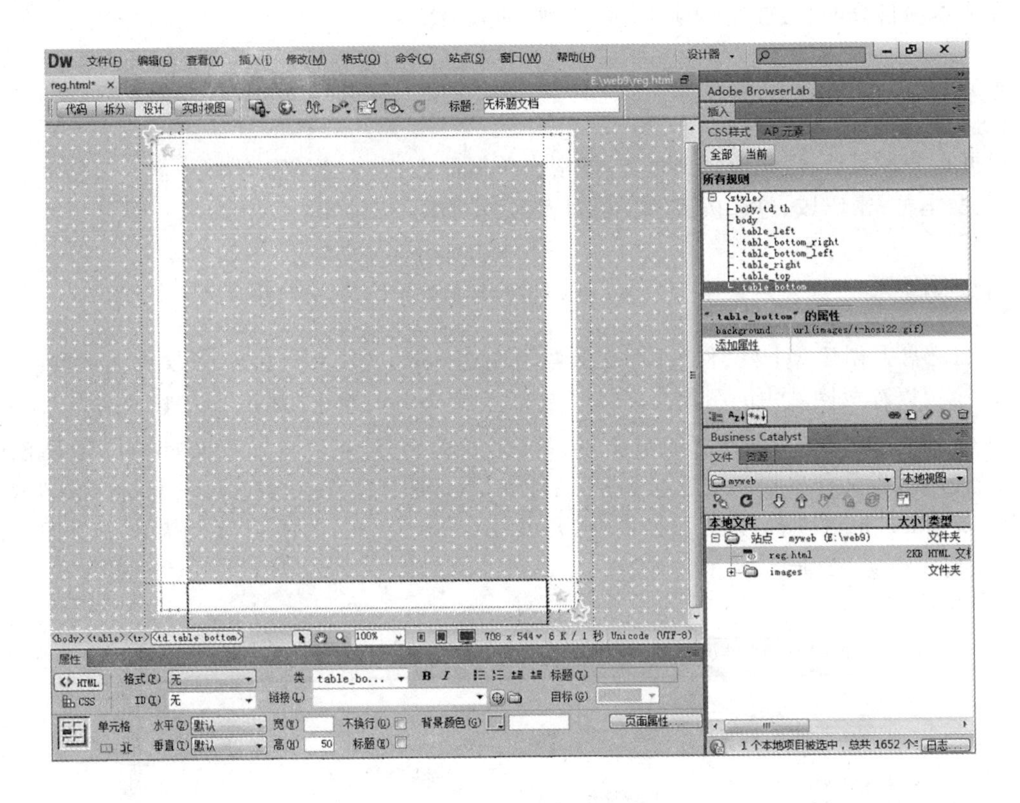

图 9－3　注册网页布局

图 9－4　设置表单属性

5. 在表单内插入一个 13 行 2 列、100% 宽的表格，单元格间距为 5。

6. 按照图 9－5 所示，在表格里分别插入各种表单元素，并调整表格单元格及数据对齐方式。利用如图 9－6 所示的“插入”面板“表单”类别各按钮完成表单。

（1）用户名文本字段（username）：单击“插入”面板“表单”中的文本字段（input text），生成一个文本域表单。在属性检查器中设置如图 9－7 所示的属性。

（2）添加密码文本字段（password）：文本字段，类型为“密码”，宽度为 10，最多 10 个字符。

（3）添加密码确认文本字段（password2）：宽度为 10，最多 10 个字符。

（4）添加 E-Mail 文本字段（email）和 MSN/QQ 文本字段（MSN/QQ）：文本字段（text）宽度为 30，最多字符 50。

（5）如图 9－8 所示，添加性别单选按钮组（sex），并在属性检查器中设置“男”的初始状态为已勾选。

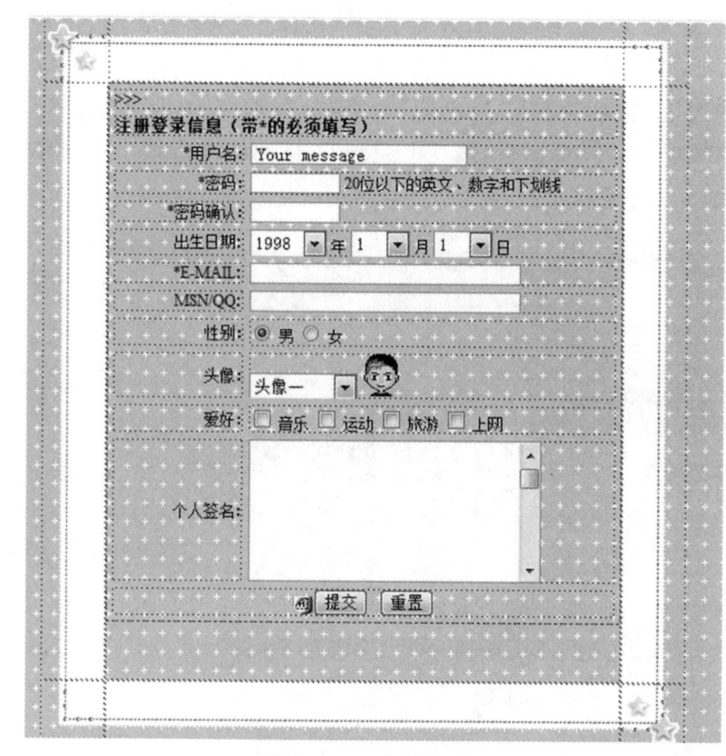

图 9－5 表单内容

图 9－6 “插入”面板“表单”类别按钮

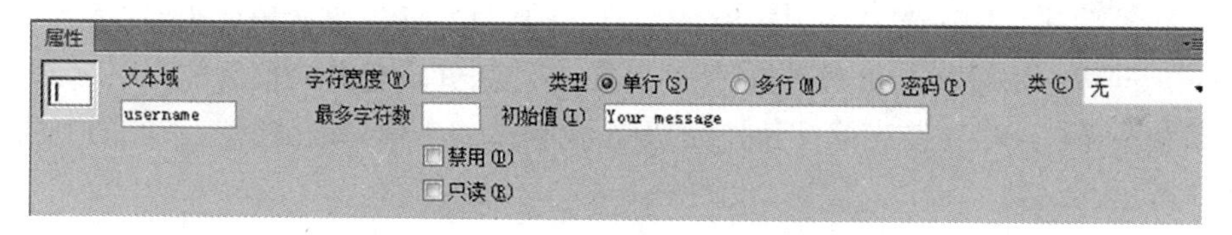

图 9－7 设置用户名文本域属性

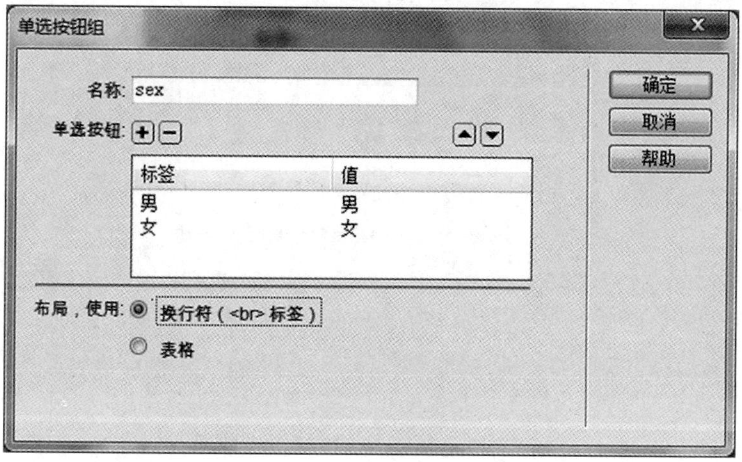

单选按钮组

名称: sex

单选按钮:

标签	值
男	男
女	女

布局，使用: 换行符（
 标签）

表格

确定

取消

帮助

图 9－8 性别单选按钮组设置

（6）添加出生日期菜单列表：在“插入”面板“表单”分类中选择“选择（列表/菜单）”，进行如下设置。

年（year）：单击属性检查器的“列表值”按钮，打开“列表值”对话框，如图9－9所示添加年份，注意年份的ID为“year”。在文本区域输入菜单项目，按Tab键或单击“值”输入值。然后单击 添加新的选项。重复以上步骤加入全部菜单项目。

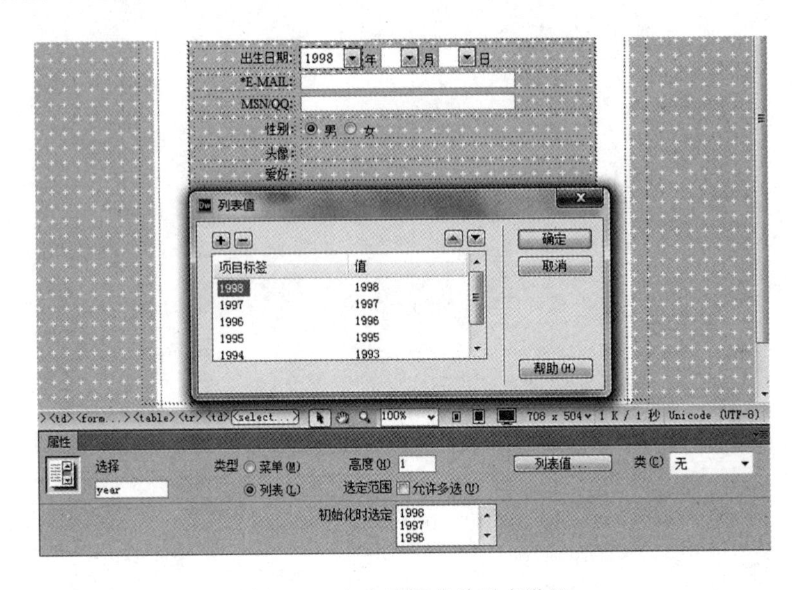

图9－9　出生日期菜单列表设置

月（month）：同样方法设置月份列表值，添加月份1～12，并设置初始值为“1”。

日（day）：同样方法设置月份列表值，添加日期1～31，并设置初始值为“1”。

（7）添加头像（face）列表菜单，用同样的方法设置添加头像列表，注意：头像的ID为“face”，如图9－10所示。

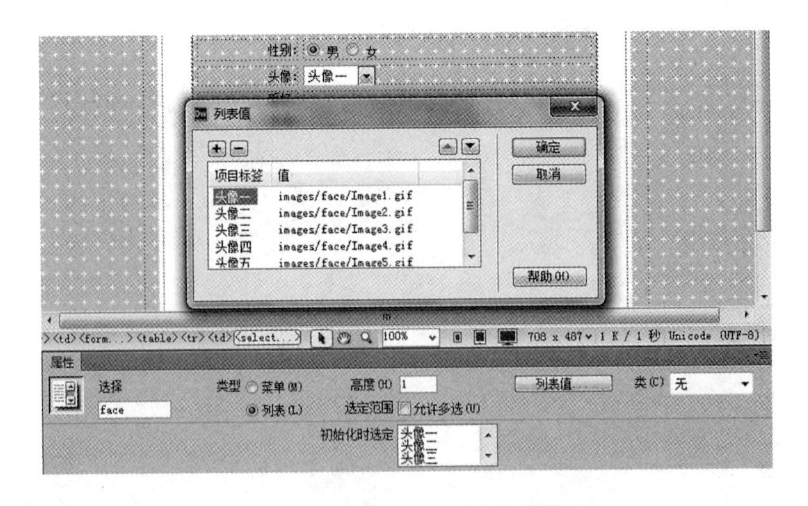

图9－10　头像（face）列表菜单设置

(8) 添加爱好复选框组(CheckboxGroup),如图 9-11 所示。

图 9-11 爱好复选框组设置

添加完成后,再调整复选框组的布局。

(9) 添加个人签名文本域(sign),字符宽度为 30,行数为 8。其属性如图 9-12 所示。

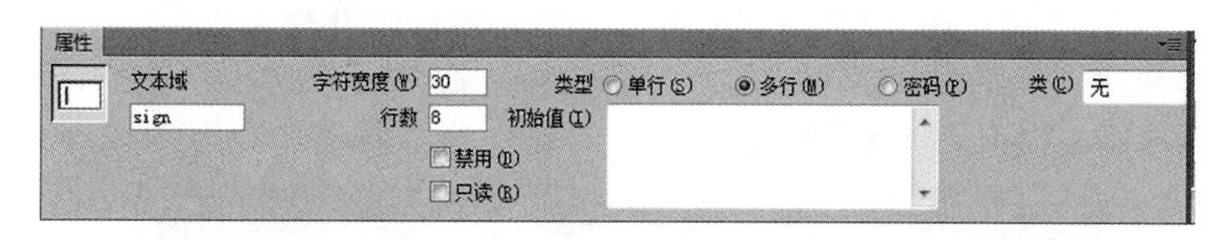

图 9-12 个人签名文本域(sign)设置

(10) 添加生日隐藏域(birthday),隐藏域在浏览器中是看不到的,也不能进行任何操作。利用它保存一些固定不变或不需要访问参与而自动填写的内容。

(11) 添加按钮(button)。

提交(submit)按钮:值为“提交”;动作为“提交表单”,如图 9-13 所示。

图 9-13 提交按钮设置

重置(reset)按钮:值为“重置”;动作为“重设表单”,如图 9-14 所示。

图 9-14 重置按钮设置

7. 为表单添加 JavaScript 脚本效果,如选择头像时及时显示相应的头像图片,进行用户名填写正误的检查,验证两次密码是否相同,等等。

(1) 头像及时更新:先将头像的图片文件夹 face(在素材文件夹 images 内)复制到站点文件夹 images(即 E:\web9\images)中。在列表域 face 右侧添加图像:images\face\image1. gif,图像名称为 facepic。将光标定位于头像列表 face 中,单击右键,在弹出菜单中选择“编辑标签”命令,进入标签编辑器,单击“onChange”事件,输入代码 facepic. src = face. value,如图 9 - 15 所示。

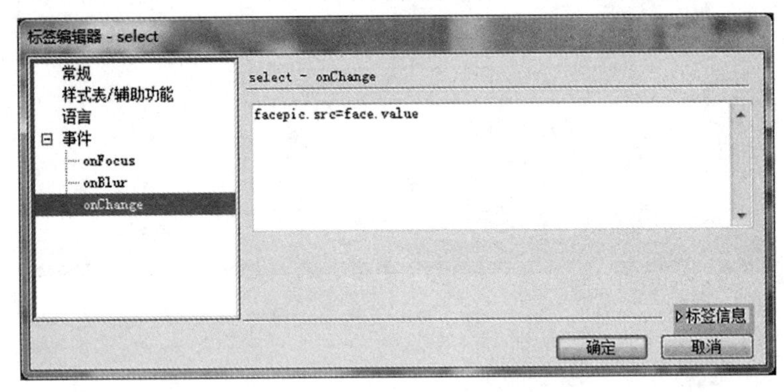

图 9 - 15　头像及时更新代码设置

(2) 用户名填写正误检查:用户名不能为空,如果为空可以采用默认值。在用户名文本域单击右键,在弹出的菜单中选择“编辑标签”命令,进入标签编辑器,单击“onBlur”事件,输入代码:if (this. value = = '') this. value =' Your message';,如图 9 - 16 所示。

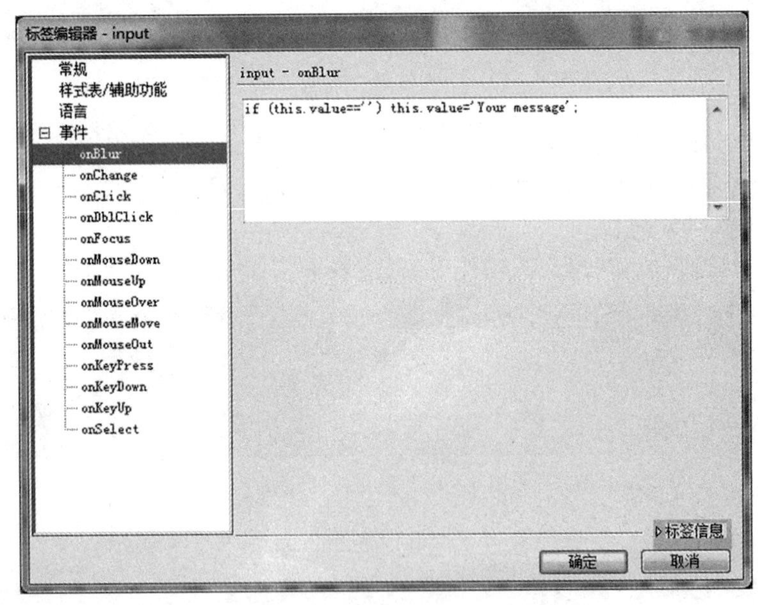

图 9 - 16　用户名填写正误检查代码设置

(3) 获取生日:当出生日期进行修改后,表单要将年、月、日的数据进行收集传递到生日中。在年(year)列表框单击右键,选择“编辑标签”命令,打开标签编辑器对话框,单击“onChange”事件,输入代码:

```
birthday.value = year.value + '-' + month.value + '-' + day.value
```

（4）验证两次输入密码是否相同：密码验证在单击提交按钮时进行，当两次输入密码不相同时，清空密码重新输入，只有在两次密码相同时，才能完成正常的提交。在“提交”按钮上单击右键，选择“标签编辑”命令，进入“标签编辑器”，单击“onClick”事件，如图9-17所示，输入代码：

```
if(password.value != password2.value)
{
alert('两次输入的密码不相同');
password.focus();
return false;
}
```

如果要同时对密码长度进行验证，可输入以下代码：

```
if(password.value != password2.value)
{
  alert('两次输入的密码不相同');
  password.focus();
  return false;
}
else if(password.value.length < 6 || password.value.length > 10)
{
  alert('密码长度不能少于6位,多于10位!');
  password.focus();
  return false;
}
```

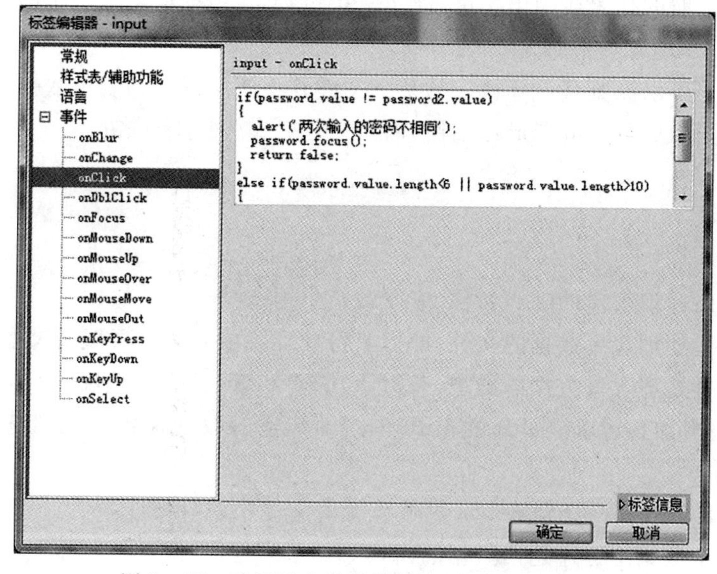

图9-17 验证两次输入密码是否相同代码设置

8. 为网页添加标题栏,预览网页,查看网页浏览效果。

相关知识

一、表单对象

在 Dreamweaver 中,表单输入类型称为表单对象。表单对象是允许用户输入数据的机制。常用的有如下表单对象:

文本域:接受任何类型的字母数字文本输入内容。文本可以单行或多行显示,也可以密码域的方式显示,在这种情况下,输入文本将被替换为星号或项目符号,以避免旁观者看到这些文本。有单行(文本字段)、多行(文本区域)、密码三种类型。

隐藏域:存储用户输入的信息,如姓名、电子邮件地址或偏爱的查看方式,并在该用户下次访问此站点时使用这些数据。

按钮:在单击时执行操作。可以为按钮添加自定义名称或标签,或者使用预定义的"提交"或"重置"标签。使用按钮可将表单数据提交到服务器,或者重置表单。

复选框:允许在一组选项中选择多个选项。用户可以选择任意多个适用的选项。

单选按钮:代表互相排斥的选择。在某单选按钮组(由两个或多个共享同一名称的按钮组成)中选择一个按钮,就会取消选择该组中的所有其他按钮。

列表菜单:在一个滚动列表中显示选项值,用户可以从该滚动列表中选择多个选项。"列表"选项在一个菜单中显示选项值,用户只能从中选择单个选项。当空间有限又必须显示多个内容项,或者要控制返回给服务器的值时,需要使用菜单。菜单与文本域不同,在文本域中用户可以随心所欲地键入任何信息,甚至包括无效的数据;菜单却只能具体设置某个菜单项返回的确切值。

跳转菜单:可导航的列表或弹出菜单,使用它可以插入一个菜单,其中的每个选项都链接到某个文件。

文件域:使用户可以浏览其计算机上的某个文件并将该文件作为表单数据上传。

图像域:使用图像域可生成图形化按钮,例如"提交"或"重置"按钮。

二、 表单属性

表单名称:用以标识表单的唯一名称,方便对其引用。

动作:用于设置处理表单数据的文件,即指定将处理表单数据的页面或脚本。

方法:用于设置处理表单数据的类型,有默认、GET 和 POST 3 个选项。

- GET:将值附加到请求该页面的 URL 中。即传递的数据都包含在浏览器地址框中显示的 URL 中。
- POST:将表单数据提交到 Action 属性设置的文件中进行处理。

目标:指定显示被调用程序返回数据的窗口。

MIME 类型:设置将表单数据发送到服务器的过程所使用的 MIME 编码数据的类型。默认为 application/x - www - form - urlencode，通常与 POST 方法一起使用。如果要创建文件上传域，则指定 multipart/form - data 类型。

类：选择需要的 CSS 样式。

三、JavaScript 脚本

如果想使网页更加丰富多彩，就要使用行为感知外界的信息并做出相应的响应。要实现网页的动态变化，通常在客户端用 JavaScript 编程，使用简短的 JavaScript 程序就可以实现强大的交互与控制功能。

项目总结

本项目通过创建一个注册页面，掌握了表单的创建与交互。一个完整的表单交互过程包括两部分：网页中的表单对象和脚本或程序。表单对象包括：文本字段、文本区域、隐藏域、复选框（组）、单选按钮（组）、选择（列表/菜单）和按钮等。而脚本有 JavaScript 和 VBScript 两种。后面我们会进一步学习对表单的处理，将注册网页与数据库的操作、动态网页部分结合起来进而实现更强大的功能。

思考与深入学习

1. 文本字段和文本区域有什么区别？相互之间能转换吗？如何转换？
2. 自己查找相关资料，了解隐藏域的作用。
3. 如何编写重置按钮的脚本语言？
4. 可否不单击插入表单按钮而直接插入表单对象？操作时要注意什么？
5. 在创建性别单选按钮组时，为什么不使用单选按钮？尝试使用单选按钮，在浏览器中浏览并选中单选按钮，看看有何发现。

10 项目 10 “金美音乐网”——行为的应用

学习目标

了解行为的概念，熟悉不同对象所对应的事件和动作，熟练使用“行为”面板进行行为的添加、删除和修改。

项目要求

在原有网页 yinyue. html 的基础上，进行行为的设置练习，掌握行为的设置方法，并理解相关的概念，且能举一反三，了解其他行为的操作。

项目分析

金美音乐网 yinyue. html 是素材中提供的一个普通的静态页面，在此网页的基础上，利用 Dreamweaver 自带的“行为”面板，设置一系列的 JavaScript 效果，达到交互的目的。本项目中设置的行为如下。

1. 打开浏览器窗口：打开 yinyue. html 时弹出如图 10－1 所示的通知网页 notice. html。

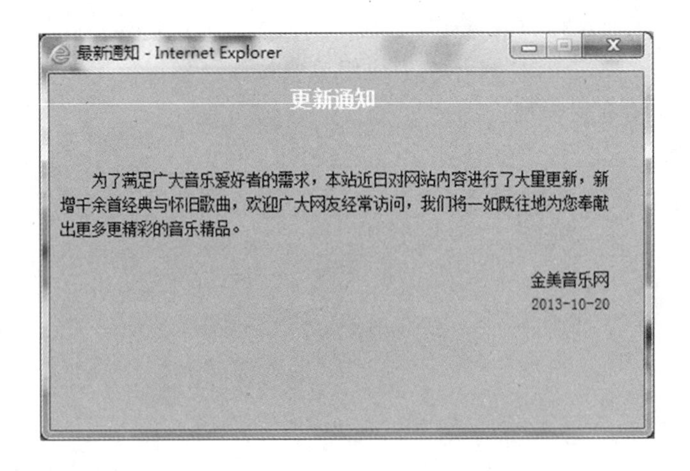

图 10－1　打开 yinyue. html 时弹出的通知网页

2. 控制声音的播放（使用 BgSound 标签、插件）：设置背景音乐并控制音乐的播放和停止，如图 10－2 所示；利用插件插入音乐文件，如图 10－3 所示。

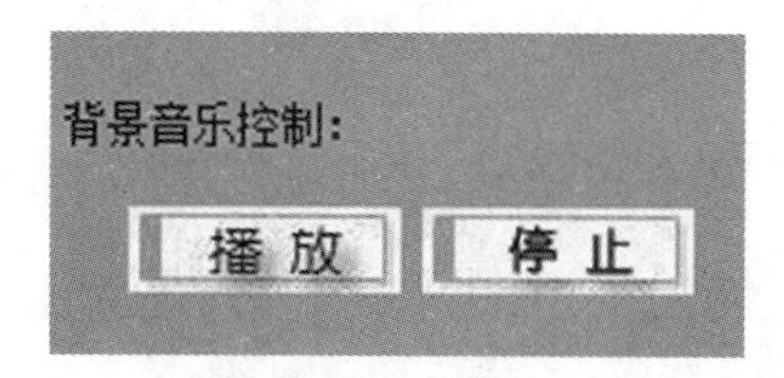

图 10-2 设置背景音乐并控制音乐的播放和停止

图 10-3 利用插件插入音乐文件

3. 制作滚动文本(Marquee 标签的使用):歌词实现由下至上滚动,如图 10-4 所示。

4. 弹出信息:单击 Banner 条图片时,弹出欢迎信息,如图 10-5 所示。

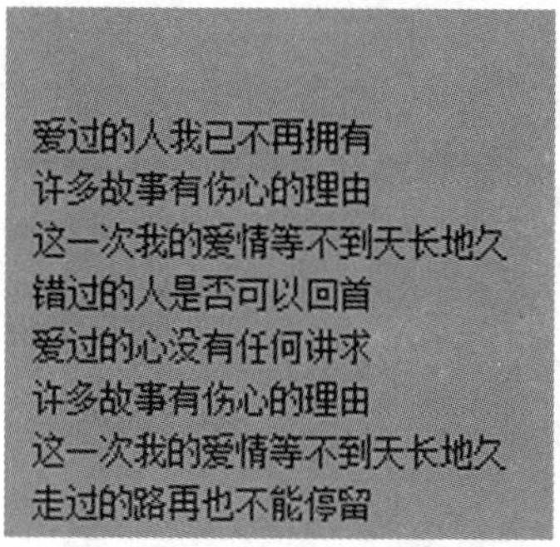

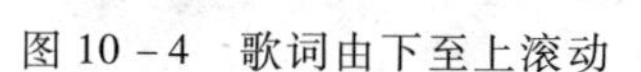

图 10-4 歌词由下至上滚动

图 10-5 弹出的欢迎信息

5. 设置状态栏文本:如图 10-6 所示。

逛金美音乐,畅想多彩生活!

图 10-6 状态栏文本

6. 鼠标经过图像:实现变换图像的导航条效果,如图 10-7 所示为鼠标经过“摇滚天地”按钮时,按钮变亮的效果。

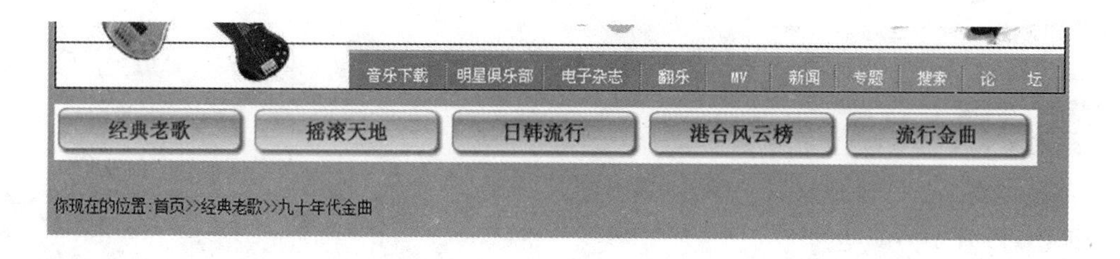

图 10-7 鼠标经过按钮变亮的导航条效果

7. 利用 Spry 菜单栏制作导航条:将上述变换图像的导航条效果修改为使用 Spry 菜单栏设置,效果如图 10-8 所示,单击“FLASH”导航条,则页面链接到 flash.html。

8. 使用 Spry 菜单栏控制 flash.html 页面中的 Flash 播放:单击操作菜单中的“播放”,播放 Flash;单击操作菜单中的“停止”,则停止播放 Flash;如图 10-9 所示。

图 10-8 使用 Spry 菜单栏设置导航条

图 10-9 Flash 动画播放的控制

探索学习

根据后面相关知识介绍或者自行查找相关资料,熟悉"行为"面板,了解如何进行行为的添加、删除和修改。

操作步骤

1. 自行设置站点,将素材文件夹中的内容复制到站点文件夹内,打开 yinyue. html。

2. 制作弹出窗口。要求打开一个新的浏览器窗口,在其中显示所指定的内容,网页设计者可指定该新窗口尺寸、是否可调节大小、是否有菜单等属性。

(1) 选择菜单"窗口"→"行为"命令,显示"行为"面板,如图 10-10 所示。

(2) 单击选择"标签选择器"上的〈body〉标签,单击"行为"面板中的"+"添加行为按钮,在弹出的菜单中选

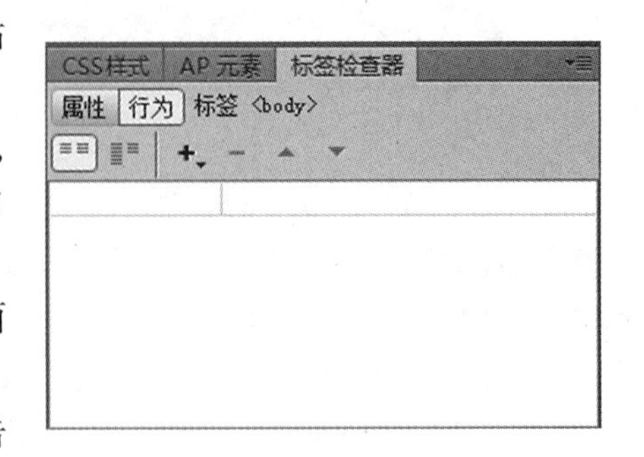

图 10-10 "行为"面板

择“打开浏览器窗口”命令，如图 10－11 所示。

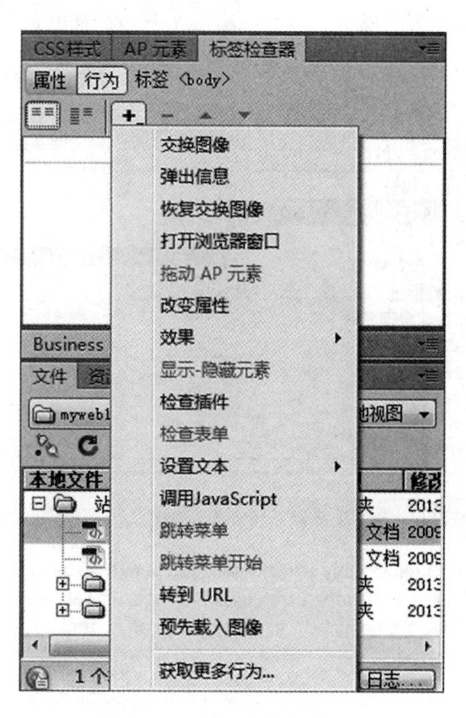

图 10－11　添加行为

（3）在“打开浏览器窗口”对话框中进行如图 10－12 所示的设置。

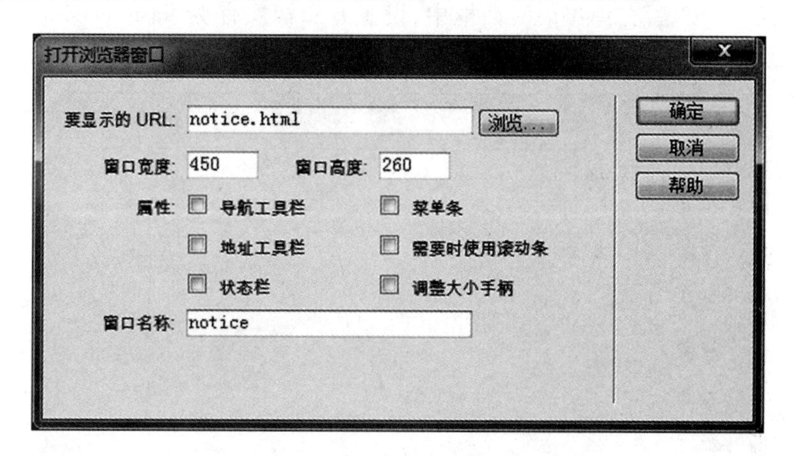

图 10－12　设置“打开浏览器窗口”对话框

（4）可以看到“行为”面板中新增“打开浏览器窗口”行为，该行为的事件为 onLoad，即当页面加载时打开浏览器窗口，如图 10－13 所示。

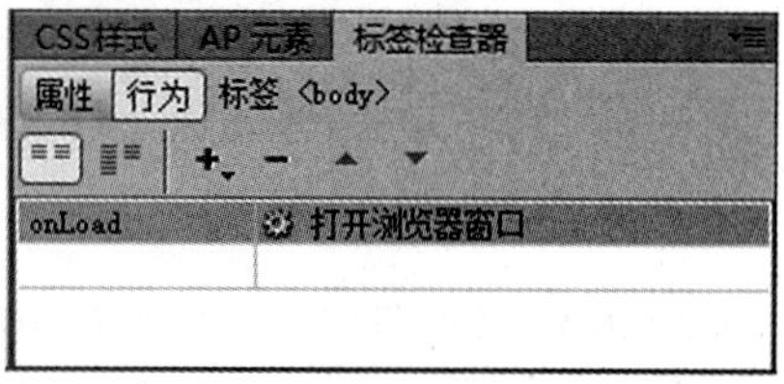

图 10－13　“打开浏览器窗口”行为对应事件

（5）在浏览器中预览效果，观察变化。

3. 播放声音。

“播放声音”行为用来播放声音和音乐文件，页面背景音乐和鼠标单击时的声音都可以用此行为设置。

（1）插入背景音乐：选择菜单“插入”→“标签”命令，在弹出的“标签选择器”对话框左边列表框中选择 “HTML 标签”，在右边列表框中选择“bgsound”标签，如图 10－14 所示。

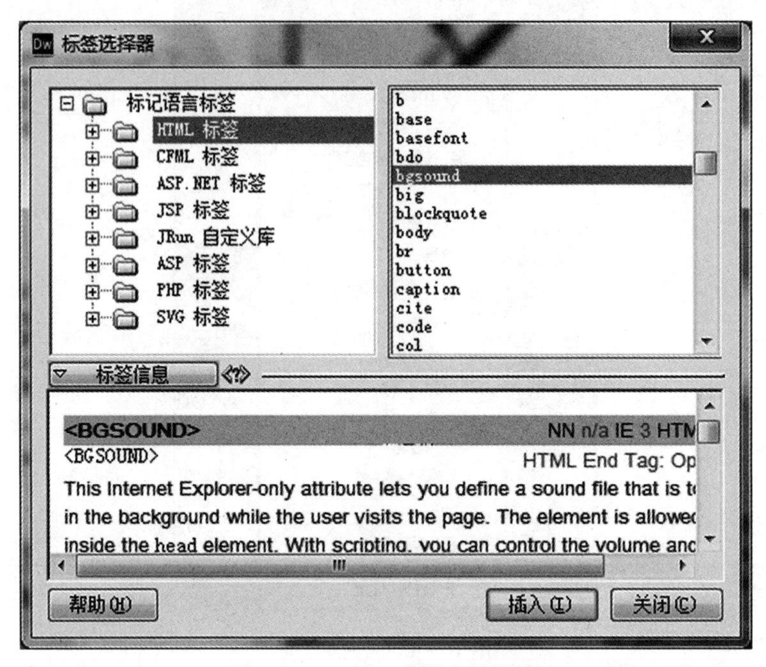

图 10－14　插入背景音乐设置

（2）单击“插入”按钮，在弹出的对话框中，设置音乐源文件为 flash/music1. mid，循环为 －1（无限循环），如图 10－15 所示。单击“确定”按钮，并关闭“标签选择器”对话框。

图 10－15　设置背景音乐属性

（3）在代码视图中找到代码“〈bgsound src = "flash/music1. mid" loop = " －1"/〉”，将其修改为“〈bgsound src = "flash/music1. mid" loop = " －1" id = "bgmusic"/〉”，即为背景音乐加上 ID 为

“bgmusic”。

(4) 在网页左侧“播放”和“停止”两个图片上,分别设置超链接“#”。

(5) 选择“停止”图片,单击右键,选择“编辑标签(E)〈img〉…”,设置“onClick”事件的代码为 bgmusic. src = "",如图 10 - 16 所示。

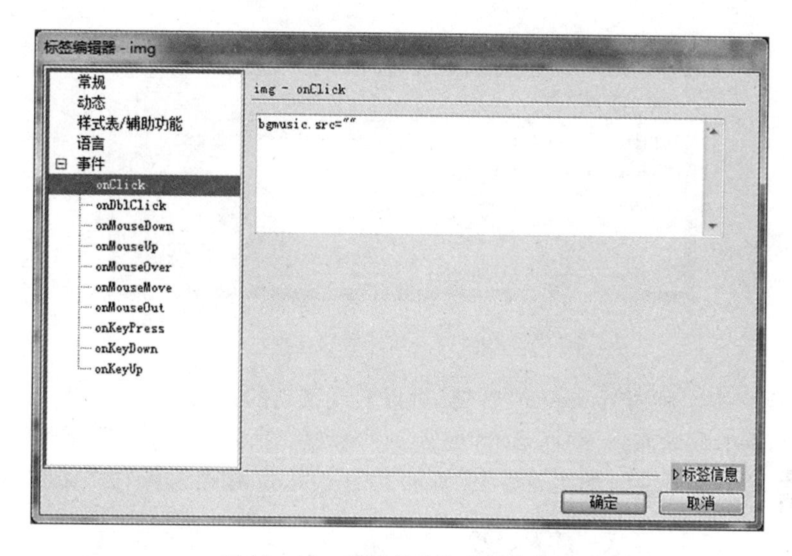

图 10 - 16 背景音乐停止播放代码

(6) 同样的方法,设置“播放”图片的“onClick”事件代码为:bgmusic. src = "flash/music1. mid"。

(7) 在浏览器中预览效果,发现“播放”和“停止”两个图片按钮多出了边框,进入代码视图,在图片的〈img〉标签代码中加入:border = "0",如图 10 - 17 所示。

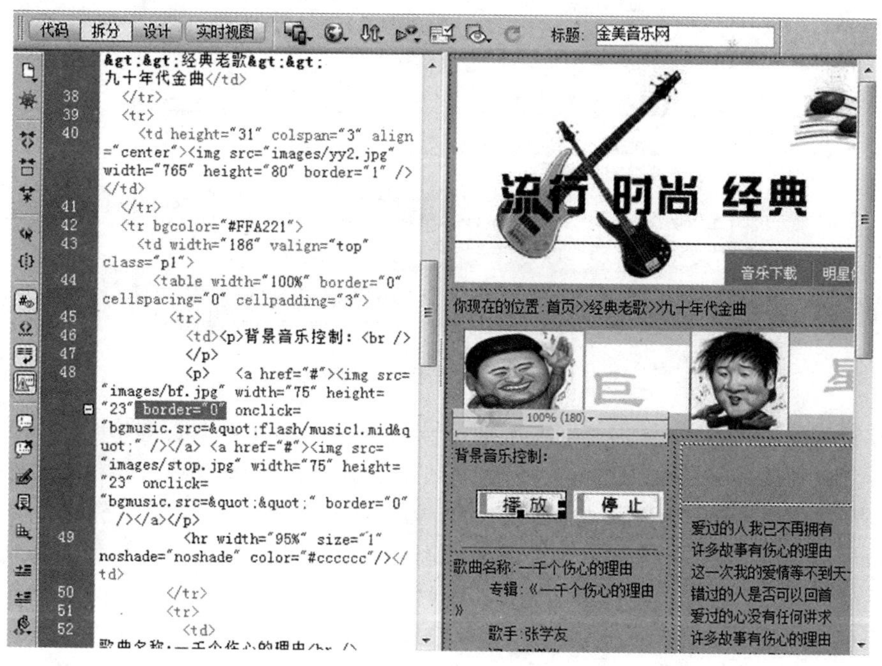

图 10 - 17 设置图片边框为“0”

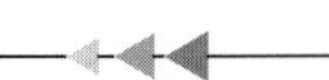

(8) 在歌曲标题《一千个伤心的理由》下面,插入在线音乐:单击菜单"插入"→"媒体"→"插件"命令,选择文件为:flash/sxdly. mp3。

(9) 设置插件属性:宽为400,高为45,单击"参数"按钮,设置不自动播放(即 autostart 参数值为 false),如图 10-18 所示。

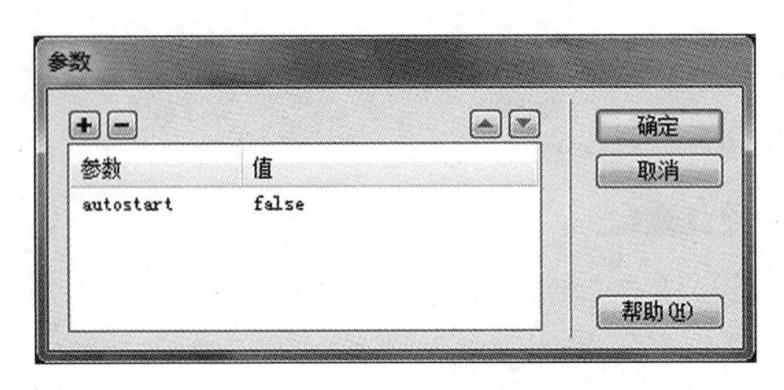

图 10-18　插件属性设置

4. 制作滚动文本。利用"marquee"标签,可以实现滚动的效果。

(1) 选中网页中歌词部分,选择菜单"插入"→"标签"命令,在"标签选择器"对话框中,选择"HTML 标签"中的"marquee",如图 10-19 所示,单击"插入"按钮,再单击"关闭"按钮。

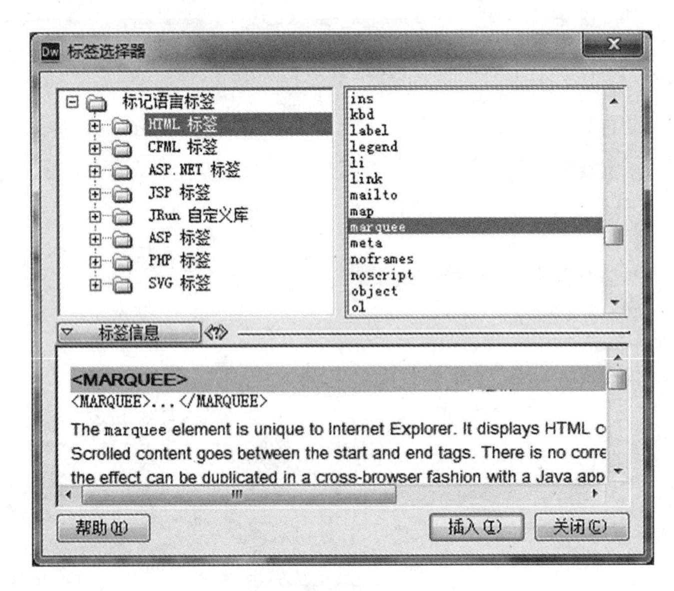

图 10-19　设置歌词部分滚动

(2) 预览效果后,发现默认由右向左滚动,所以需要对"marquee"的属性进行具体的设置。

① 选择"标签选择器"上的"marquee"标签,在右侧面板组中的"标签检查器"面板中设置如图 10-20 所示属性。direction(滚动字幕的方向)为由下向上,height(滚动字幕的高度)为 350 像素, scrollamount(设置每个连续滚动文本后面的间隔)为 2 像素,scrolldelay(设置两次滚动操作之间的间隔时间)为 5 毫秒。并在最后 width 属性的下面一行,手动输入事件:onmouseover, 动作:this. stop( ),输入完毕按回车键,设置鼠标移入该区域时停止滚动。同样方法,输入事件:onmouseout,动作:this. start( ) ,输入完毕按回车键,设置鼠标移出该区域时继续滚动。

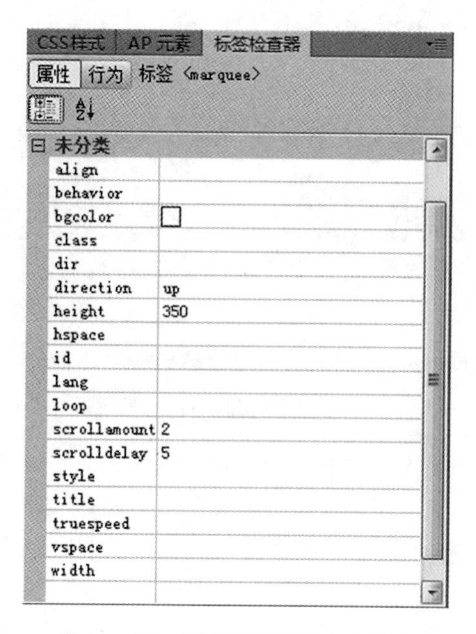

图 10－20 设置歌词部分滚动属性

② 选择“marquee”标签，切换到“代码”视图，发现其代码为：

```
<marquee direction = "up" height = "350" scrollamount = "2" scrolldelay = "5" onmouseover
= "this.stop()" onmouseout = "this.start()" >。
```

③ 在浏览器中预览效果。

5. 制作弹出消息框。“弹出信息”行为将用于显示一个指定的 JavaScript 提示信息框。该提示信息是提供给浏览者信息的，浏览者不能做出选择，也不能控制信息框的外观，只有一个“确定”按钮，其外观取决于浏览器属性。

单击顶部图片 yy.jpg，在“行为”面板中设置 onClick 事件的“弹出信息”行为，如图 10－21 所示。

图 10－21 设置弹出消息框

6. 设置状态文本。“设置状态栏文本”行为可在浏览器窗口底部左侧的状态栏中显示消息。例如可以使用此行为在状态栏中说明链接的目标而不是显示链接的 URL。

设置如下:在“行为”面板中添加〈body〉的 onLoad 事件的“设置状态栏文本”行为,如图10－22 所示。

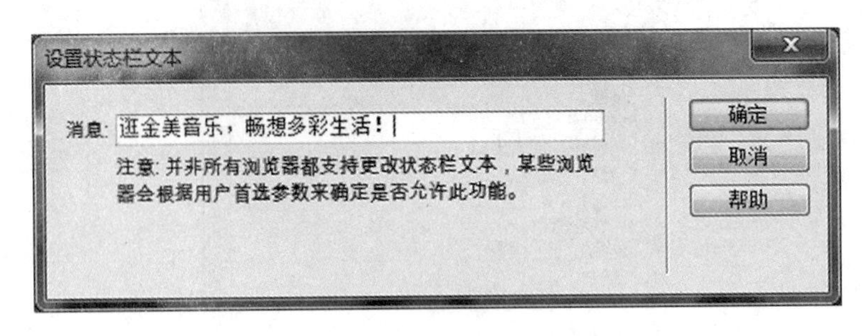

图 10－22　设置状态栏文本属性

7. 设置导航栏图像。“设置导航栏图像”行为用于将某个图像变为导航条图像,也可更改导航条中图像的显示和动作。使用“设置导航栏图像”行为,可以实现选择“插入”→“图像对象”→“鼠标经过图像”菜单命令一样的功能。

(1) 在表格第一行网页 Banner 下再插入一行。

(2) 单击菜单“插入”→“图像对象”→“鼠标经过图像”命令,如图 10－23 所示进行设置。

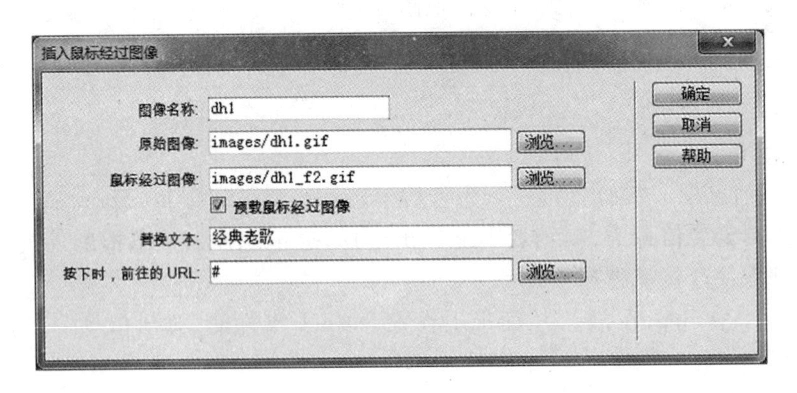

图 10－23　设置导航栏图像

设置导航部分第一张图片的超链接效果,当鼠标经过图像时,换了一张亮色的图像,形成鼠标划过超链接时变色的效果。注意:设置过超链接后,预览时图片出现默认边框,在〈img〉标签代码中,将图片边框属性(border)改为 0,即 border = "0"。

此时“行为”面板出现两个动作,如图 10－24 所示。

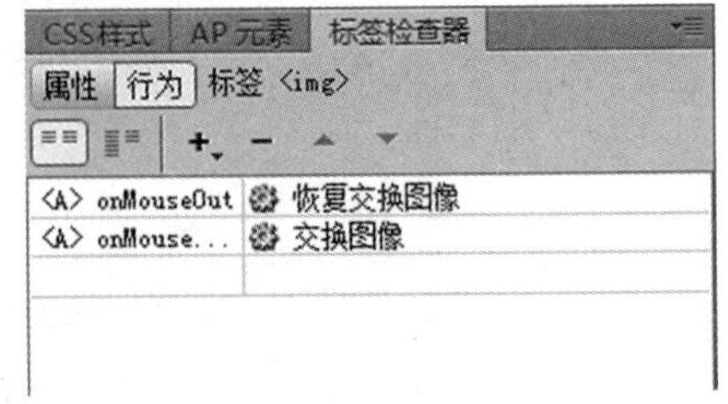

图 10－24　“行为”面板出现的两个动作

(3) 以同样的操作,插入其他图像对象,形成如图 10－25 所示效果。

8. 利用 Spry 菜单栏制作导航条。通过使用 Spry 菜单栏,制作带有下拉性质的导航条。

(1) 将步骤 7 完成的 yinyue. html 网页另存在站点根目录下,文件名为 yinyue1. html。

图 10－25 设置导航栏图像后的效果

(2) 打开 yinyue1. html 文件,删除导航栏图像,并插入 Spry 菜单栏,方法是:单击“插入”面板“布局”分类中的“Spry 菜单栏”,在弹出的“Spry 菜单栏”对话框中选择“水平”布局,并确定,则在导航栏位置出现菜单栏,如图 10－26 所示。

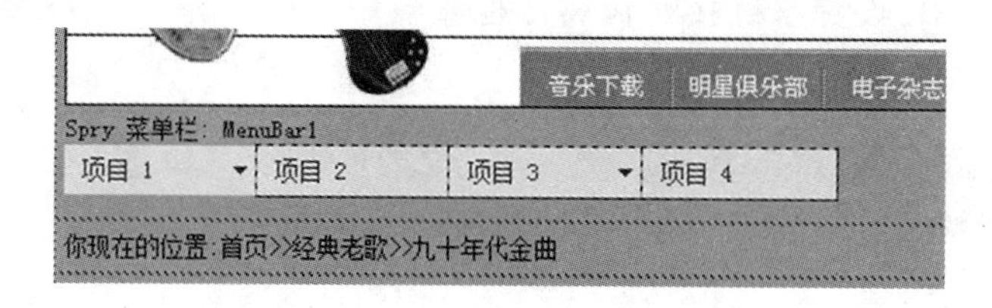

图 10－26 插入 Spry 菜单栏

(3) 设置 Spry 菜单栏属性。光标定位于网页中的“项目 1”,修改文本为“经典老歌”,注意不要更改原来的样式;同样方法,修改“项目 2”、“项目 3”、“项目 4”为“摇滚天地”、“日韩流行”、“流行金曲”。鼠标单击网页中“Spry 菜单栏:MenuBar1”部分,则选中整个 Spry 菜单栏,在属性检查器中,单击第一列上方的加号按钮,可以增加主菜单项(单击减号按钮则删除主菜单项),并利用其右侧的三角符号上移或下移,以调整主菜单顺序,利用此方法加入“FLASH”主菜单项,最后完成的主菜单如图 10－27 所示。

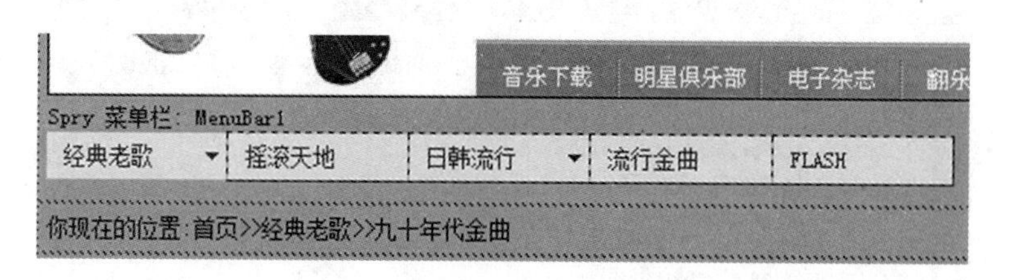

图 10－27 设置 Spry 主菜单属性

(4) 选中整个 Spry 菜单栏,在属性检查器中,单击第一列“经典老歌”,在第二列中选中“项目 1.1”,将其文本修改为“九十年代”(也可直接在网页中修改文本),如图 10－28 所示。同样方法,选中“项目 1.2”,将其文本修改为“八十年代”,利用第二列上方的加号或减号按钮增加或删除项目,最后完成的二级菜单如图 10－29 所示。用同样的方法为“摇滚天地”、“日韩流行”、“流行金曲”加入和经典老歌相同内容的二级菜单。

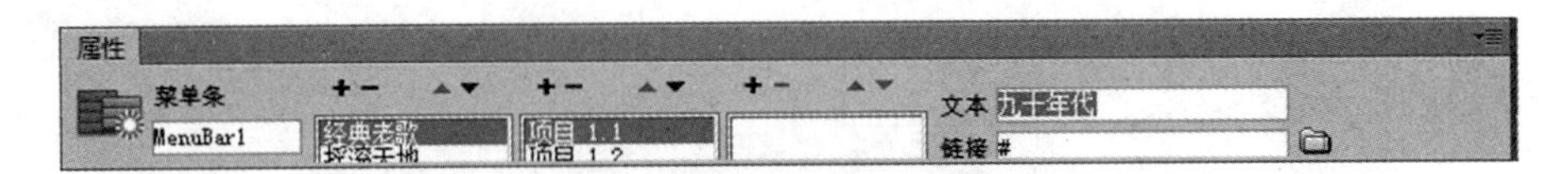

图 10－28　设置 Spry 二级菜单属性

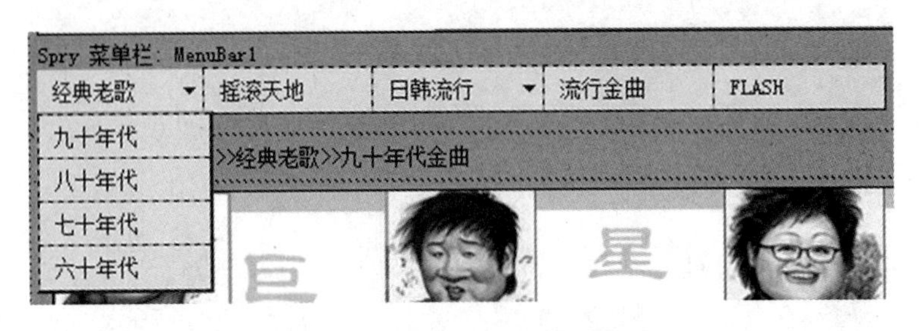

图 10－29　完成二级菜单后的效果

（5）为菜单“FLASH”设置超链接。在属性检查器中，选中第一列“FLASH”，设置其超链接属性：flash. html，如图 10－30 所示。

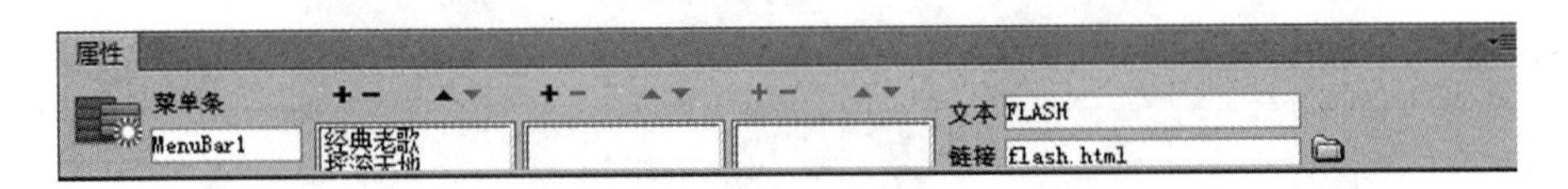

图 10－30　为菜单“FLASH”设置超链接

（6）修改 Spry 菜单栏的 CSS 样式。浏览 yinyue. html，会弹出如图 10－31 所示的对话框，单击“确定”按钮，此时，站点下将添加“SpryAssets”文件夹；浏览 yinyue. html 页面时鼠标移动到“流行金曲”，则显示其下拉菜单，效果如图 10－32 所示。打开“CSS 样式”面板，找到“SpryMenuBarHorizontal. css”样式中的“ul. MenuBarHorizontal a”规则，修改其背景颜色为“#FFA221”，则 Spry 菜单栏的背景色发生变化，如图 10－33 所示。大家还可尝试修改更多 CSS 样式，使菜单栏更加美观。

图 10－31　浏览 yinyue. html 时弹出的对话框

图 10－32　鼠标移动到“流行金曲”时显示的下拉菜单

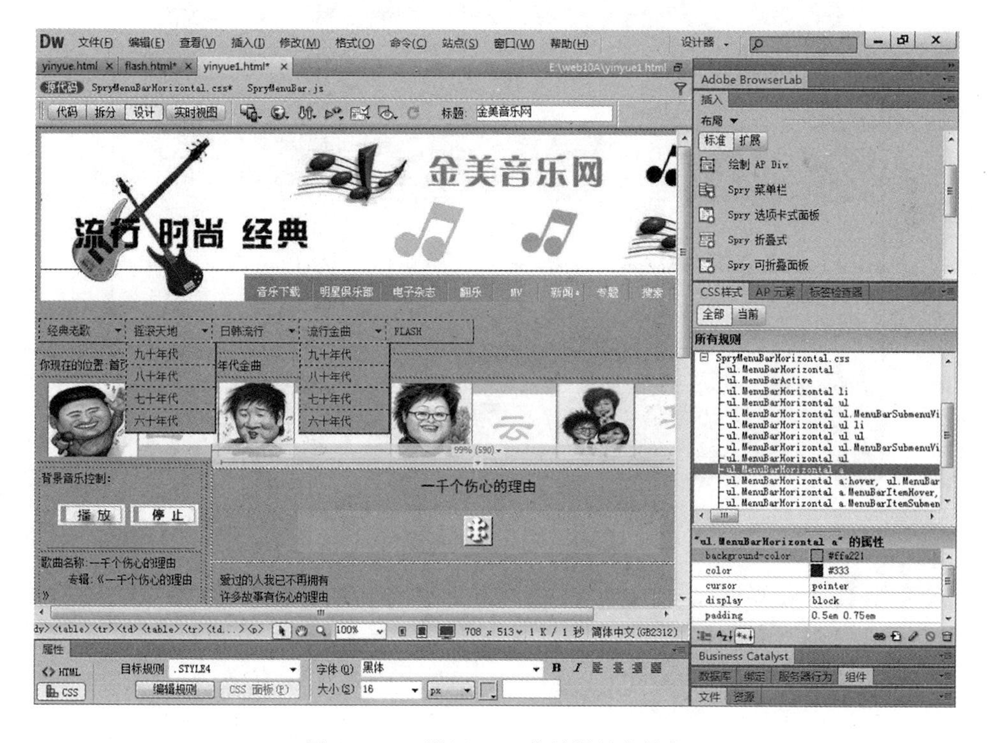

图 10－33　设置 Spry 菜单栏的背景色

9. 控制 Flash 动画的播放和停止。

（1）在站点下新建文件 flash. html。

（2）打开 flash. html，在网页中插入“媒体：FLASH”，源文件为：flash/siji. swf，设置 ID 为“siji”。

（3）在浏览器中预览效果。

（4）在网页中添加菜单栏，控制 Flash 播放。使用前面添加和设置 Spry 菜单栏的方法，插入如图 10－34 所示的菜单栏。选中“播放”文本，并单击“标签选择器”中的“〈a〉”标签，对“播放”单击鼠标右键，在弹出的快捷菜单中选择“编辑标签”，如图 10－35 所示；选择“onClick”事件，并添加代码：siji. play( )，如图 10－36 所示，单击“确定”按钮，弹出对话框，再单击“确定”按钮。同样的方法，为停止菜单的“onClick”事件添加代码：siji. stop( )。

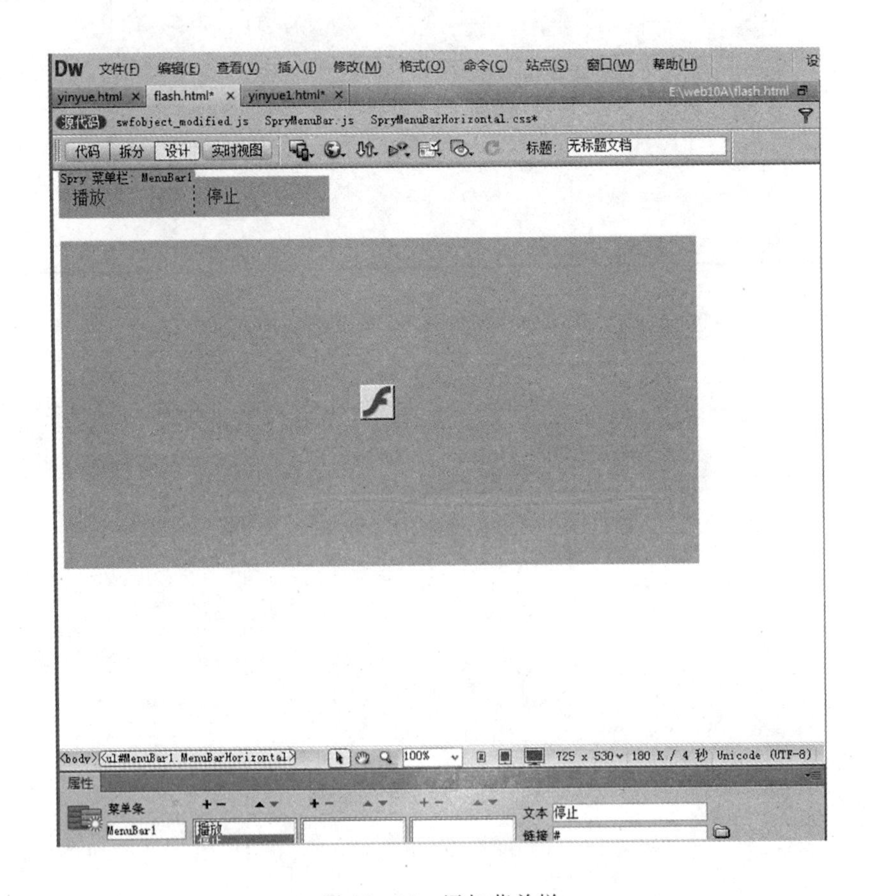

图 10－34　添加菜单栏

（5）在浏览器中预览效果。预览 yinyue. html 文件，单击菜单“FLASH”，则打开 flash. html 文件，单击“停止”菜单，则 Flash 动画暂停播放，单击“播放”菜单，则 Flash 动画继续播放。

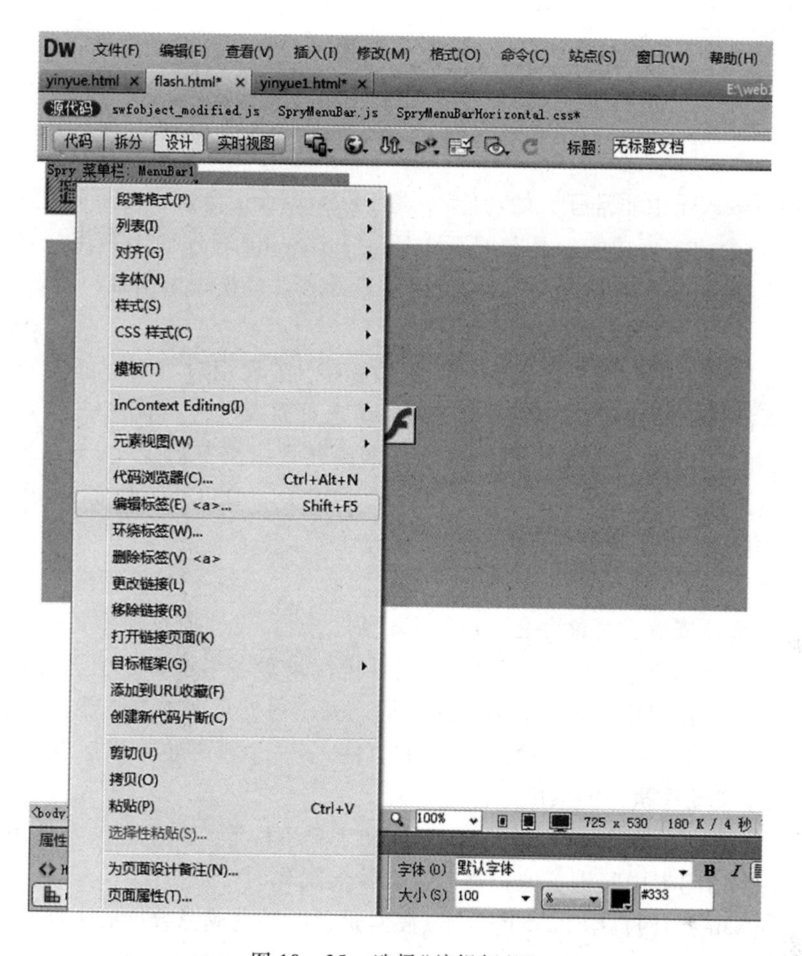

图 10－35 选择“编辑标签”

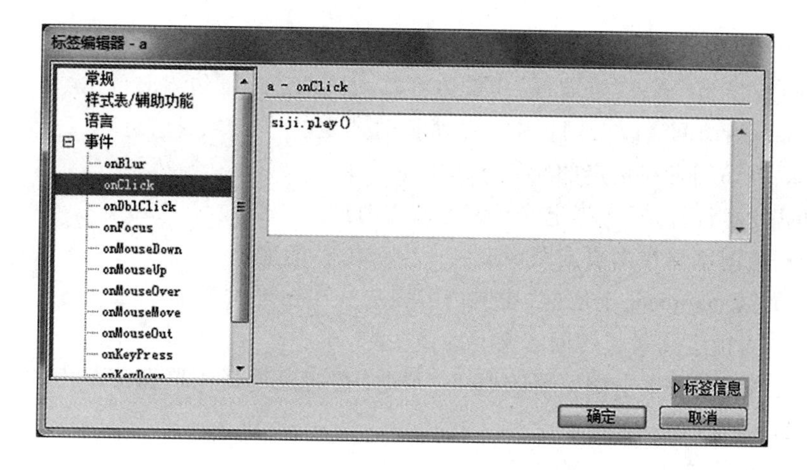

图 10－36 为“播放”菜单添加代码

相关知识

一、行为概述

行为是 Dreamweaver 中非常强大的功能，也是 Dreamweaver 受到广大网页设计爱好者欢迎的主要内容之一。行为的主要功能就是在网页中插入 JavaScript 程序而无须用户自己动手编写代码，通过使用行为，可以提高网站的交互性，使网页设计人员轻松地做出多种网页特效。

1. 行为

行为，就是在网页中进行一系列动作，通过这些动作实现用户与页面的交互。利用 Dreamweaver 的行为，不需要书写代码就可以实现丰富的动态页面效果，达到用户与页面交互的目的。

行为是事件和由该事件触发的动作的组合。事件通常由浏览器定义，可以被附加到各种页面元素对象中，常见的有 onMouseOver、onMouseOut、onClick、onDblClick 和 onLoad 等；动作通常是一段 JavaScript 程序，利用这段程序可以完成相应的任务。

2. 事件

一般情况下，事件依赖于对象存在，要应用某事件，就要先选中页面中的对象。比如要对一个图像使用 onMouseOver 事件，则应先选中图像，再进行设置。当然每一个页面元素所能发生的事件也不尽相同，如图像和层的事件就有许多不同之处。另外页面本身也能发生事件，如 onLoad（页面被打开的事件）和 onUnload（页面关闭时的事件）。一个事件也可以触发许多动作，可以通过时间的设定来定义动作执行的顺序。

事件一般分为窗口事件、鼠标事件、键盘事件和表单事件等。以下是一些常用事件：

- onAbort：当访问者中断浏览器正在载入图像的操作时产生。
- onAfterUpdate：当网页中 bound（边界）数据元素已经完成源数据的更新时产生。
- onBeforeUpdate：当网页中 bound（边界）数据元素已经改变并且就要和访问者失去交互时产生。
- onBlur：当指定元素不再与访问者交互时产生。
- onBounce：当 marquee（选取框）中的内容移动到该选取框边界时产生。
- onChange：当访问者改变网页中的某个值时产生。
- onClick：当访问者在指定的元素上单击时产生。
- onDblClick：当访问者在指定的元素上双击时产生。
- onError：当浏览器在网页或图像载入产生错位时产生。
- onFinish：当 marquee（选取框）中的内容完成一次循环时产生。
- onFocus：当指定元素与访问者交互时产生。
- onHelp：当访问者单击浏览器的 Help（帮助）按钮或选择浏览器菜单中的 Help（帮助）菜单项时产生。
- onKeyDown：当按下任意键时产生。
- onKeyPress：当按下和松开任意键时产生。此事件相当于把 onKeyDown 和 onKeyUp 这两个事件合在一起。

- onKeyUp:当按下的键松开时产生。
- onLoad:当图像或网页载入完成时产生。
- onMouseDown:当访问者按下鼠标时产生。
- onMouseMove:当访问者将鼠标在指定元素上移动时产生。
- onMouseOut:当鼠标从指定元素上移开时产生。
- onMouseOver:当鼠标第一次移动到指定元素时产生。
- onMouseUp:当鼠标弹起时产生。
- onMove:当窗体或框架移动时产生。
- onReadyStateChange:当指定元素的状态改变时产生。
- onReset:当表单内容被重新设置为默认值时产生。
- onResize:当访问者调整浏览器或框架大小时产生。
- onRowEnter:当 bound(边界)数据源的当前记录指针已经改变时产生。
- onRowExit:当 bound(边界)数据源的当前记录指针将要改变时产生。
- onScroll:当访问者使用滚动条向上或向下滚动时产生。
- onSelect:当访问者选择文本框中的文本时产生。
- onStart:当 Marquee(选取框)元素中的内容开始循环时产生。
- onSubmit:当访问者提交表格时产生。
- onUnload:当访问者离开网页时产生。

不同类型的浏览器所支持的事件数量不同,版本越高,所支持的事件数量也会越多。

3. 动作

当某个事件发生时,动作即被执行,动作可以被附加到链接、图像、表单及其他页面元素甚至整个文档中,也可以为每个事件指定多个动作,动作根据在“行为”面板的“动作”列中显示的顺序依次发生。

Dreamweaver 中提供了很多动作,这些动作其实就是标准的 JavaScript 程序,每个动作可以完成特定的任务。如果所需要的功能在这些动作中,就不要自己编写 JavaScript 程序了。

二、行为的基本操作

要使用行为,首先要确定对哪个元素添加这个行为,添加行为的一般步骤是:选择对象→添加动作→调整事件。

1. 认识“行为”面板

“行为”面板如图 10 - 37 所示,单击按钮可以显示已经设置的事件,如果想查看浏览器可以设置哪些事件,可以单击“行为”面板中的“显示所有事件”按钮。“ + ”和“ - ”按钮可以新增和删除行为,向上和向下箭头按钮可以在事件相同的情况下调整其动作发生的先后次序。

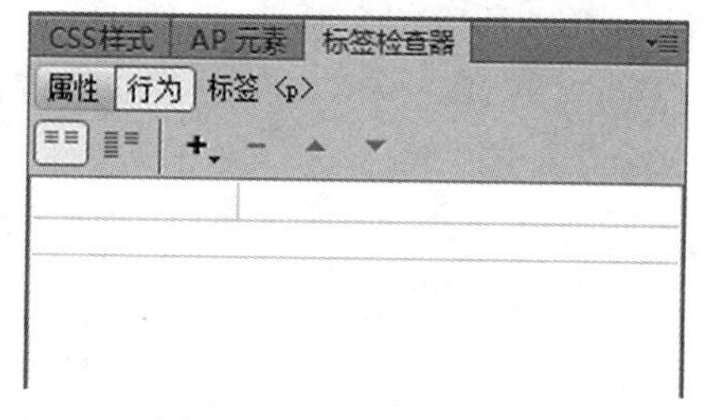

图 10 - 37 “行为”面板

2. 添加、修改和删除行为

(1) 添加行为

打开“行为”面板,选中需添加行为的对象后,单击“ + ”,就可以在不同类型的浏览器中根据需要将行为附加到整个文档、链接、图像、表单对象或任何其他的 HTML 元素中。

(2) 修改行为

选择需要添加行为的对象。按 Shift + F4 键打开“行为”面板,在其“动作”列表中双击要修改的行为动作或将其选择并按回车键。

(3) 删除行为

在“行为”面板中选择要删除的行为。单击面板中“删除事件”按钮 - ,或者直接按 Delete 键即可。

(4) 获取更多的行为

Dreamweaver 自带的行为比较少,如果想获取更多的行为可以从 Adobe 公司和其他第三方的开发网站下载。在“行为”下拉列表中选择“获取更多的行为”选项,则会打开 Adobe 公司官方网站提供的行为下载页面。

三、Spry 框架

Spry 框架是一个 JavaScript 库,Web 设计人员使用它可以构建向站点访问者提供更丰富体验的网页。有了 Spry,就可以使用 HTML、CSS 和极少量的 JavaScript 将 XML 数据合并到 HTML 文档中,创建 Widget(Widget 是以 DHTML 和 JavaScript 等语言编写的小型 Web 应用程序,可以在网页内插入和执行),如折叠 Widget 和菜单栏等,向各种页面元素中添加不同种类的效果。Spry Widget 由以下几个部分组成:

- Widget 结构:用来定义 Widget 结构组成的 HTML 代码块。
- Widget 行为:用来控制 Widget 如何响应用户启动事件的 JavaScript。
- Widget 样式:用来指定 Widget 外观的 CSS。

Spry 框架支持一组用标准 HTML、CSS 和 JavaScript 编写的可重用 Widget。用户可以方便地插入这些 Widget(采用最简单的 HTML 和 CSS 代码),然后设置 Widget 的样式。Spry 框架行为包括允许用户执行下列操作的功能:显示或隐藏页面上的内容、更改页面的外观(如颜色)、与菜单项交互等。

Spry 框架中的每个 Widget 都与唯一的 CSS 和 JavaScript 文件相关联。CSS 文件中包含设置 Widget 样式所需的全部信息,而 JavaScript 文件则赋予 Widget 功能。当使用 Dreamweaver 界面插入 Widget 时,Dreamweaver 会自动将这些文件链接到页面,以便 Widget 中包含该页面的功能和样式。

与给定 Widget 相关联的 CSS 和 JavaScript 文件根据该 Widget 命名,因此,很容易判断哪些文件对应于哪些 Widget(例如,与折叠 Widget 关联的文件称为 SpryAccordion. css 和 SpryAccordion. js)。当在已保存的页面中插入 Widget 时,Dreamweaver 会在站点中创建一个 SpryAssets 目录,并将相应的 JavaScript 和 CSS 文件保存到其中。

1. 插入 Spry Widget:选择菜单“插入”→“Spry”命令,选择要插入的 Widget。

插入 Widget 时，Dreamweaver 会在保存页面时自动在站点中包括所需的 Spry JavaScript 和 CSS 文件。还可以使用“插入”面板中的“Spry”类别插入 Spry Widget。

2. 选择 Spry Widget：将鼠标指针停留在 Widget 上，可以看到 Widget 的蓝色选项卡式轮廓。单击 Widget 左上角中 Widget 选项卡。

3. 编辑 Spry Widget：选择要编辑的 Widget，并在属性检查器中进行更改。

4. 设置 Spry Widget 的样式：在站点的 SpryAssets 文件夹中找到与该 Widget 相对应的 CSS 文件，并根据喜好编辑 CSS。还可以通过在“CSS”面板中编辑样式来设置 Spry Widget 的格式，与对页面上任何其他带样式元素所做的操作相同。

5. 获取更多 Widget：除了随 Dreamweaver 一起安装的 Spry Widget 外，还有更多 Web Widget 可供使用。Adobe Exchange 提供由其他创意专业人士开发的 Web Widget。从“应用程序”栏的“扩展 Dreamweaver”菜单中选择“浏览 Web Widget”即可查看这些 Web Widget。

项目总结

从本项目的学习中，我们知道：在 Dreamweaver 中，提供一种称为“行为”的机制，可以帮助我们构建页面中的交互行为。当对一个页面元素使用行为时，你可以指定动作和所触发的事件。在 Dreamweaver 中已经提供了一些确定的动作，你可以把它们应用在页面元素中，而无须另外编写代码。

行为的应用使得原本毫无生机的静态网页变得动感十足，鉴于其操作简单易学，本项目所有的知识点都尽量结合完整的实例进行讲解，这样不仅能掌握如何使用行为，同时也能对行为的应用方法与技巧有进一步了解，通过本项目的学习，相信读者已经对行为有了深刻的认识。

另外，行为的应用宜画龙点睛而非画蛇添足，一个页面中，行为不宜过多过滥，否则会使观者眼花缭乱，没有主次。恰当地运用行为，在必要的时候使用行为，这才是使用行为的正确方法。

Spry 框架是一个 JavaScript 库，Spry 框架支持一组用标准 HTML、CSS 和 JavaScript 编写的可重用 Widget。用户可以方便地插入这些 Widget（采用最简单的 HTML 和 CSS 代码），然后设置 Widget 的样式。

思考与深入学习

1. 添加“转到 URL”行为，试试看如何创建自动跳转页面。

2. 事件一般有哪些种类？能说出一些常用的事件吗？

3. 添加行为的一般步骤是怎样的？

4. 本项目学习了使用 Spry 菜单栏制作 yinyue. html 网页的导航条，请自行尝试使用 Spry 选项卡式面板制作网页导航条主菜单，并修改 CSS 样式。如图 10－38 所示为“经典老歌”菜单（其中年代内容设置了超链接），图 10－39 所示为“摇滚天地”菜单。

图 10－38 “经典老歌”菜单

图 10－39 “摇滚天地”菜单

11 项目 11 “南大堡蔬菜网”——模板的应用

学习目标

会根据实际要求创建模板，利用模板生成需要的各页面，会对模板进行修改并更新相关页面。

项目要求

分析各网页结构，搜集自学相关内容，运用模板知识创建“南大堡蔬菜网”网页。其中图 11－1 所示为首页，图 11－2 所示为“市场行情”页，图 11－3 所示为“蔬菜知识”页。

图 11－1 首页

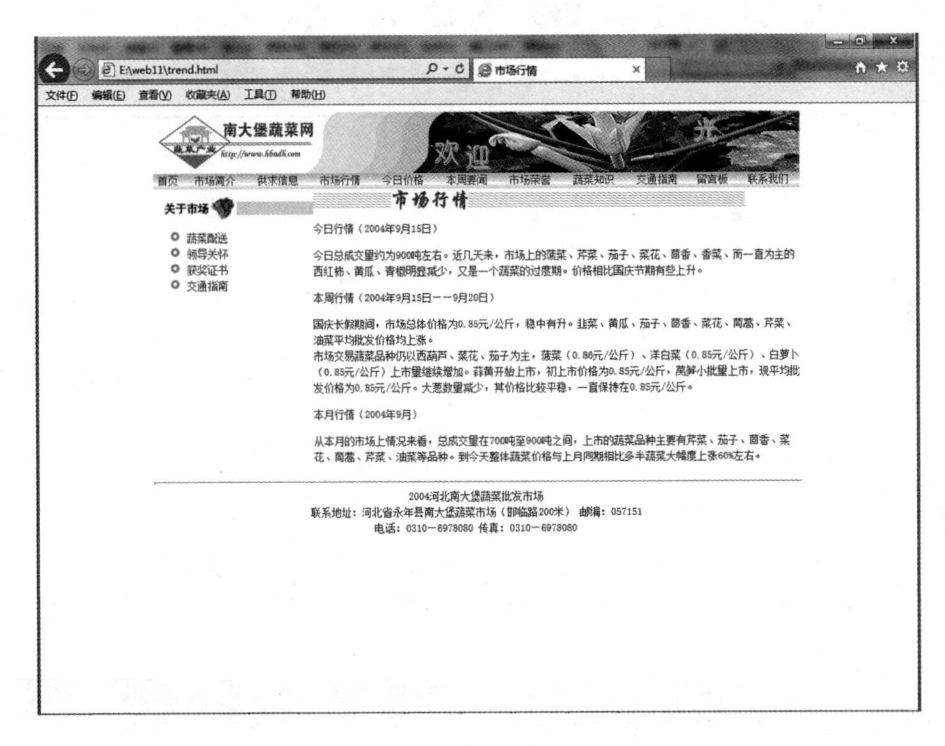

图 11－2 “市场行情”页

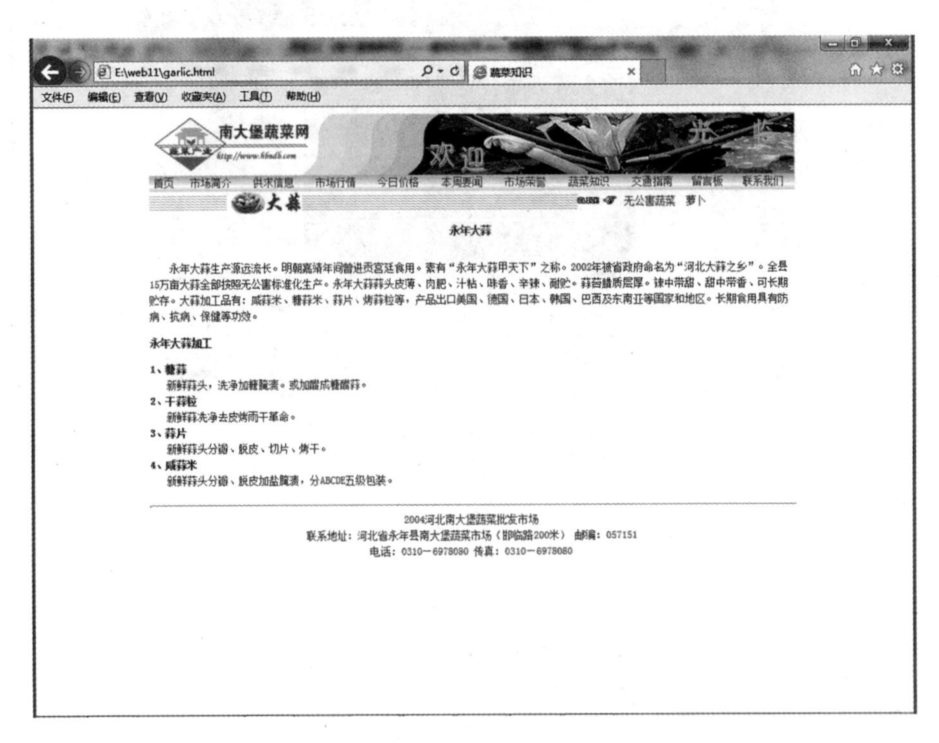

图 11－3 “蔬菜知识”页

项目分析

一个网站通常由许多页面组成，而这些页面往往风格、布局相同，如本项目的“南大堡蔬菜网”站点各页面。

使用模板可以提高网页制作的效率。本项目通过进行“南大堡蔬菜网”三个页面的制作，掌握使用模板制作风格相同的网页的方法。

完成本项目分三步：首先：创建“南大堡蔬菜网”网站的模板；然后：由模板生成各页面（应用模板）；最后：修改模板文件，设置页面之间的超链接，并更新基于模板的文件。

创建好的模板如图 11－4 所示（中间部分为可编辑区域，可先不定义）。

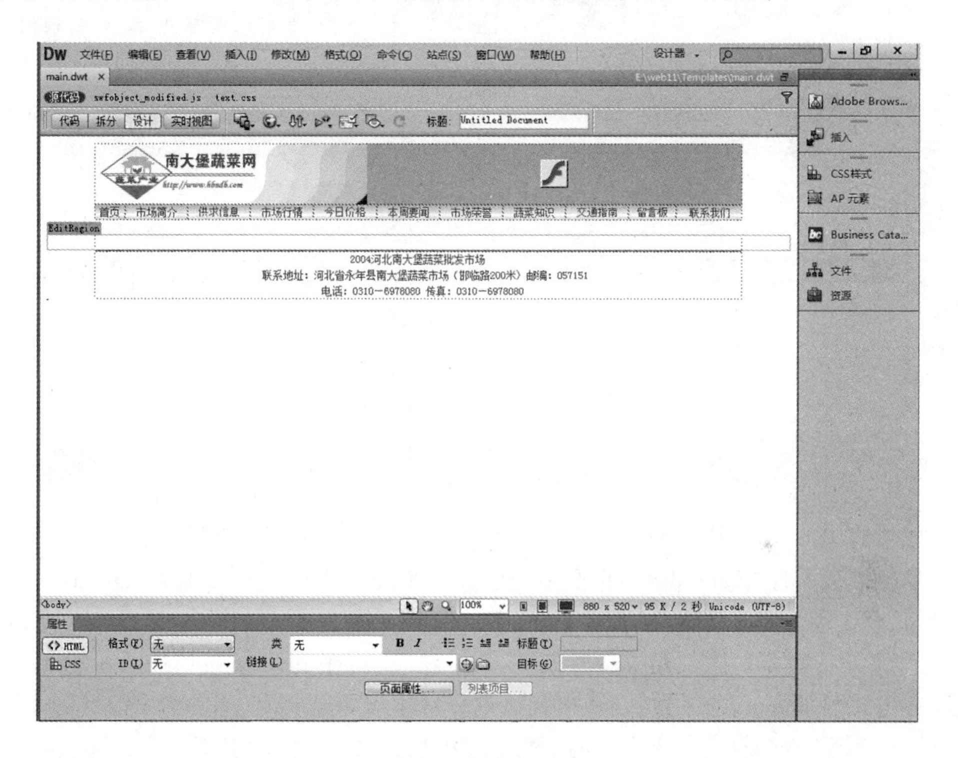

图 11－4 创建好的模板

探索学习

根据相关学习资料，探索创建模板操作。

操作步骤

1. 创建模板文件。

（1）在磁盘上创建 web11 文件夹（如在 E 盘下创建 web11 文件夹），在 web11 文件夹下再创建 images 文件夹，以存放网站中的图像。

(2) 编辑原先的站点 myweb:单击“站点”→“管理站点”命令,选择“myweb”,单击“编辑当前选定的站点”按钮,在弹出的“站点设置对象 myweb”对话框中进行设置,使本地根文件夹指向新建的 web11 文件夹,默认图像文件夹指向 web11\images 文件夹。

(3) 单击“资源”面板中的“模板”按钮,如图 11-5 所示;单击面板底部的“新建模板”按钮,如图 11-6 所示;将新建的模板命名,此处命名为“main”,如图 11-7 所示,此时,在“文件”面板中会自动多出“Templates”文件夹。

(4) 双击“main”,打开此空白模板文件,注意模板文件的扩展名为“dwt”。

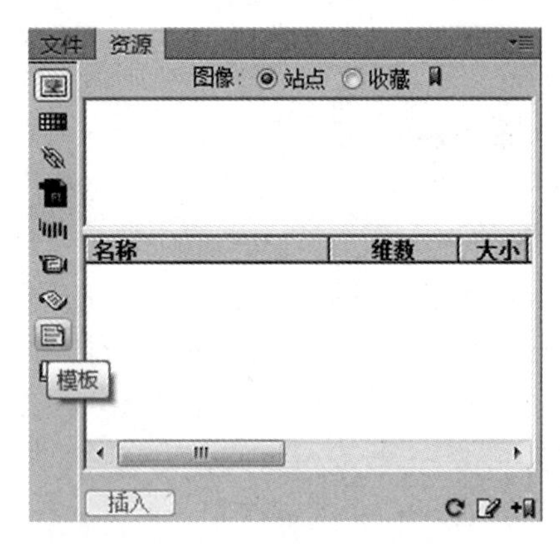

图 11-5 “资源”面板中的“模板”按钮

图 11-6 “新建模板”按钮

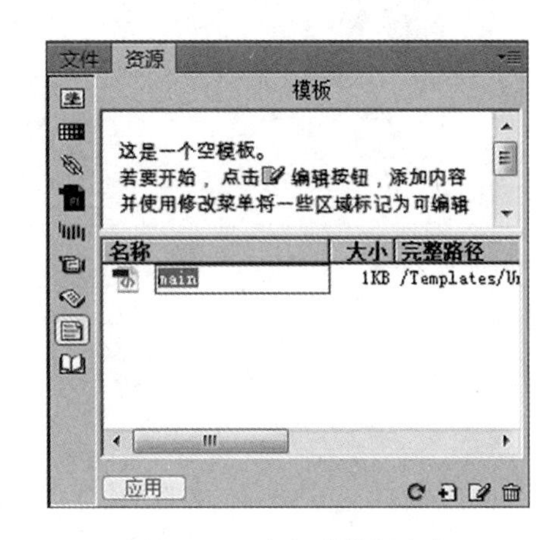

图 11-7 为新建模板命名

(5) 编辑模板文件“main. dwt”:按照一般网页的布局方法进行布局编辑。Banner 条:插入 1 行 3 列表格,整个表格宽为 752 px,居中对齐;第一个单元格宽度为 188 px,第二个单元格宽度为 129 px,三个单元格中分别插入相应图片及 Flash。导航栏:在 Banner 条后插入 1 行 11 列表格,宽度及对齐方式与 Banner 条一致,在各单元格中分别输入导航文本“首页”、“市场简介”、“供求信息”、“市场行情”、“今日价格”、“本周要闻”、“市场荣誉”、“蔬菜知识”、“交通指南”、“留言板”、“联系我们”。主体部分:在导航栏后插入 1 行 1 列表格,宽度及对齐方式与前面一致。版权信息:在主体部分后插入 2 行 1 列表格,宽度及对齐方式与前面一致,第一行插入一水平线,合理设置其宽度及高度,第二行按照图 11-1 输入版权文本“2004 河北南大堡蔬菜批发市场”、“联系地址:河北省永年县南大堡蔬菜市场(邯临路 200 米)邮编:057151”、“电话:0310—6978080 传真:0310—6978080”。

(6) 设置可编辑区域:选定主体部分表格,单击菜单“插入”→“模板对象”→“可编辑区域”命令,如图 11-8 所示,在弹出的“新建可编辑区域”对话框中定义名称,此处定义为“EditRegion”,单击“确定”按钮,则模板设置完成,效果如图 11-9 所示。以后依据此模板创建的页面只有可编辑区域(EditRegion),即主体部分可以进行编辑,其他部分只能通过修改模板进行编辑修改。

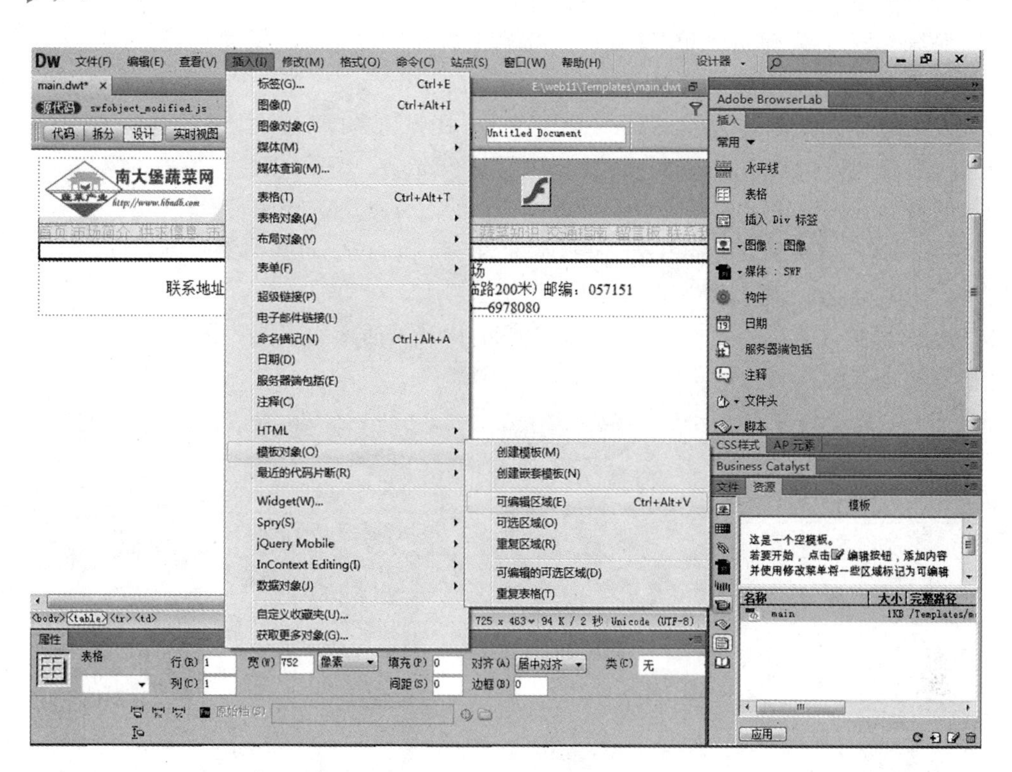

图 11-8 设置可编辑区域

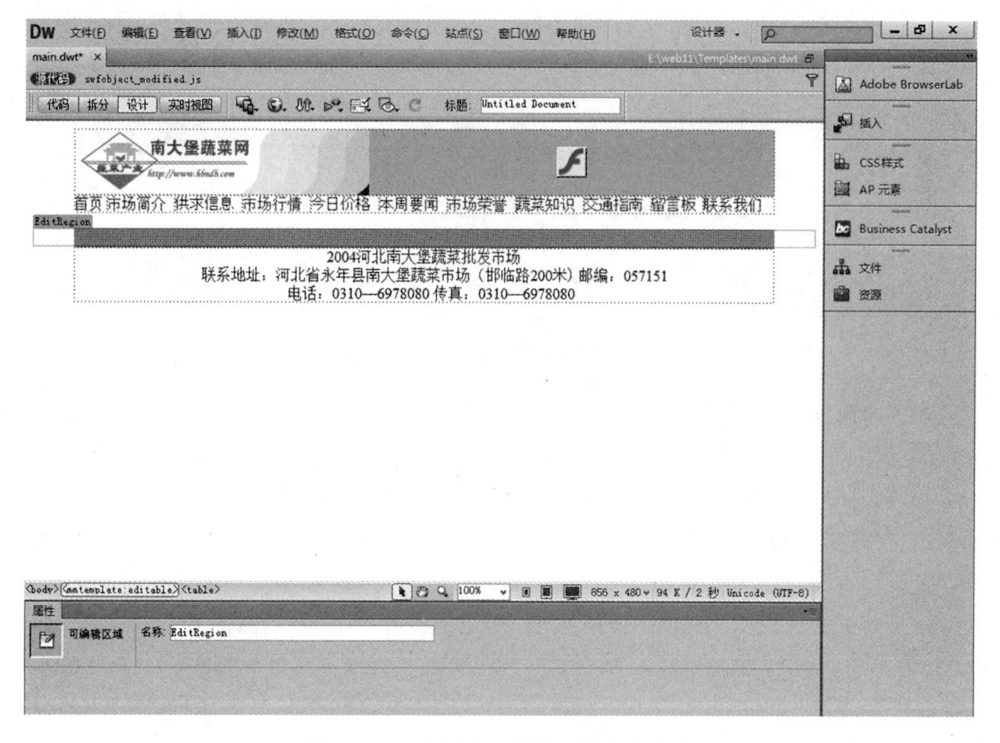

图 11-9 为新建可编辑区域定义名称

（7）保存模板文件：单击菜单“文件”→“保存”命令。

2. 由模板文件生成首页、“市场行情”页、“蔬菜知识”页。

（1）生成首页：单击菜单“文件”→“新建”命令，在弹出的“新建文档”对话框中，选择“模板中的页”选项，再选定相应站点（myweb）及相应模板（main），单击“创建”按钮，则生成一个具有模板内容的页面，此时，只能在可编辑区域对首页中的主体部分进行编辑操作，方法如下：

① 在可编辑区域中新建1行3列表格，宽度为752 px，居中对齐。第一列宽度为188 px，第二列宽度为391 px，第三列宽度为173 px。

② 在第一列内再插入4行1列表格，表格宽度100%，插入相应图片，输入相应文本（为第二个单元格中的文本设置项目列表），如图11－10所示。

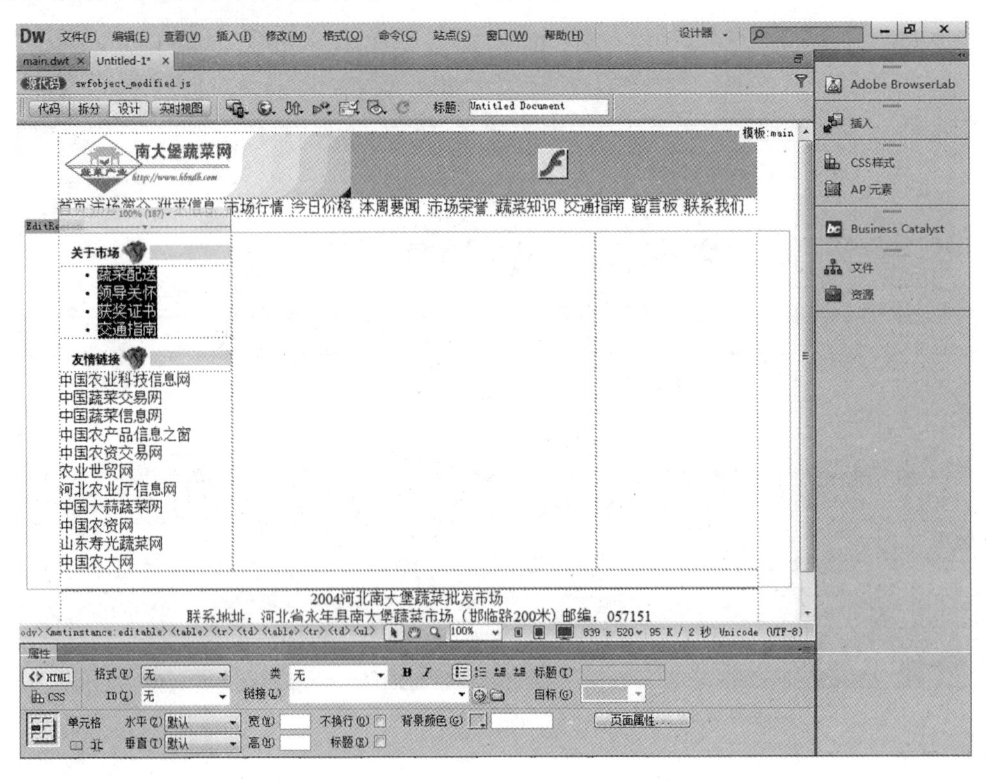

图11－10 设置首页主体部分左侧内容

③ 在第二列内插入4行1列表格，表格宽度为367 px，居中对齐，在各单元格中插入相应图片，输入相应文本，如图11－11所示。（想一想：为什么表格宽度设置为367 px？）

④ 图11－11所示网页中，第一列与第二列内容位置顶端不齐，设置三列单元格垂直对齐为“顶端”，方法是选定最外面表格的标签〈tr〉，在属性检查器中将垂直设置为“顶端”，结果如图11－12所示。

⑤ 在第三列插入3行1列表格，表格宽度100%，插入相应图片，输入相应文本，如图11－13所示。

⑥ 将文件保存为“index. html”，为网页添加标题，并浏览网页效果，如图11－14所示。注意此页面没有设置格式，想一想：如何用CSS样式对其格式进行控制？

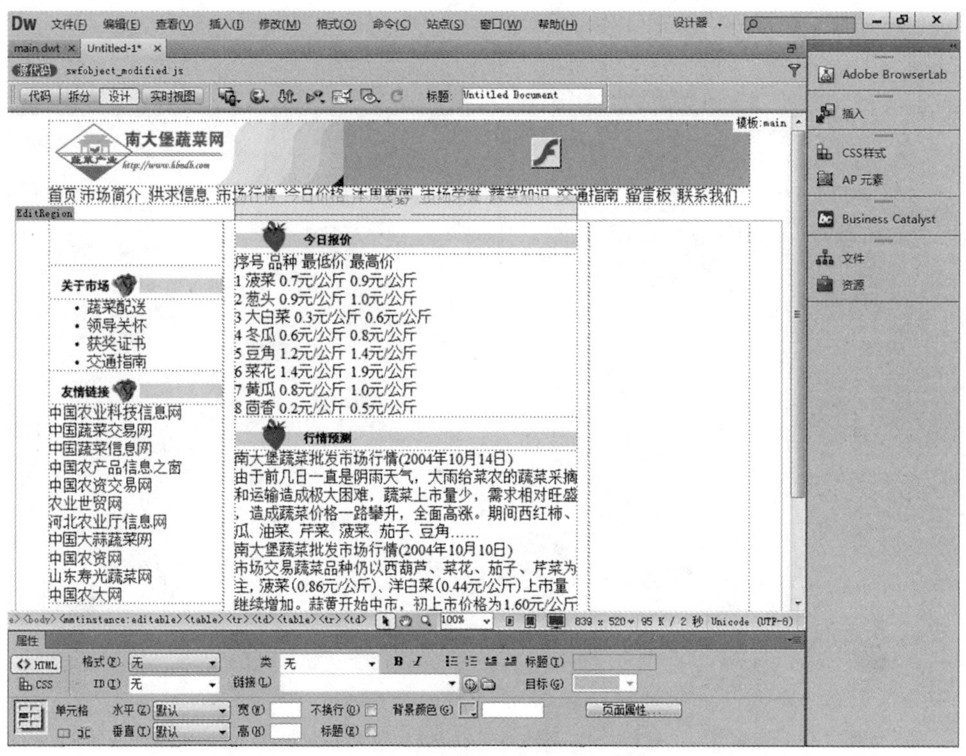

图 11－11 设置首页主体部分中间内容

图 11－12 设置三列单元格垂直对齐方式

图 11－13 设置第三列内容

图 11－14 浏览网页的效果

⑦ 页面文本格式设置:模板部分文本格式必须在模板文件中设置 CSS 样式,对于可编辑区域,如果几个页面可编辑区域内容格式相同,则可在模板中设置 CSS 样式,否则在页面中分别设置 CSS 样式。本项目 CSS 样式的设置方法如下:

(a) 建立一个 text. css 样式文件保存到站点的 CSS 文件夹下:单击“文件”→“新建”→“空白页”命令,“页面类型”选择“CSS”,单击“创建”按钮,再单击“文件”→“保存”命令,将样式文件保存在站点下的 CSS 文件夹中(注意:事先在 web9 文件夹下建立 CSS 文件夹)。在“CSS 样式”面板中,依照以前学习的创建 CSS 样式的方法,创建如下 CSS 样式(注意:规则定义的位置为“仅限该文档”。想一想:为什么?):

- 在 text. css 文件中重定义标签 table 的 CSS 样式:在“类型”分类中设置字体为宋体,大小为 12 像素,行高为 18 像素,颜色为#26624A,修饰为“无”,背景颜色为#FFFFFF。
- 在 text. css 文件中定义高级样式 a:link 的 CSS 样式:在“类型”分类中设置字体为宋体,大小为 12 像素,行高为 15 像素,颜色为#26624A,修饰为“无”;在“区块”分类中设置文本对齐为居中。
- 在 text. css 文件中定义高级样式 a:visited 的 CSS 样式:在“类型”分类中设置字体为宋体,大小为 12 像素,行高为 15 像素,颜色为#26624A,修饰为“无”。
- 在 text. css 文件中定义高级样式 a:hover 的 CSS 样式:在“类型”分类中设置字体为宋体,大小为 12 像素,行高为 15 像素,颜色为#CC0000,修饰为下划线。

(b) 保存样式文件 text. css 并将其链接到模板 main. dwt 中:打开 main. dwt 文件,附加样式表文件 text. css,此时发现模板文件内容的格式发生变化。

(c) 在模板 main. dwt 文件中重定义标签 body 的 CSS 样式:背景颜色为#CCCCCC,“方框”分类中的上、下、左、右边界全部为 0,保存模板文件,在弹出的“更新模板文件”对话框中,单击“更新”按钮。

(d) 在首页 index. html 文件中新建类. style1,其 CSS 样式为:字体颜色为#FFFF00,背景颜色为#000000,并将此样式应用到“今日报价”区域中。

(e) 在首页文件 index. html 文件中重定义标签 ul,设置其“列表”分类中的 List-style-image (项目符号图像)为 images/1. gif,单击“应用”按钮,如图 11 - 15 所示。设置好的 CSS 样式如图 11 - 16 所示。

⑧ 为“今日报价”区域加上滚动效果:选择“今日报价”区域中的文本内容,或者单击菜单“插入”→“标签”命令,在弹出的“标签选择器”对话框中,展开 “HTML 标签”,选择其中“页面元素”中的“marquee”,如图 11 - 17 所示,依次单击“插入”、“关闭”按钮;然后,切换到“代码”视图,修改〈marquee〉标签:〈marquee direction = "up" scrolldelay = "500"〉,如图 11 - 18 所示。当然,也可以直接在“代码”视图中在此段文本的前后加入代码:〈marquee direction = "up" scrolldelay = "500"〉和〈/marquee〉。

最后完成的首页如图 11 - 19 所示,在浏览器中浏览效果如图 11 - 20 所示。

仔细观察图 11 - 20,格式上还有一些不完善,请按照图 11 - 1,利用 CSS 样式自行修改(提示:导航条背景图片及对齐方式需要在模板文件中进行修改,“友情链接”和“今日报价”区域的文本对齐需设置“方框”中的“填充”样式)。

(2) 生成“市场行情”页(trend. html)和“蔬菜知识”页(garlic. html):用与创建首页相同的方法,用模板创建“市场行情”页和“蔬菜知识”页,注意分析页面布局和表格、单元格设置,如图 11 - 21、图 11 - 22 所示。

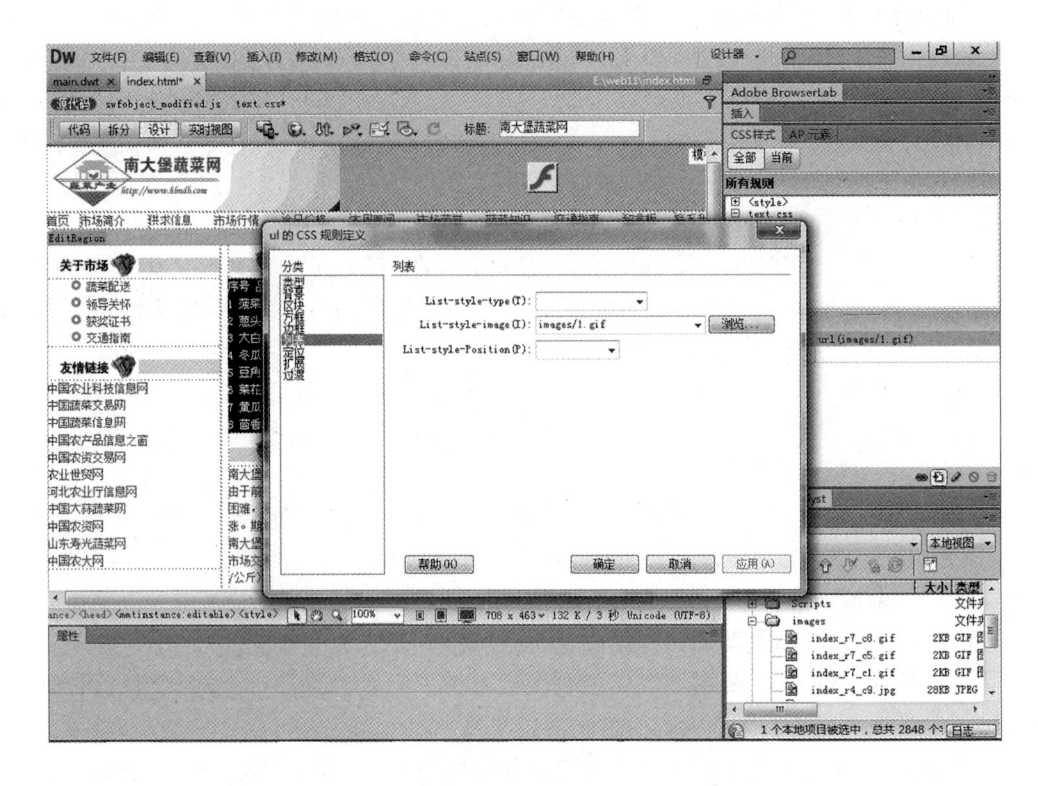

图 11－15　设置项目符号列表 CSS 样式

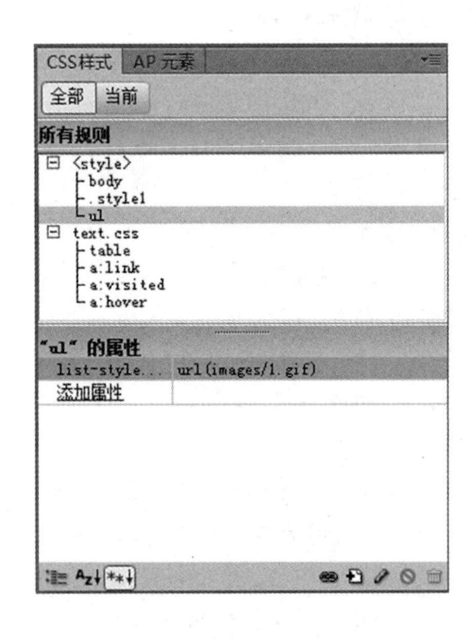

图 11－16　设置好的 CSS 样式

图 11－17　添加滚动效果

图 11－18 设置滚动属性

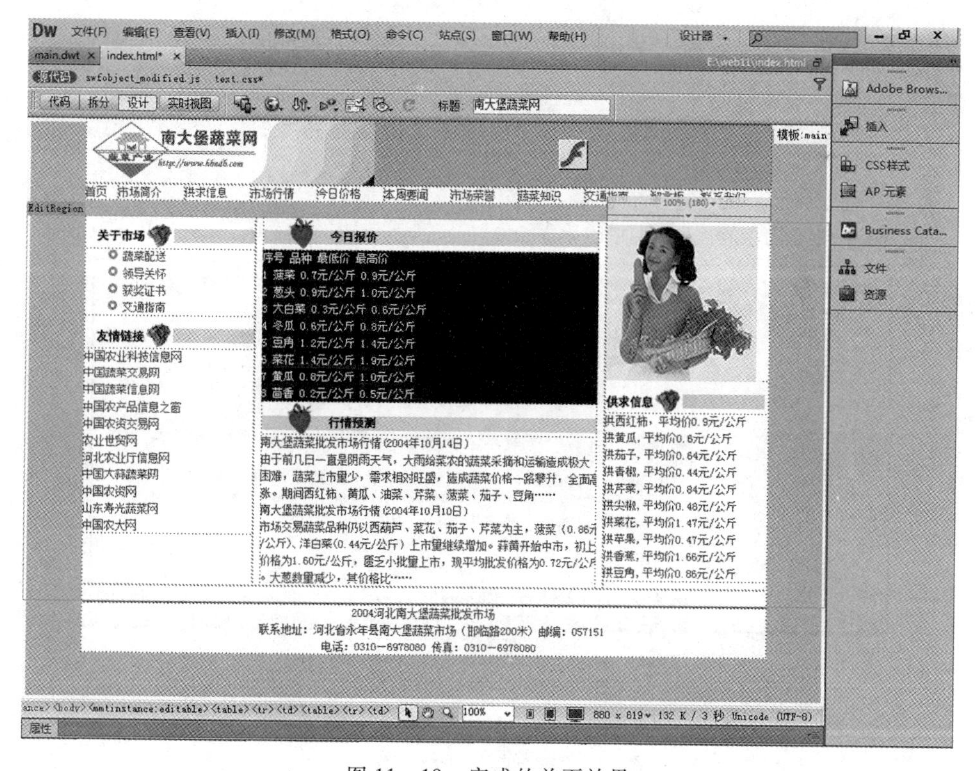

图 11－19 完成的首页效果

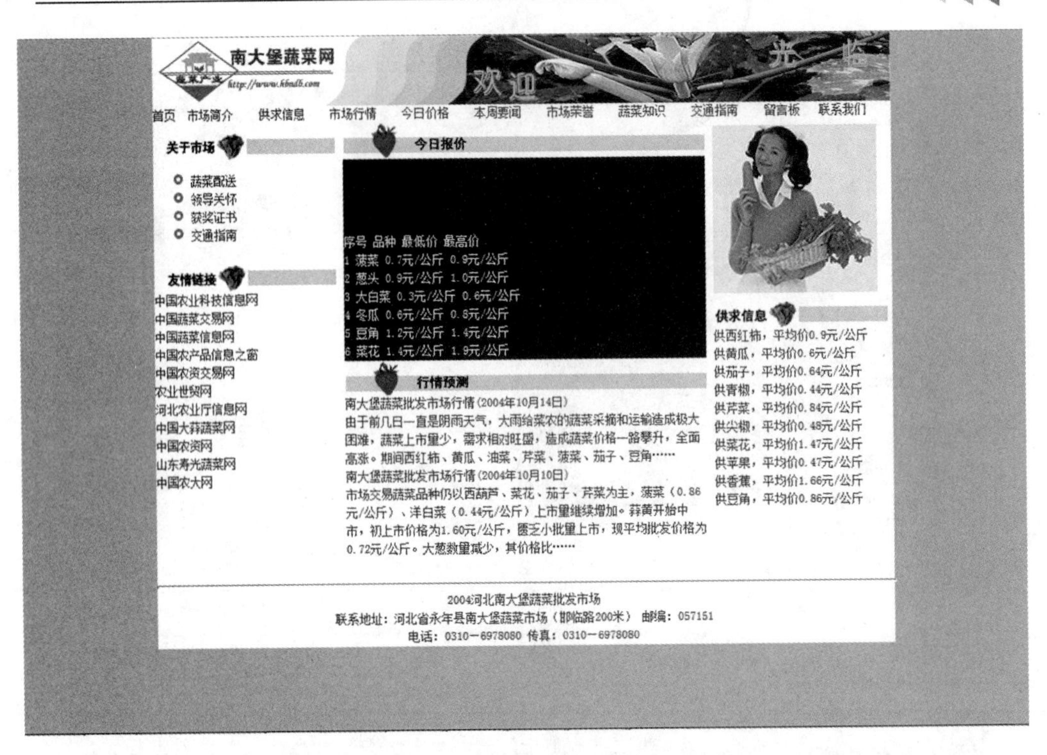

图 11－20 浏览首页效果

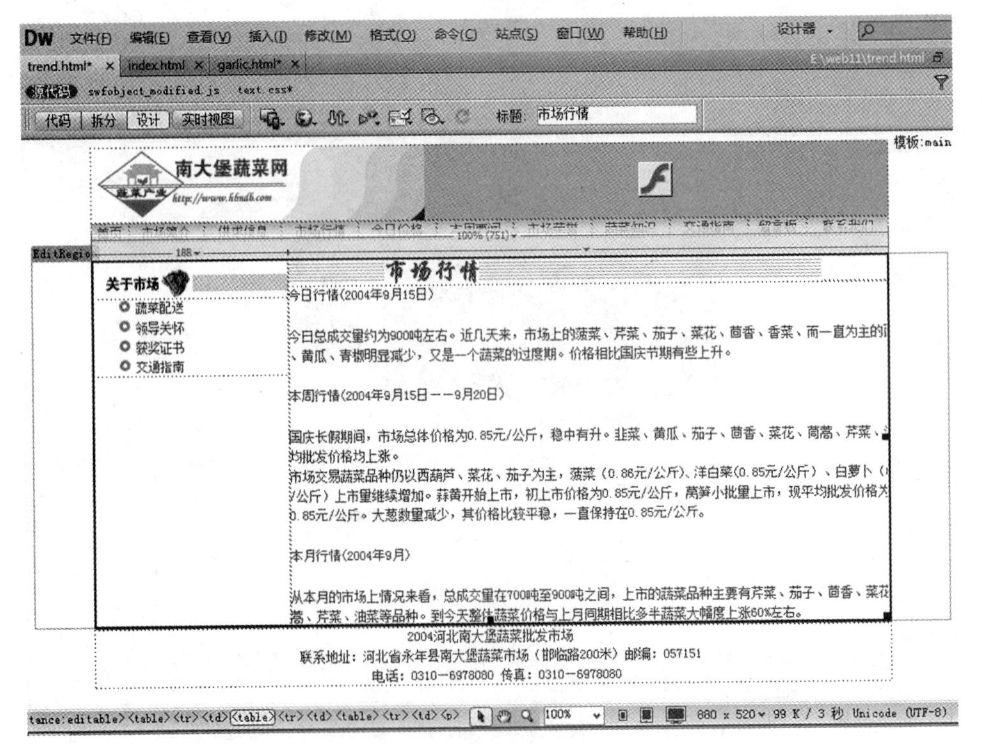

图 11－21 创建“市场行情”页

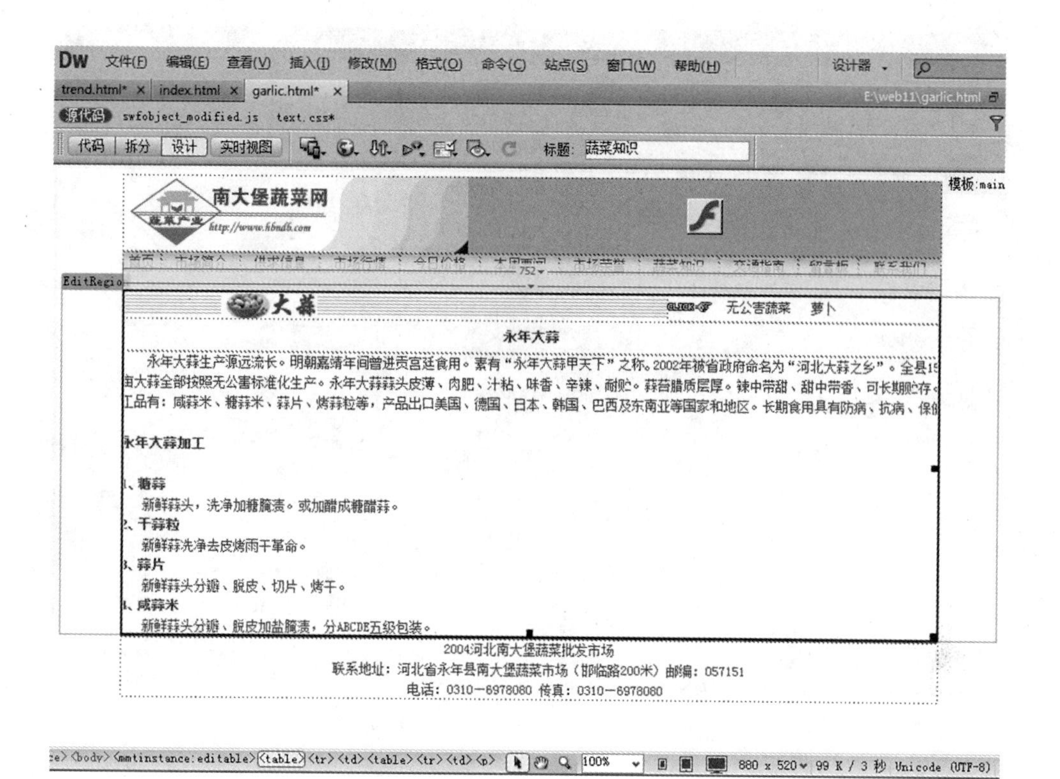

图 11-22 创建“蔬菜知识”页

3. 设置三个页面之间的超链接：打开模板文件 main. dwt（位于站点下 Templates 文件夹内），选中导航条中“首页”，在属性检查器中设置链接到首页 index. html；同样方法，设置导航条中“市场行情”文本链接到“市场行情”页 trend. html、“蔬菜知识”文本链接到“蔬菜知识”页 garlic. html。保存模板文件，并更新基于此模板的其他三个页面。浏览测试三个页面链接正确与否。

相关知识

一、创建模板方法

- 利用“文件”菜单创建模板

单击菜单“文件”→“新建”命令，在弹出的“新建文档”对话框中，选择“空模板”，在其中选择模板类型及布局，单击“创建”按钮，如图 11-23 所示。

- 利用“资源”面板创建模板

在“资源”面板中单击“模板”按钮创建模板，如图 11-24、图 11-25 所示。

- 将现有文件保存为模板

将制作好的网页文件设置为模板：打开制作好的网页文件，单击菜单“文件”→“另存为模板”命令。

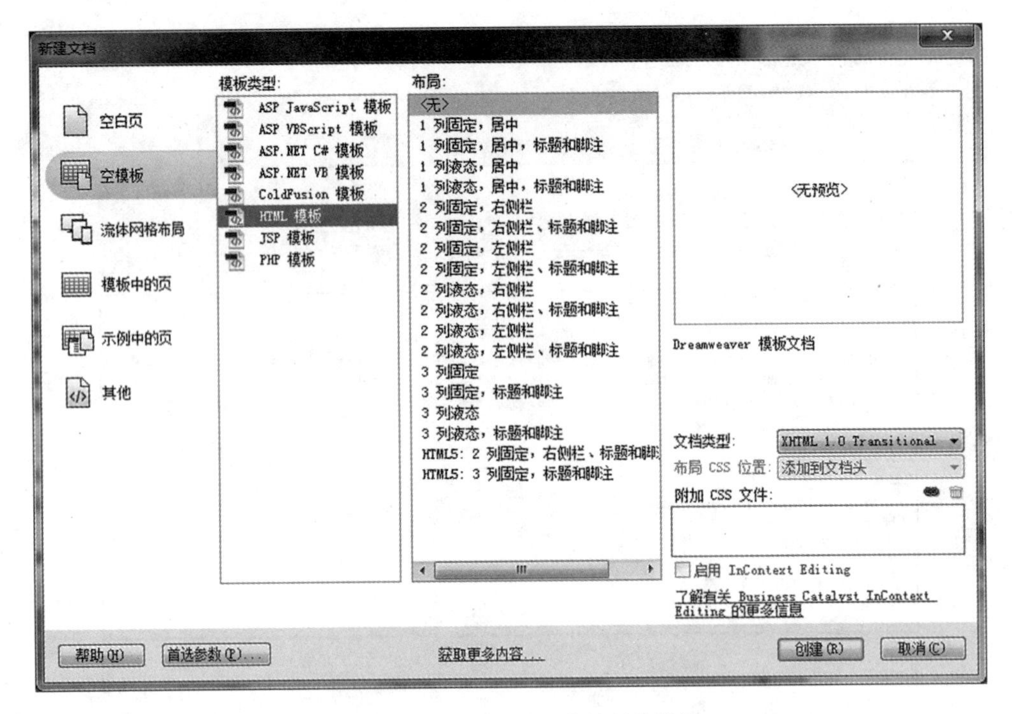

图 11 - 23　利用“文件”菜单创建模板

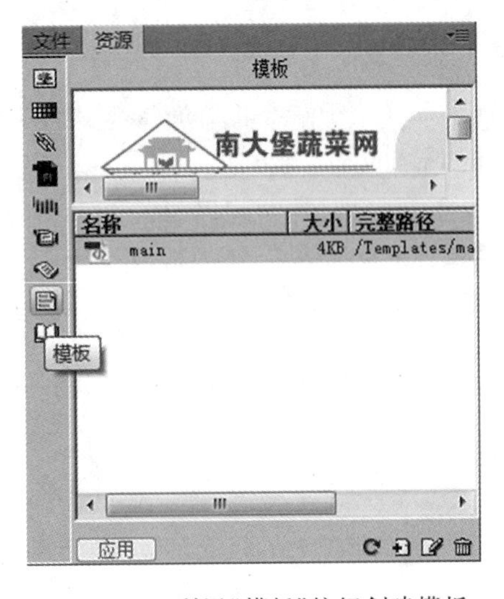

图 11 - 24　利用“模板”按钮创建模板

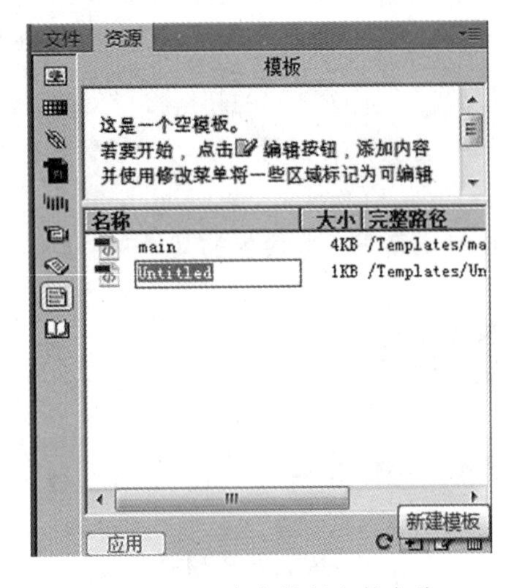

图 11 - 25　命名模板文件名称

二、锁定区域与可编辑区域

1. 锁定区域:各网页中内容相同、体现网站风格的部分,在整个网站中这些区域是相对固定的,如网页背景、导航菜单、网站标志等。在网页中无法修改,只能通过修改模板来进行修改。如项目中的 Banner 条、导航条、版权信息部分。

2. 可编辑区域:各网页中内容不相同、为每个网页独自享有的部分,在网页中可直接进行修改。如项目中的主体内容部分。

项目总结

利用模板可以创建许多风格相同的页面,对模板进行修改可以对基于此模板的页面进行更新,这样大大提高了网页制作的速度和效率;注意一定要将各页面不同的部分设置为“可编辑区域”;在模板中运用 CSS 样式可以大大提高页面格式设置的效率。模板的使用步骤是:先建立模板文件,再由此模板文件生成基于此模板的页面。

思考与深入学习

1. 你能说出运用模板创建多个风格相同页面的方法吗?

2. 为什么本项目中 Banner 条表格宽度设置为 752 px? 你会根据图片大小计算表格及单元格宽度吗?

3. 模板文件创建好后,在“文件”面板中,你有什么发现?

4. 如果想要修改网页中的锁定区域(例如修改导航条中的超链接),应当怎么操作?

5. 在“今日报价”区域利用〈marquee〉〈/marquee〉代码控制文本滚动时,如何控制滚动的方向与速度?

6. 注意观察图 11 - 1 与图 11 - 20,页面的文本格式还有部分未设置,自行分析如何定义这部分文本的 CSS 样式,使得最后效果与图 11 - 1 一致。

12 项目 12　建立 ASP 平台——动态网页初步

学习目标

学会搭建动态网页运行平台，能够正确安装和配置 IIS，学会在 Dreamweaver 中配置站点和服务器。

项目要求

学会安装 IIS 组件，能够正确配置 Web 站点服务，能够建立 ASP 动态网站。

项目分析

从本项目开始，将接触到动态网站的建立，而要建立动态网站首先要有一个动态网站的运行平台，现在流行的操作系统如 Windows 2003、Windows XP、Windows 7 等使用的平台一般是 IIS。本项目着重介绍使用 IIS Web 服务器来架设 ASP 运行平台。

探索学习

根据相关学习资料，探索建立架设 ASP 运行平台的方法。

操作步骤

1. 安装 IIS。

（1）进入 Windows 7 的控制面板，如图 12－1 所示，单击“程序”，在图 12－2 所示的“程序”窗口单击“打开或关闭 Windows 功能”，弹出图 12－3 所示的“Windows 功能”对话框。

（2）在弹出的“Windows 功能”对话框中，勾选“Internet 信息服务”下的“FTP 服务”以及“Web 管理工具”、“万维网服务”的所有选项。单击“确定”按钮后，等待安装过程结束，IIS 就成功安装了。

2. 配置 IIS。

（1）安装完成后，在桌面“计算机”图标上单击右键，选择“管理”，进入“计算机管理”窗口。展开“服务和应用程序”→“Internet 信息服务”，单击默认站点（Default Web Site），如图 12－4 所示，进行 IIS 的配置。

（2）如图 12－5 所示，在中间窗格中双击“ASP”选项。

图 12－1 控制面板

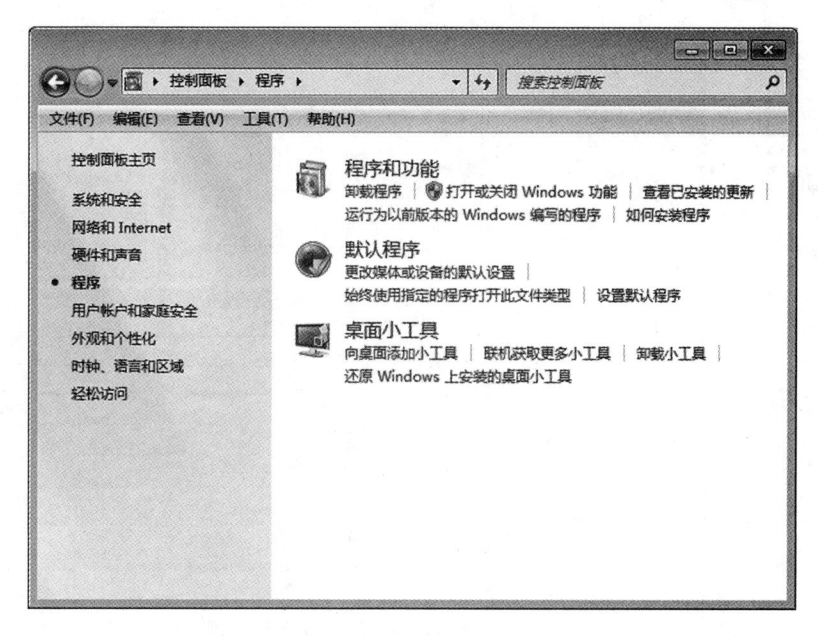

图 12－2 “程序”窗口

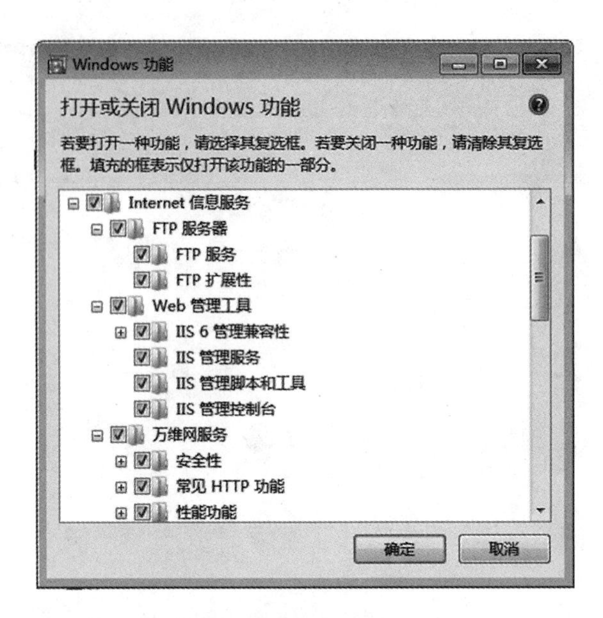

图 12－3　“Windwos 功能”对话框

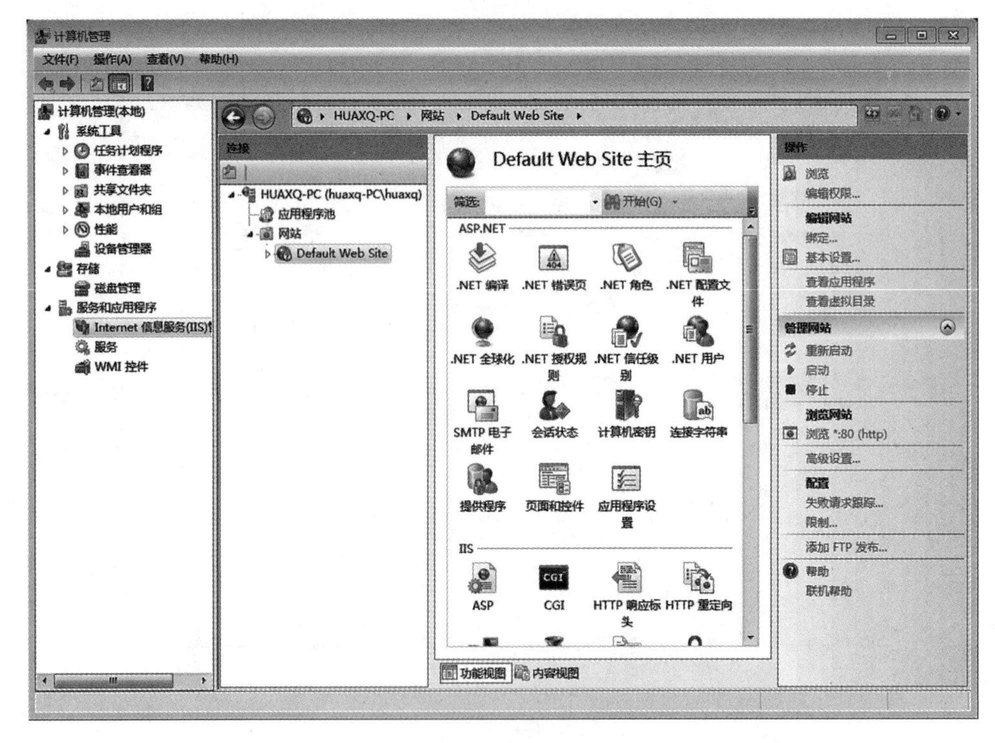

图 12－4　“计算机管理”窗口

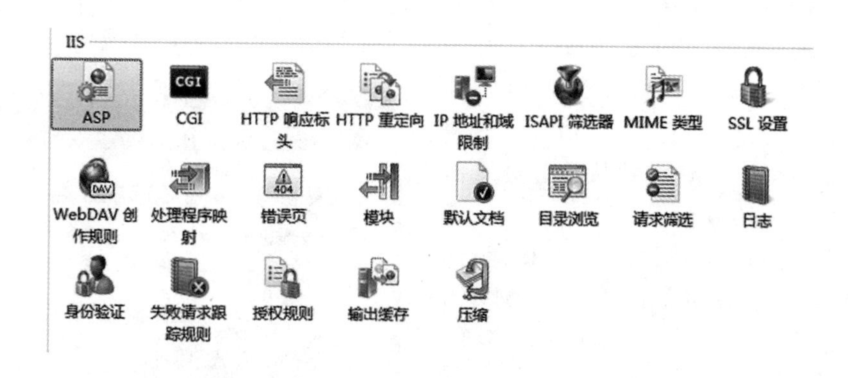

图 12－5　双击“ASP”

（3）启用父路径。IIS 中 ASP 父路径是没有启用的，如果不开启的话，网站二级目录下的文件运行会出错（比如后台管理 admin 文件夹下的 ASP 文件运行出错），所以需要启用父路径。如图 12－6 所示，在“行为”属性中将“启用父路径”的值设置为 True。

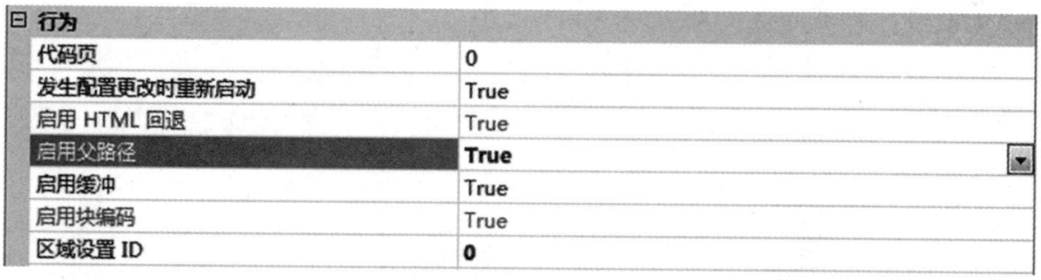

⊟ 行为	
代码页	0
发生配置更改时重新启动	True
启用 HTML 回退	True
启用父路径	True
启用缓冲	True
启用块编码	True
区域设置 ID	0

图 12－6　启用父路径

（4）启用错误调试。当我们的动态网页处于调试阶段的时候，程序如果出错，我们需要知道具体错误在哪一行，如何出错，所以需要启用错误调试。如图 12－7 所示，在调试属性中把“将

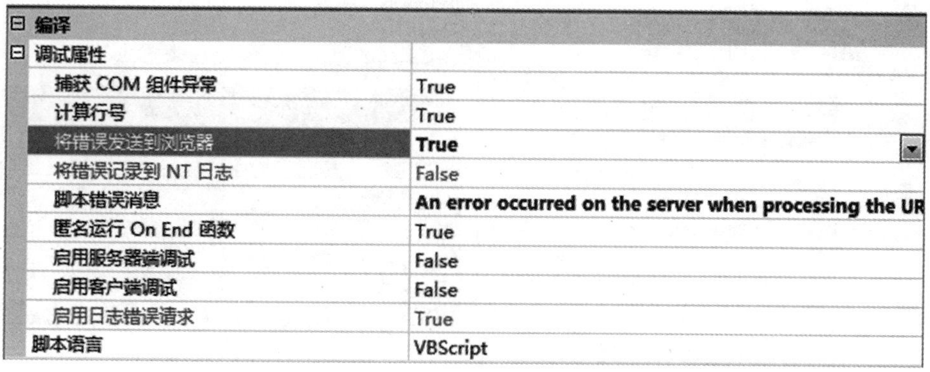

⊟ 编译	
⊟ 调试属性	
捕获 COM 组件异常	True
计算行号	True
将错误发送到浏览器	True
将错误记录到 NT 日志	False
脚本错误消息	An error occurred on the server when processing the UR
匿名运行 On End 函数	True
启用服务器端调试	False
启用客户端调试	False
启用日志错误请求	True
脚本语言	VBScript

图 12－7　启用错误调试

错误发送到浏览器"的值设置为 True。打开浏览器,如图 12－8 所示,选择菜单"工具"→"Internet 选项"命令,在"高级"选项卡中取消勾选"显示友好 HTTP 错误信息"复选框。

(5) 设置默认文档。默认文档即在浏览器中输入 URL 地址时,默认打开的文档。双击"默认文档",添加"index. asp"为默认的首页文档,如图 12－9、图 12－10 所示。

(6) 设置网站目录。网站目录即 IIS 运行的网站的物理路径,即网站所在的文件夹。配置 IIS 的站点,单击右边窗口的"管理网站"→"高级设置"选项,可以设置网站的目录,如图 12－11 所示。默认的网站目录为 C:\inetpub\wwwroot,如图 12－12 所示,可以修改为自己网站所在的目录。

3. 运行和调试。在浏览器输入 URL: http://127.0.0.1,出现如图 12－13 所示的页面,表示 IIS 安装和配置成功了。此时默认运行的是 C:\inetpub\wwwroot\iisstart. htm 文件。如果网站目录设置为自己的站点,则运行的是自己网站的默认文档。

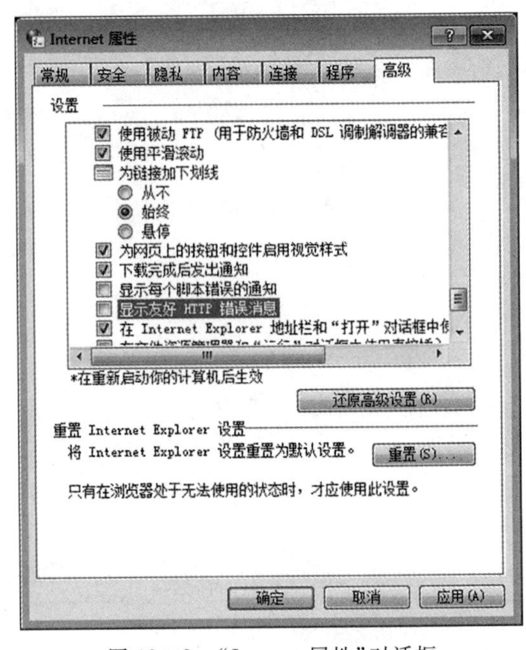

图 12－8 "Internet 属性"对话框

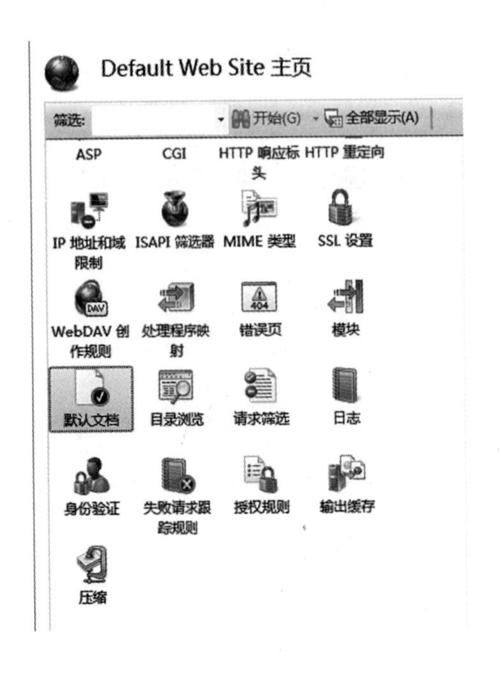

图 12－9 默认文档配置

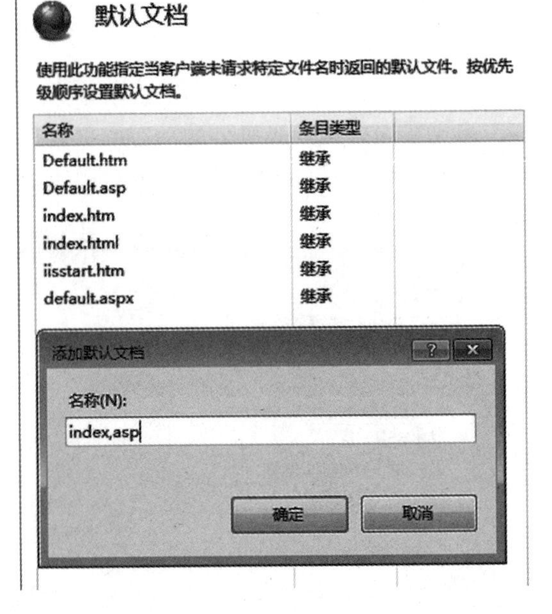

图 12－10 添加 index. asp 默认文档

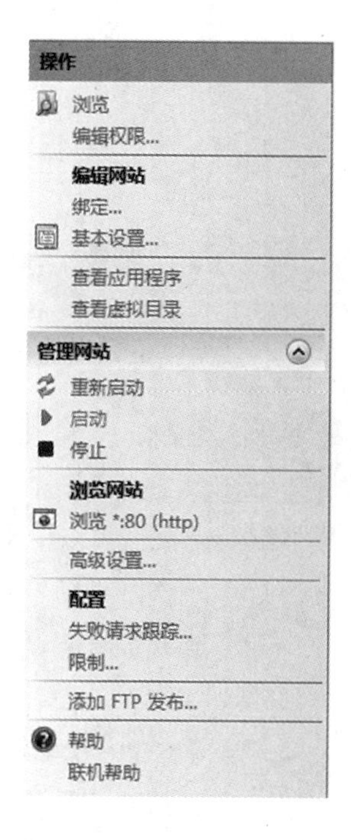

图 12-11　选择“管理网站”→“高级设置”

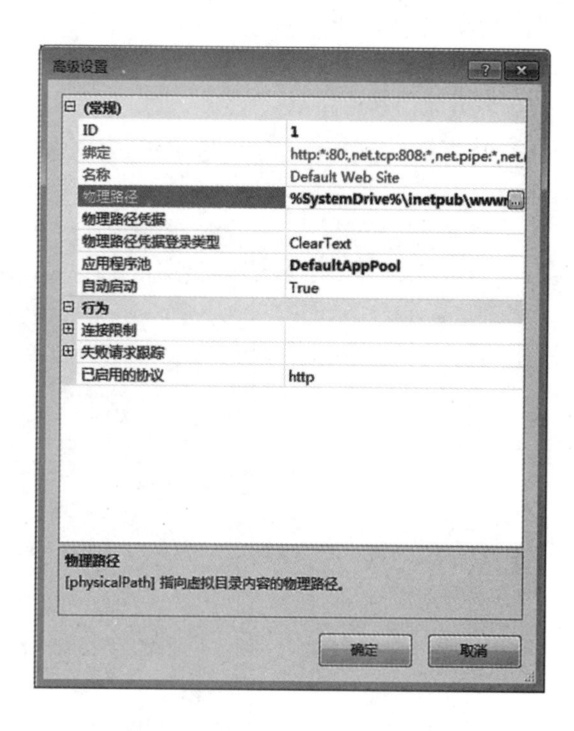

图 12-12　配置网站的物理路径

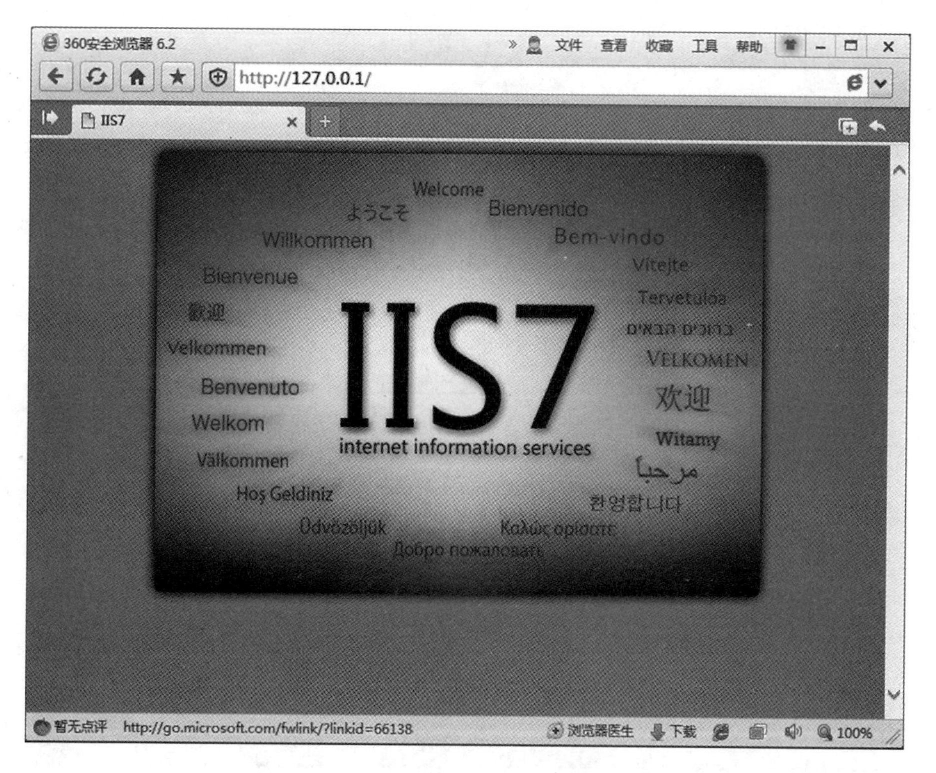

图 12-13　在浏览器中测试运行默认网站

4. 建立 ASP 动态网站。

在安装和配置好 IIS 后,就可以利用 Dreamweaver 建立动态的网站了。我们以项目 14 为例,在 Dreamweaver 中新建站点。

(1) 新建站点 myweb,指向“E:\myweb\web14”文件夹,如图 12-14 所示,并指定默认图像文件夹。

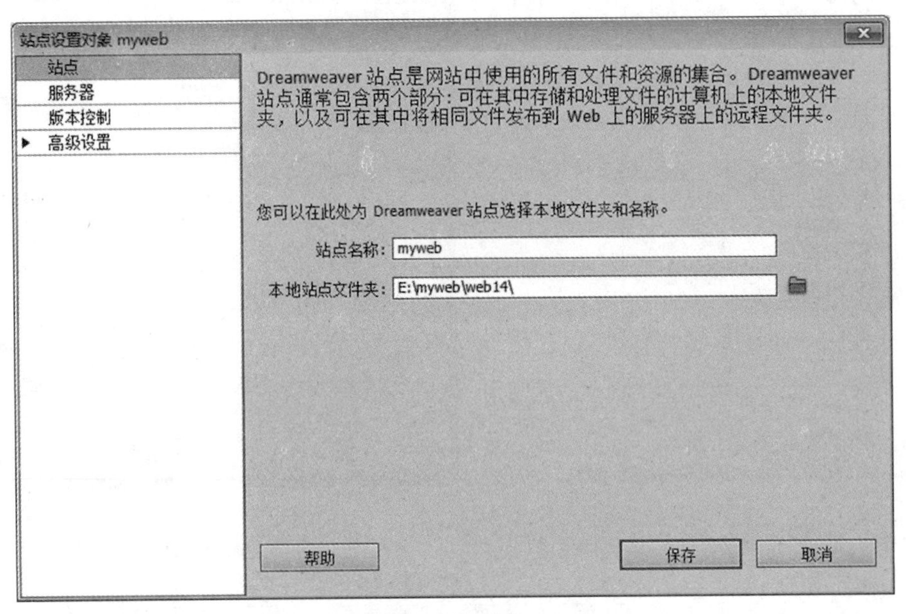

图 12-14　新建站点 myweb

(2) 在“服务器”选项中添加新服务器,服务器文件夹指向“本地/网络”的 myweb 站点,如图 12-15 所示,并在“高级”选项卡中设置服务器模型为“ASP VBScript”,如图 12-16 所示。

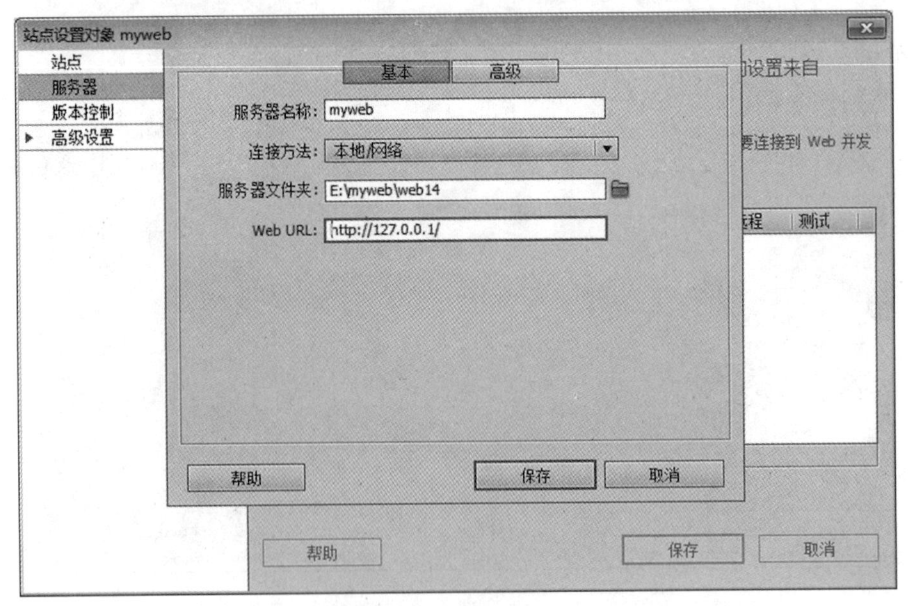

图 12-15　配置服务器

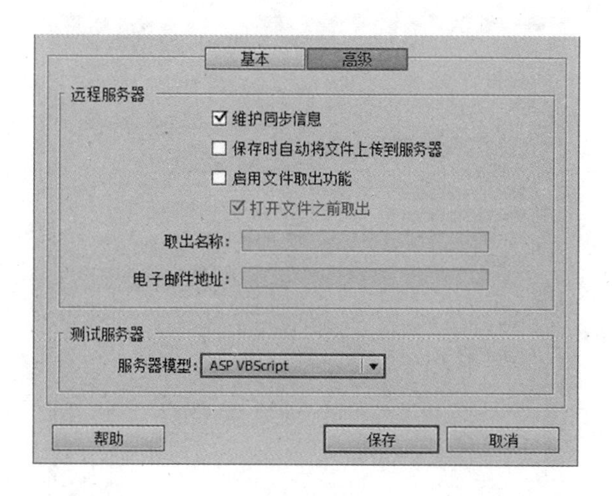

图 12－16　配置服务器模型

（3）将服务器指定为测试服务器，如图 12－17 所示。

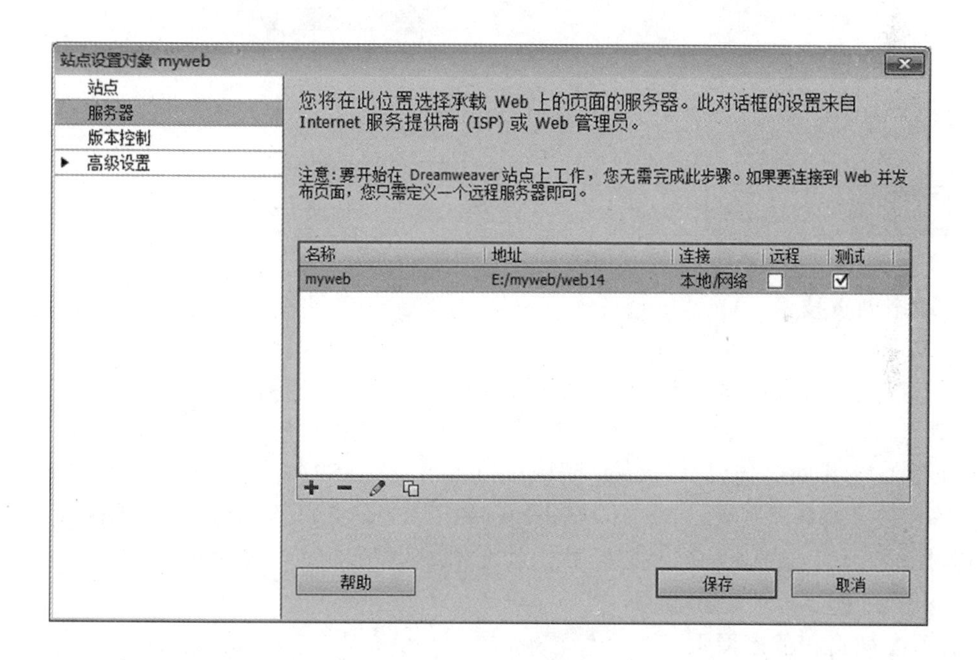

图 12－17　服务器配置

（4）配置 IIS 高级设置，将网站目录指定为“E:\myweb\web14”，如图 12－18 所示。

（5）在 Dreamweaver 的当前站点中新建页面 index. asp，切换到“代码”视图，输入 ASP 代码“〈% response. Write("Hello World!")%〉”，即输出文本“Hello World!”。

（6）预览网站，如能够在浏览器中正确预览，则在 IIS 及 Dreamweaver 中配置动态网站成功。

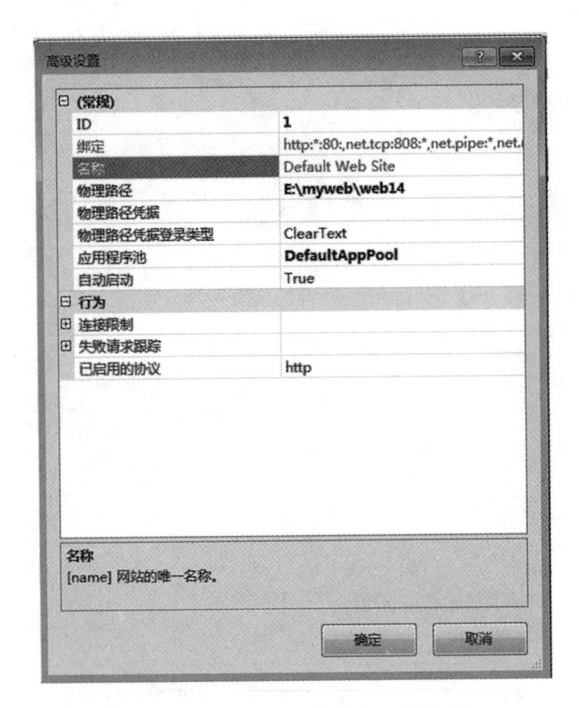

图 12－18　指定 IIS 默认网站目录

相关知识

一、动态网页技术

主要是指服务器端脚本程序，服务器端脚本程序的解释执行是由服务器端 Web 软件完成的，它们只有在接收到用户的访问请求后才在服务器端生成并传输到用户的浏览器中。它主要是指采用 CGI(公共网关接口，Common Gateway Interface)、ASP(动态服务器页面，Active Server Pages)、JSP(Java 服务器页面，Java Server Pages)和 PHP(超文本预处理语言，Hypertext Pre-Processor)等技术动态生成的页面。动态网页技术通常以数据库技术为基础。

二、动态网页和静态网页

静态网页：后缀名为一般为. htm、. html、. shtml、. xml，程序不在服务器端运行，网页的内容是固定的，修改和更新都必须通过专用的网页制作工具，如 Dreamweaver、FrontPage 等。

动态网页：程序在服务器端运行，会根据不同客户、不同时间，返回不同的网页；网页内容可在线更新，使用网页脚本语言(ASP、PHP、JSP、. NET)，将网站内容动态存储到数据库(Access、MySQL、SQL Server、Oracle)，用户访问网站是通过读取数据库来动态生成网页的。

静态网页和动态网页的工作方式分别如图 12－19 和图 12－20 所示。

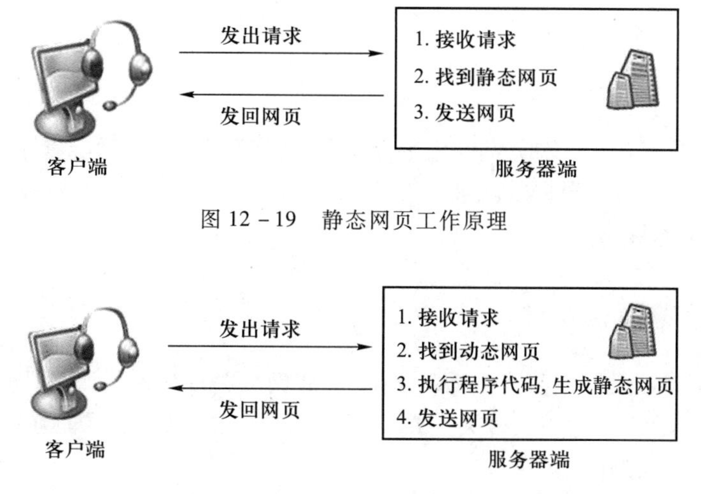

图 12－19　静态网页工作原理

图 12－20　动态网页工作原理

三、本地根文件夹、远程文件夹与测试服务器文件夹

本地根文件夹:存储用户正在处理的文件。Dreamweaver 将此文件夹称为“本地站点”。此文件夹可以位于本地计算机上,也可以位于网络服务器上。如果直接在服务器上工作,每次保存文件时 Dreamweaver 都会将文件上传到服务器。

远程文件夹:存储用于测试、编辑和协作等用途的文件。Dreamweaver 在“文件”面板中将此文件夹称为“远程站点”。远程件夹通常位于运行 Web 服务器的计算机上。

本地文件夹和远程文件夹使用户能够在本地硬盘和 Web 服务器之间传输文件;可以轻松管理 Dreamweaver 站点中的文件。

测试服务器文件夹:Dreamweaver 在进行操作时生成和显示动态内容的文件夹。

四、默认文档

访问网站时首先访问的页面,一般指网站的首页,如果首页的名称不在默认内容文档当中,要添加进去,服务器会按照默认内容文档的列表顺序寻找站点文件夹下相应的文件,找到就打开浏览。

五、主目录与虚拟目录

主目录:主目录是一个站点的中心,每个站点必须有一个主目录,它包含带有欢迎内容的主页或索引文件,主目录被映射为站点的域名或服务器名,即打开网站首先访问的目录。

虚拟目录:一个网站的网页内容并不一定全部来源于主目录,对于一个大的网站,也不可能来源于主目录,这时就需要建立虚拟目录,便于用户的访问,在用户看来,虚拟目录就像在主目录下一样。

项目总结

建立 ASP 平台分三步：先安装 Web 应用程序服务器（IIS 等），然后配置 Web 站点属性，设置主目录、虚拟目录（虚拟目录根据情况可不设置）、默认文档；然后启动 Dreamweaver，配置站点和服务器，创建 ASP 动态网站。

思考与深入学习

1. 本例中有不少涉及网络技术方面的术语，请查阅相关资料进行深入研究与学习。

2. 请阐述本地文件夹、远程文件夹、测试服务器文件夹的概念。你能在服务器的“高级”选项卡中直接建立 ASP 动态网站吗？

3. 系统默认的网站主目录是哪个文件夹？一般我们将主目录指定为自己创建的站点文件夹，也就是说主目录必须是有的，虚拟目录也必须要有吗？什么情况下需要用虚拟目录？主目录和虚拟目录可否在不同的磁盘上建立？

13 项目13 建立数据库——动态网页初步

学习目标

掌握利用 Access 2007 建立数据库和数据表的方法。正确设置数据表的字段名称及数据类型。熟练掌握添加、修改、删除数据的方法。

项目要求

分析图 13－1 所示的 guestbook 数据表的结构，自学内容完成数据表的创建。

字段名称	数据类型	说明
id	自动编号	留言ID
guesttitle	文本	留言标题
username	文本	留言者
content	备注	留言内容
qq	文本	留言者QQ
email	文本	留言者Email
homepage	文本	留言者个人主页
guesttime	日期/时间	留言时间
head	文本	留言者头像
face	文本	留言者表情
reply	备注	回复内容

图 13－1　guestbook 数据表结构

项目分析

前面我们所学的网站每个页面的更新都是手动完成的，但是有些网页中的内容需要常常更新，例如新闻和公告等，如果利用数据库来管理这些需要经常更新的数据，可以很方便地自动更新页面中的内容。本项目学习利用 Office Access 2007 创建数据库。

完成本项目分两步：首先，用表设计视图创建数据表的结构；其次，在表内添加、修改、删除数据。

探索学习

根据相关学习资料，完成数据表的创建和数据添加。

操作步骤

1. 打开 Access 2007 数据库程序，创建空白数据库 data.mdb，并选择存储位置为 E:\myweb\

web14\database 文件夹，如图 13－2 所示。

2．在左侧窗口选择“表 1”，单击右键，选择“设计视图”，将数据表另存为 guestbook，如图 13－3 所示。

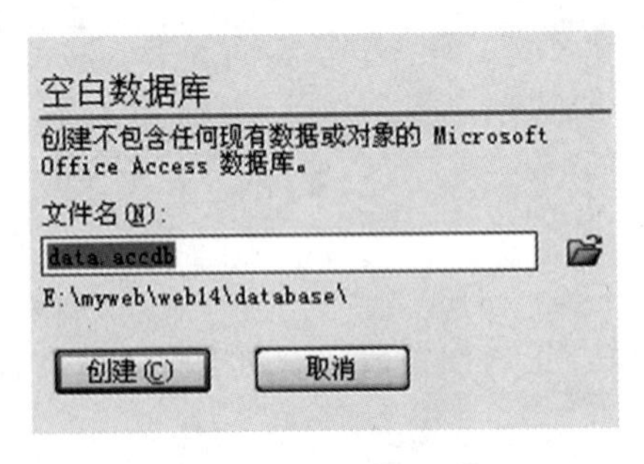

图 13－2　新建数据库

图 13－3　保存数据表

3．在打开的设计视图中设计 guestbook 表的结构，按图 13－1 所示输入各字段名、数据类型及说明。为文本字段设置合适的字段大小，其中 guesttime 默认值为“ = date( )”，即当前日期。

4．表结构设计完成后，双击 guestbook 表，打开数据表，输入记录，如图 13－4 所示。

id	guesttitle	username	content	qq	email	homepage	guesttime	head	face	reply
1	第一条测试	huaxq	终于把留言板做完	41800986	41800986@qq	http://www	2013-10-21	images/head	images/face	嗯。你真聪明
2	第二条测试	huaxq	哈哈哈哈~~	41800986	41800986@qq	http://www	2013-10-21	images/head	images/face	测试成功!
3	第三条测试	cw	好久不见，你还好	54487419	54487419@qq	http://www	2013-10-21	images/head	images/face	

图 13－4　guestbook 数据表中的数据

5．用同样方法创建管理员表 admin，并输入数据，如图 13－5 所示。

字段名称	数据类型	说明
username	文本	管理员用户名
userpass	文本	管理员密码

图 13－5　admin 数据表结构

相关知识

一、设计视图

设计视图是 Access 中设计表的工具，在表的设计视图中可以自己设计生成各种各样的表，并能对表中任何字段的属性进行设置。表的设计视图窗体分为两个部分，上半部分是表设计视图，下半部分用来定义表中字段的属性，当我们要建立一个表的时候，只要在设计视图的“字段名称”列中输入表中需要字段的名称，并在“数据类型”列中定义这些字段的“数据类型”就可以了；设计视图的“说明”列中可以让表的制作者对这些字段进行说明，以便以后修改表时能知道当时为什么设计这些字段。

二、各种数据类型的含义

在表的设计视图中，每一个字段都有设计类型，Access 允许 11 种数据类型：文本、备注、数字、日期/时间、货币、自动编号、是/否、OLE 对象、超链接、附件、查阅向导。

文本：这种类型允许最大 255 个字符或数字，Access 默认的大小是 50 个字符，而且系统只保存输入到字段中的字符，而不保存文本字段中未用位置上的空字符。可以设置"字段大小"属性来控制可输入的最大字符长度。

备注：这种类型用来保存长度较长的文本及数字，它允许字段能够存储长达 64 000 个字符的内容。但 Access 不能对备注字段进行排序或索引，却可以对文本字段进行排序和索引。在备注字段中虽然可以搜索文本，但却不如在有索引的文本字段中搜索得快。

数字：这种字段类型可以用来存储进行算术计算的数字数据，用户还可以设置"字段大小"属性来定义一个特定的数字类型，任何指定为数字数据类型的字段可以设置成字节、整型、长整型、单精度型、双精度型、同步复制 ID、小数七种类型。在 Access 中通常默认为双精度型。

日期/时间：这种类型是用来存储日期、时间或日期时间一起的，每个日期/时间字段需要 8 个字节来存储空间。

货币：这种类型是数字数据类型的特殊类型，等价于具有双精度属性的数字字段类型。向货币字段输入数据时，不必输入人民币符号和千位处的逗号，Access 会自动显示人民币符号和逗号，并添加两位小数到货币字段。当小数部分多于两位时，Access 会对数据进行四舍五入。精确度为小数点左方 15 位数及右方 4 位数。

自动编号：这种类型较为特殊，每次向表格添加新记录时，Access 会自动插入唯一顺序或者随机编号，即在自动编号字段中指定某一数值。自动编号一旦被指定，就会永久地与记录连接。如果删除了表格中含有自动编号字段的一个记录，Access 并不会为表格自动编号字段重新编号。当添加某一记录时，Access 不再使用已被删除的自动编号字段的数值，而是重新按递增的规律重新赋值。

是/否：这种字段是针对于某一字段中只包含两个不同的可选值而设立的字段，通过是/否数据类型的格式特性，用户可以对是/否字段进行选择。

OLE 对象：这个字段是指字段允许单独地"链接"或"嵌入"OLE 对象。添加数据到 OLE 对象字段时，可以链接或嵌入 Access 表中的 OLE 对象是指在其他使用 OLE 协议程序创建的对象，例如 Word 文档、Excel 电子表格、图像、声音或其他二进制数据。OLE 对象字段最大可为 1 GB，它主要受磁盘空间限制。

超链接：这个字段主要是用来保存超链接的，包含作为超链接地址的文本或以文本形式存储的字符与数字的组合。当单击一个超链接时，Web 浏览器或 Access 将根据超链接地址到达指定的目标。超链接最多可包含三部分：一是在字段或控件中显示的文本；二是到文件或页面的路径；三是在文件或页面中的地址。在这个字段或控件中插入超链接地址最简单的方法就是在"插入"菜单中单击"超链接"命令。

查阅向导：这个字段类型为用户提供了一个建立字段内容的列表，可以在列表中选择所列内容作为添入字段的内容。

三、主键

在数据库中,常常不只是一个表,这些表之间也不是相互独立的。不同的表之间需要建立一种关系,才能将它们的数据相互沟通。而在这个沟通过程中,就需要表中有一个字段作为标志,不同的记录对应的字段取值不能相同,也不能是空白的。通过这个字段中不同的值可以区别各条记录。就像我们区别不同的人,每个人都有名字,但它却不能作为主键,因为人名很容易出现重复,而身份证号是每个人都不同的,所以可以根据它来区别不同的人。数据库的表中作为主键的字段就要像人的身份证号一样,必须是每个记录的值都不同,这样才能根据主键的值来确定不同的记录。

思考与深入学习

如果让你设计新闻表,你将怎样合理设计数据表的结构?

14 项目14 “留言板”——动态网页初步

学习目标

会配置和调试动态网站；会创建数据库和建立数据库连接；会利用 Dreamweaver 自带的 ASP 对数据库进行增、删、改、查的操作；能熟练操作 Dreamweaver CS6 中的“数据”面板和“数据库”窗口。

项目要求

留言板系统的功能包括显示留言、发布留言、管理员登录、管理留言、回复留言、删除留言几个功能。相应的页面描述见表 14－1。

表 14－1　留言板页面名称和相应功能描述

页面名称	功能描述
index. asp	留言板首页，用来显示留言内容
add. asp	发布留言内容页面
login. asp	管理员登录页面
admin. asp	管理留言页面
reply. asp	回复留言内容页面
del. asp	删除留言内容页面

另外，为了站点风格的统一和功能的完整，每个页面都具有同样的顶部横幅和导航条，具有同样的底部版权信息，所以特别做了两个页面 top. asp 和 foot. asp，利用“服务器端包含”的方法包含于每一个页面。

具体页面效果如图 14－1 至图 14－9 所示。

网站功能结构图如图 14－10 所示。

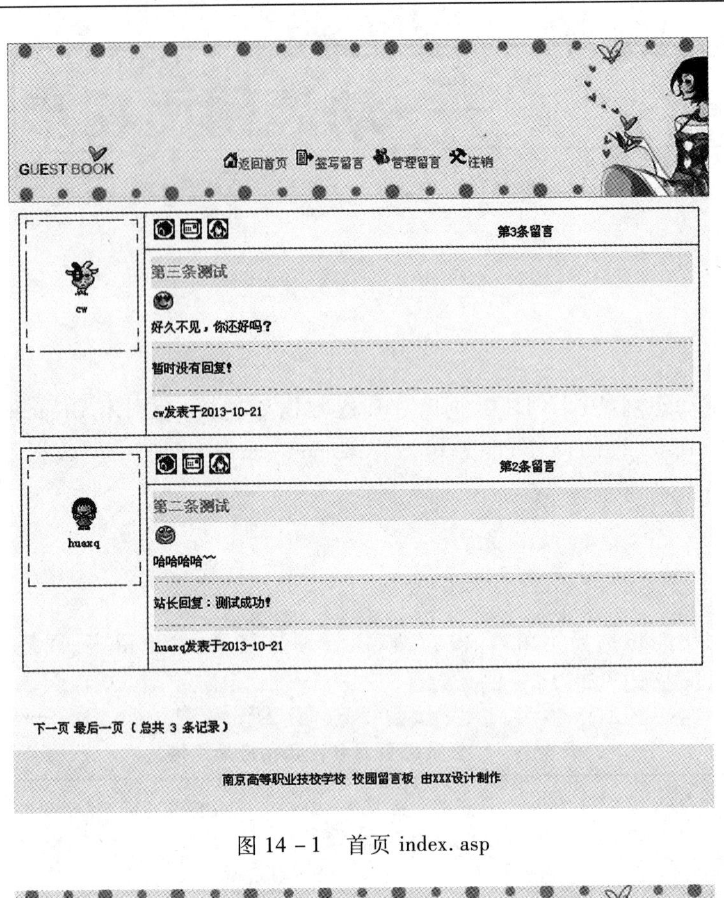

图 14－1　首页 index. asp

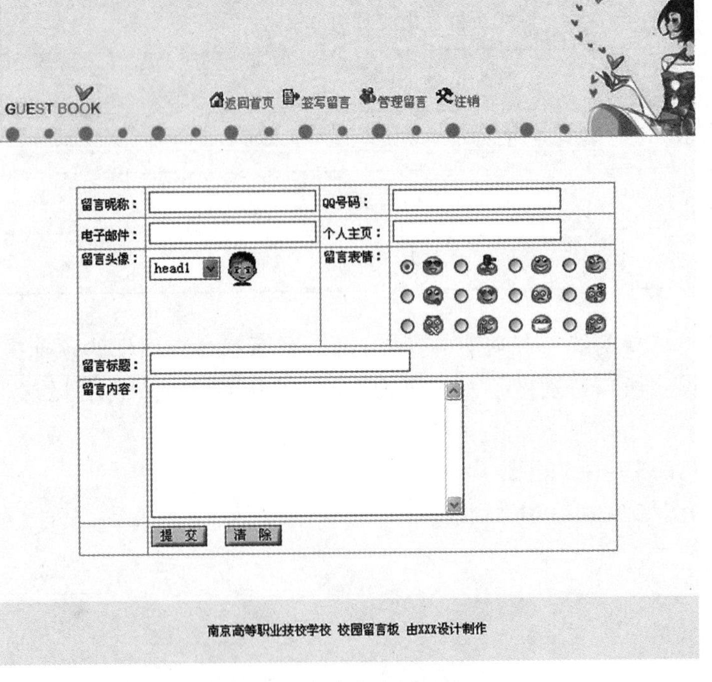

图 14－2　发布留言页 add. asp

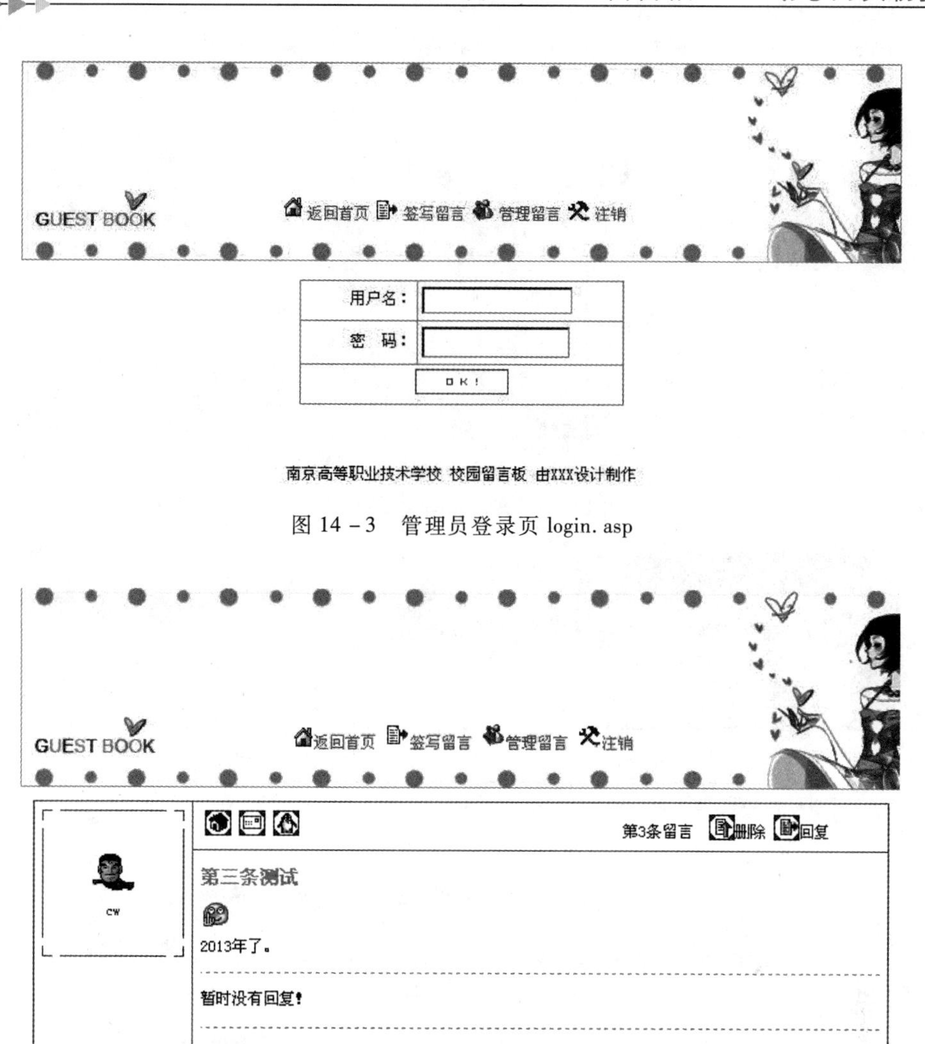

图 14－3 管理员登录页 login. asp

图 14－4 管理留言页 admin. asp

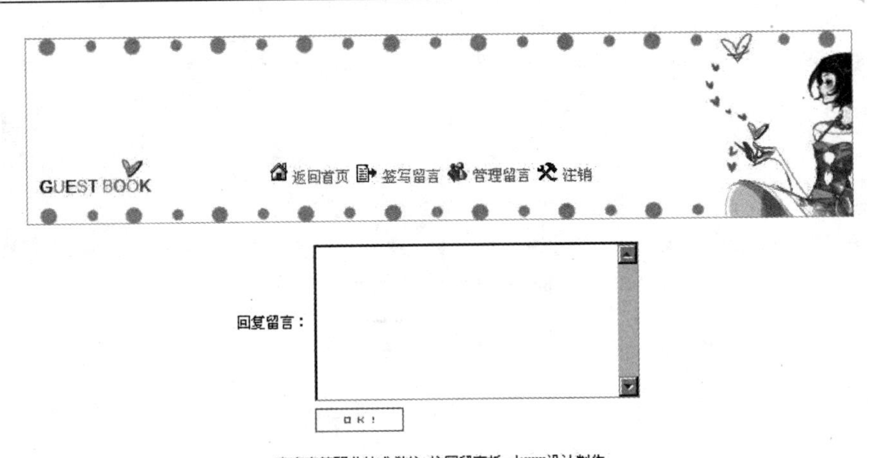

图 14－5 回复留言页 reply. asp

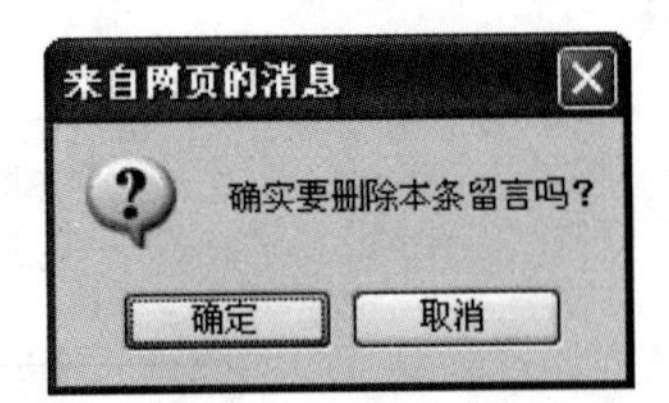

图 14－6 确认删除

图 14－7 删除成功提示 del. asp

图 14－8 顶部文件 top. asp

南京高等职业技术学校 校园留言板 由XXX设计制作

图 14－9 底部文件 foot. asp

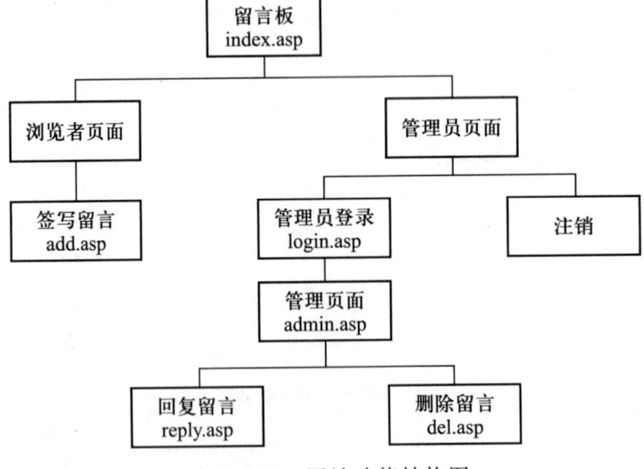

图 14－10 网站功能结构图

项目分析

本留言板系统是利用 Dreamweaver CS6 制作的第一个动态网站,涉及前面学过的很多知识点,制作的流程如下:

1. 配置 IIS 和定义站点(参考项目 12)。
2. 建立数据库(参考项目 13)。
3. 新建网页,进行网页布局(参考项目 6)。
4. 进行数据库连接。
5. 利用“记录集”、“重复区域”、“插入记录”、“更新记录”、“删除记录”等命令,实现动态网页对数据库中数据的绑定、添加、修改、删除的功能。
6. 调试并完成网站。

探索学习

根据前两个项目学习的配置 IIS 和数据库 Access 的内容,自行研究如何设置站点和建立数据库。根据提供的样图利用表格和 CSS 样式完成网站中页面的布局。

操作步骤

1. 配置 IIS 和设置站点。

(1) 新建文件夹 web14(如 E:\web14),将本书配套光盘“案例文件\项目 14\项目 14 素材”文件夹中的“images”文件夹复制至 web14 文件夹下。

(2) 参考项目 12,利用已经学会的知识配置 IIS,使站点服务器的网站目录指向 web14。

(3) 在 Dreamweaver CS6 中新建站点,指向“E:\web14”,同时设置测试服务器也指向该目录。Web URL 为“http://127.0.0.1”,即本机地址。

2. 建立数据库。

参考项目 13,在站点下新建数据库 database/data. accdb,并新建数据表 admin(管理员表)和 guestbook(留言表),添加几条测试数据,见表 14 - 2 和表 14 - 3。

表 14 - 2 数据表 admin

含义	字段名称	数据类型	字段大小	必填字段	允许空
用户名	username	文本	20	是	否
密码	userpass	文本	20	是	否

表 14 - 3 数据表 guestbook

含义	字段名称	数据类型	字段大小	必填字段	允许空
留言编号	id	自动编号			
留言昵称	username	文本	20	是	否

续表

含义	字段名称	数据类型	字段大小	必填字段	允许空
留言标题	guesttitle	文本	150	是	否
留言内容	content	备注		是	否
QQ	qq	文本	100		
Email	email	文本	100		
个人主页	homepage	文本	100		
留言时间	guesttime	日期/时间		是	否
头像	head	文本	100		
表情	face	文本	100		
站长回复	reply	备注			

其中 guesttime 的默认时间为当前日期(= date( ))。

3. 在站点中新建页面,完善站点结构。

在站点中新建如下空网页:

(1) top. asp:每一页的 Banner 部分。

(2) foot. asp:每一页的底部版权信息部分。

(3) index. asp:首页。

(4) add. asp: 签写留言。

(5) login. asp:管理员登录。

(6) admin. asp:管理留言。

(7) del. asp:删除留言。

(8) reply. asp:回复留言。

4. 完成页面布局 top. asp、foot. asp 和 index. asp,并附加 CSS 样式。

(1) 打开 top. asp,新建 3 行 1 列的表格,宽度为 680 px,设置背景图像为“images/banner. jpg”。

(2) 在第二行插入文字和图像,设置超链接:“返回首页”链接到 index. asp,“签写留言”链接到 add. asp,“管理留言”链接到 admin. asp,“注销”加入空链接。

(3) 切换到“代码”视图,删除〈table〉……〈/talbe〉以外的代码,结果如图 14 - 11 所示。

图 14 - 11 top. asp

（4）打开 foot. asp，插入 1 行 1 列的表格，宽度为 680 px，设置表格背景色为#FFF9E3。

（5）插入相应文字。

（6）切换到“代码”视图，删除〈table〉……〈/talbe〉以外的代码，结果如图 14－12 所示。

南京高等职业技术学校 校园留言板 由XXX设计制作

图 14－12　foot. asp

（7）打开 index. asp 进行页面布局。效果如图 14－13 所示。

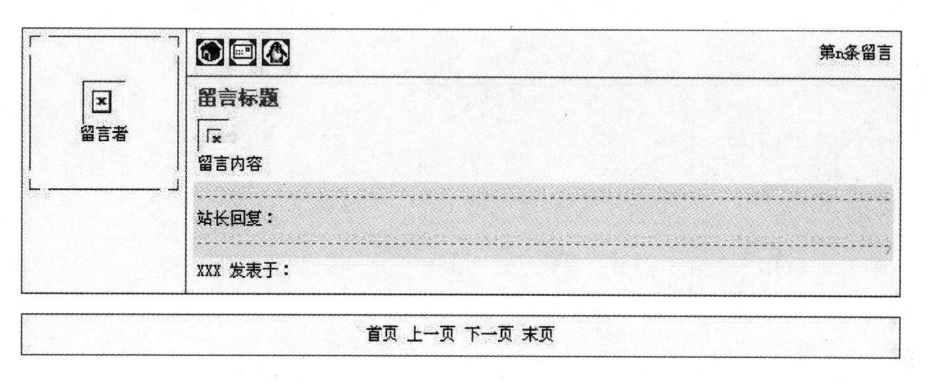

图 14－13　index. asp

（8）新建最外层的 2 行 1 列表格：宽度为 680 px，背景色为#FFFFEE，填充 10 px，间距为 0，边框为 0。

（9）在最外层表格的第一行插入细线表格：2 行 2 列，宽度为 97%，填充 5 px，间距为 1，边框为 0，表格背景色为#999999，单元格背景色为#FFFFEE，形成细线表格的效果。

（10）在最外层表格的第二行插入细线表格，1 行 1 列，宽度 97%，在表格中输入文字“首页 上一页 下一页 末页”。

（11）在第一个细线表格内根据样图插入各种文字和图片，并进行布局，其中：

- “留言者”文字上方插入图像占位符，大小为 32 px × 32 px，命名为 head。
- “留言内容”文字上方插入图像占位符，大小为 24 px × 24 px，命名为 face。
- “站长回复”上下虚框用 CSS 样式实现。

（12）新建 CSS 样式文件 style. css。

（13）在 index. asp 中附加样式表 style. css。

（14）style. css 中样式如下：

```
.line {
    border - top - width: 1px;
    border - bottom - width: 1px;
    border - top - style: dashed;
    border - bottom - style: dashed;
    border - top - color: #999999;
    border - bottom - color: #999999;
}
```

```
body{
    font-size: 12px;
    padding: 0px;
}
.title1{
    font-size: 14px;
    color: #003366;
    font-weight: bold;
}
.content{
    font-size: 12px;
    line-height: 18px;
    text-indent: 2em;
}
```

其中,类.line 应用于“站长回复”表格;类.title1 应用于“留言标题”;类.content 应用于“留言内容”。

5. 制作留言板首页 index.asp。

(1) 在 index.asp 中,将光标定位于最外层表格的前面,选择“常用”工具栏上的“服务器端包含”按钮,在弹出的窗口中选择 top.asp 文件。此时就将 top.asp 文件包含于 index.asp 中。在 index.asp 中切换到代码视图,会发现多了一行代码〈! -- #include file = "top.asp" --〉。

(2) 用同样的办法,在最外层表格的最后包含 foot.asp 文件。

(3) 连接数据库。

① 打开“数据库”面板,单击“+”号,选择“自定义连接字符串”,如图 14-14 所示。

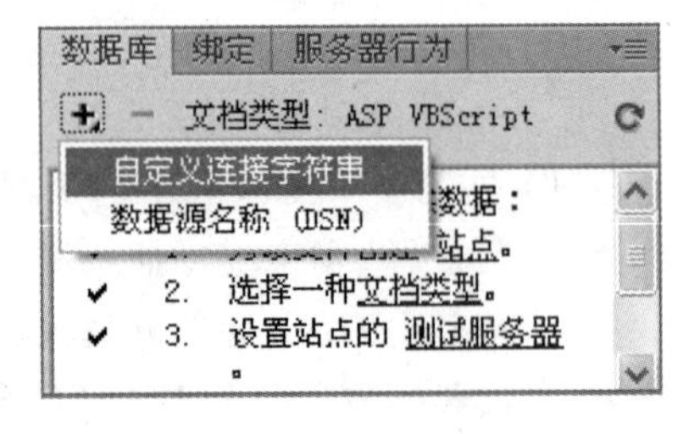

图 14-14 自定义连接字符串

② 在弹出“自定义连接字符串”对话框中,设置连接名称为 conn,输入如下连接字符串:" Provider = Microsoft.ACE.OLEDB.12.0;Data Source = " &Server.MapPath ("/database/data.accdb"),选择“使用测试服务器上的驱动程序”,如图 14-15 所示。

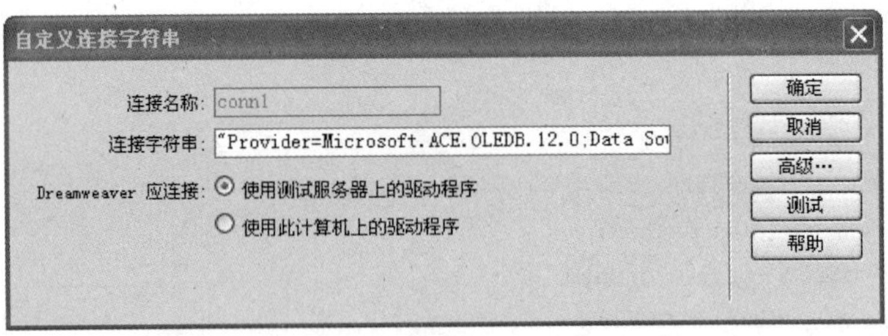

图 14-15 OLEDB 数据库连接

③ 单击“测试”按钮,测试成功后单击“确定”按钮,如图 14-16 所示。

图 14-16 测试成功

或者使用另一种连接方式,输入如下连接字符串:" Driver = {Microsoft Access Driver (*. mdb, *. accdb)}; DBQ = " &Server. MapPath("/database/data. accdb")(注意:“Driver”与“(”之间有一个空格,“ *. mdb,”与“ *. accdb”之间有一个空格),如图 14-17 所示。推荐采用第二种连接方法。

图 14-17 ODBC 数据库连接

(4) 记录集的定义和绑定。

index. asp 页面的作用是浏览数据库中有哪些留言,并在网页中按照设定的格式逐条列出,如图 14-1 所示。

① 单击“数据”面板上的“记录集”按钮,定义记录集,如图 14-18 所示。

② 绑定记录集到页面 index. asp。

在如图 14-19 所示的“绑定”面板,根据需要将字段与index. asp中的相应位置一一绑定。例如:选择记录集 rs 中的 username 字段,单击“插入”按钮,插入 index. asp 中“留言者”位置,并删除“留言者”三个字,则数据库中的“username”字段显示在网页的“留言者”处。

图 14-18 定义记录集 rs

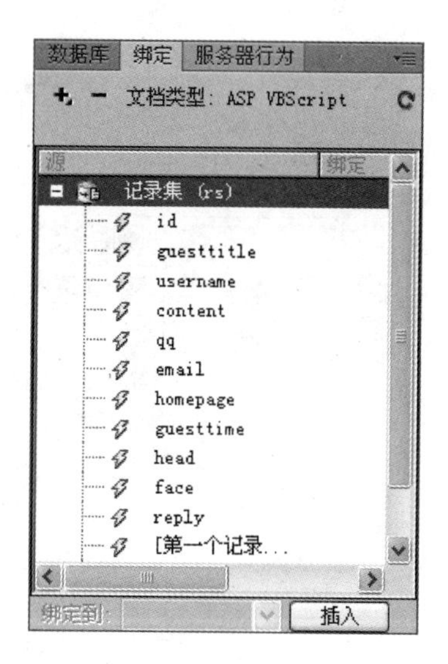

图 14-19 绑定记录集

③ 同样方法,设置其他文本字段。如图 14 - 20 所示,绑定 id、guesttitle、content、reply、guest-time 到相应的文本。

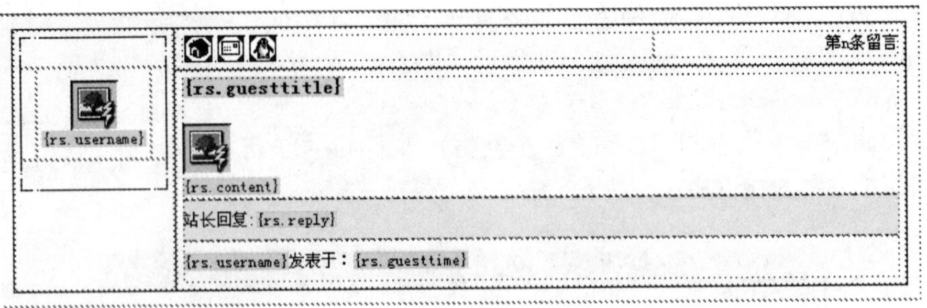

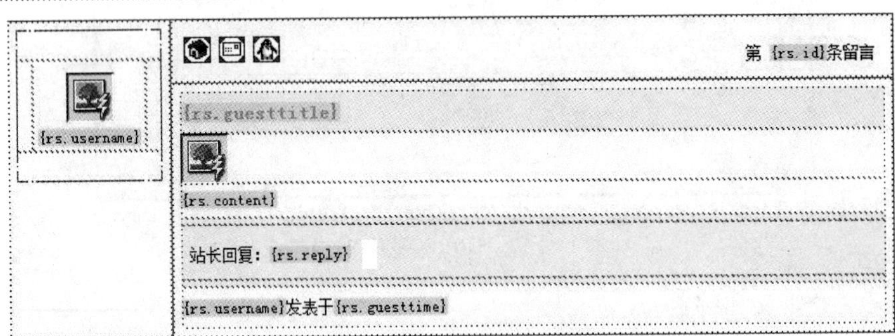

图 14 - 20　绑定记录集

④ 选定图像占位符 head,在“绑定”面板中选定“记录集 rs”中的“head”字段,并单击“绑定”按钮,则数据库中的“head”字段与图像的源文件绑定;同理,设置图像占位符 face 的源文件绑定,浏览页面,则可以在网页上显示数据库中的内容,如图 14 - 21 所示(注:需预先在数据库中任意添加两条记录)。

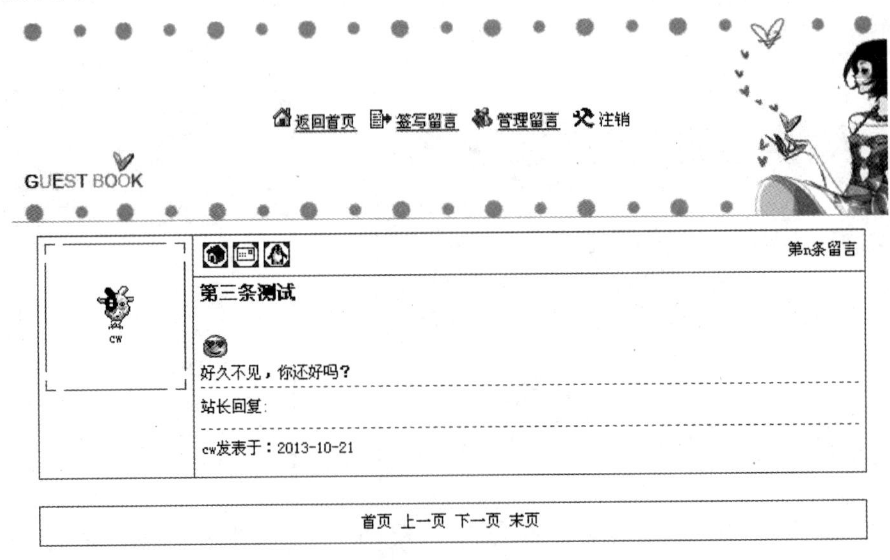

图 14 - 21　绑定一条记录后预览效果

⑤ 绑定超链接,将 index. asp 中的三个图片分别设置超链接,第一个链接到留言者的个人主页,第二个链接到留言者的 E-mail,第三个链接到留言者的 QQ,操作如下:

(a) 选定第一个图片,设置空链接“#”,选定超链接标签〈a〉,将记录集 rs 的 homepage 绑定到 a. href;链接目标为“_blank”,实现单击图片时则访问留言者个人主页的效果。

(b) 选定第二个图片,设置链接“mailto:”,切换到“代码”视图,将记录集 rs 的 email 字段拖动到代码 mailto 之后,则代码变成:

〈a href = "mailto:〈% = (rs. Fields. Item("Email"). Value) % 〉" 〉,实现单击图片时则给留言者发送 E-mail 的效果。

(c) 选定第三个图片,设置链接“http://wpa. qq. com/msgrd?V = 1&Uin = ”,切换到“代码”视图,将记录集 rs 的 QQ 字段拖动到代码“http://wpa. qq. com/msgrd?V = 1&Uin = ”之后,则代码变成:〈a href = " http://wpa. qq. com/msgrd?V = 1& Uin = 〈% = (rs. Fields. Item ("QQ"). Value) % 〉" 〉,实现单击图片后与留言者 QQ 聊天的效果。

(d) 设置标签“img”的边框为“none”。

(5) 重复区域和记录集分页。

目前网页中只能显示一条留言,下面使其显示多条留言,并设置“首页”、“上一页”、“下一页”、“末页”的翻页功能。

① 选中完整的一条留言所在的行,单击“数据”面板上的“重复区域”按钮,在弹出的如图 14 - 22所示的“重复区域”对话框中,设置每页显示记录集 rs 的两条记录。浏览页面时,则每页显示 2 条记录。

② 实现翻页功能。

选定“首页”,单击“数据”面板,单击“记录集分页”按钮旁边的小三角,选择“移至第一条记录”,打开如图 14 - 23 所示对话框。

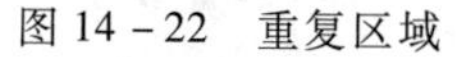
图 14 - 22 重复区域

图 14 - 23 移至第一条记录

重复上述步骤,设置“上一页”链接至“移至前一条记录”、“下一页”链接至“移至下一条记录”、“末页”链接至“移至最后一条记录”。

6. 制作签写留言页面 add. asp。

如何将表单中的信息写入数据库中呢? 我们通过 add. asp 页面的制作来学习插入记录的方法。

(1) 打开 add. asp 页面。插入 1 行 1 列的表格:宽度为 680 px,背景色为#FFFFEE。在表格的前面包含 top. asp,在表格的后面包含 foot. asp。

(2) 附加样式表 style. css。

(3) 将光标定位于(1)完成的表格的单元格中,单击“数据”面板上的“插入记录”旁边的小三角,选择“插入记录表单向导”,在弹出的“插入记录表单”对话框中进行设置,如图 14－24 所示。

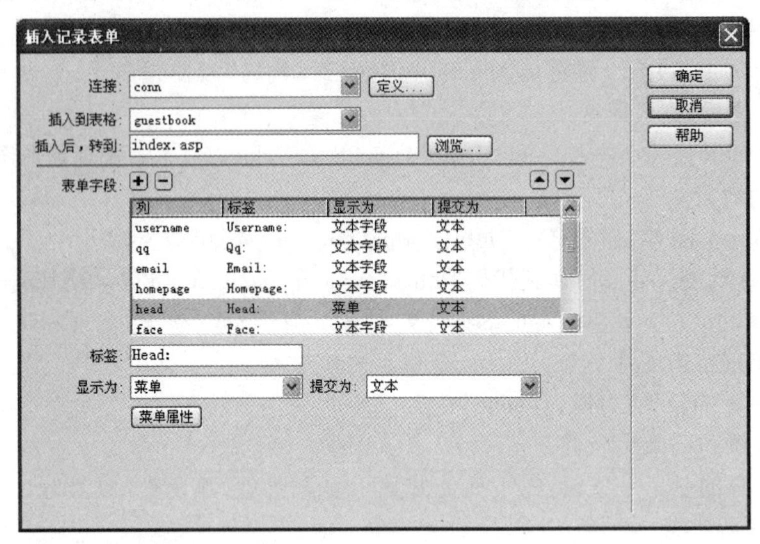

图 14－24　插入记录表单

① 设置“连接”为 conn,“插入到表格”为 guestbook,“插入后,转到”为 index. asp。

② 在“表单字段”列表中删除字段 id、reply、guesttime。

③ 在“表单字段”中选择标签“Head:”,在“显示为”中选择“菜单”,并单击“菜单属性”按钮,如图 14－25 所示设置菜单属性。

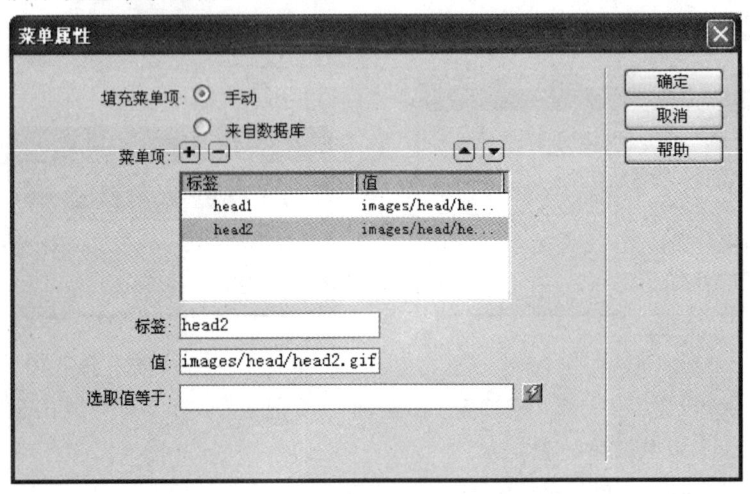

图 14－25　设置表单字段 head 的菜单属性

④ 在“表单字段”列表中选择标签“Face:”,在“显示为”中选择“单选按钮组”,并设置单选按钮组的属性,如图 14－26 所示。

⑤ 选择“Content:”,在“显示为”中选择“文本区域”。

⑥ 相应调整显示的顺序,单击“确定”按钮后形成如图 14－27 所示的效果。

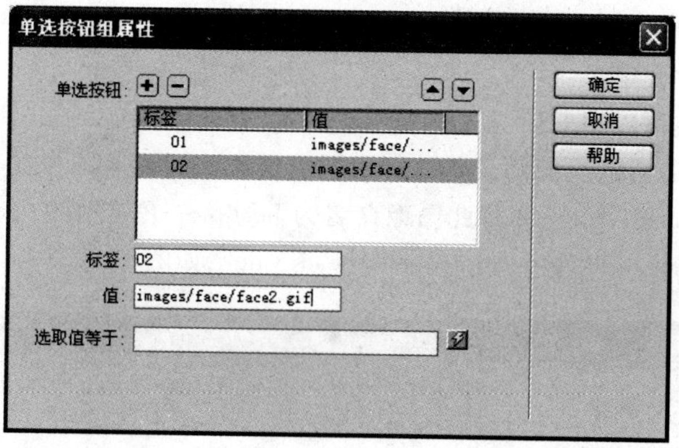

单选按钮组属性

单选按钮：

标签	值
01	images/face/...
02	images/face/...

标签：02

值：images/face/face2.gif

选取值等于：

确定

取消

帮助

图 14－26 设置表单字段 face 的单选按钮组属性

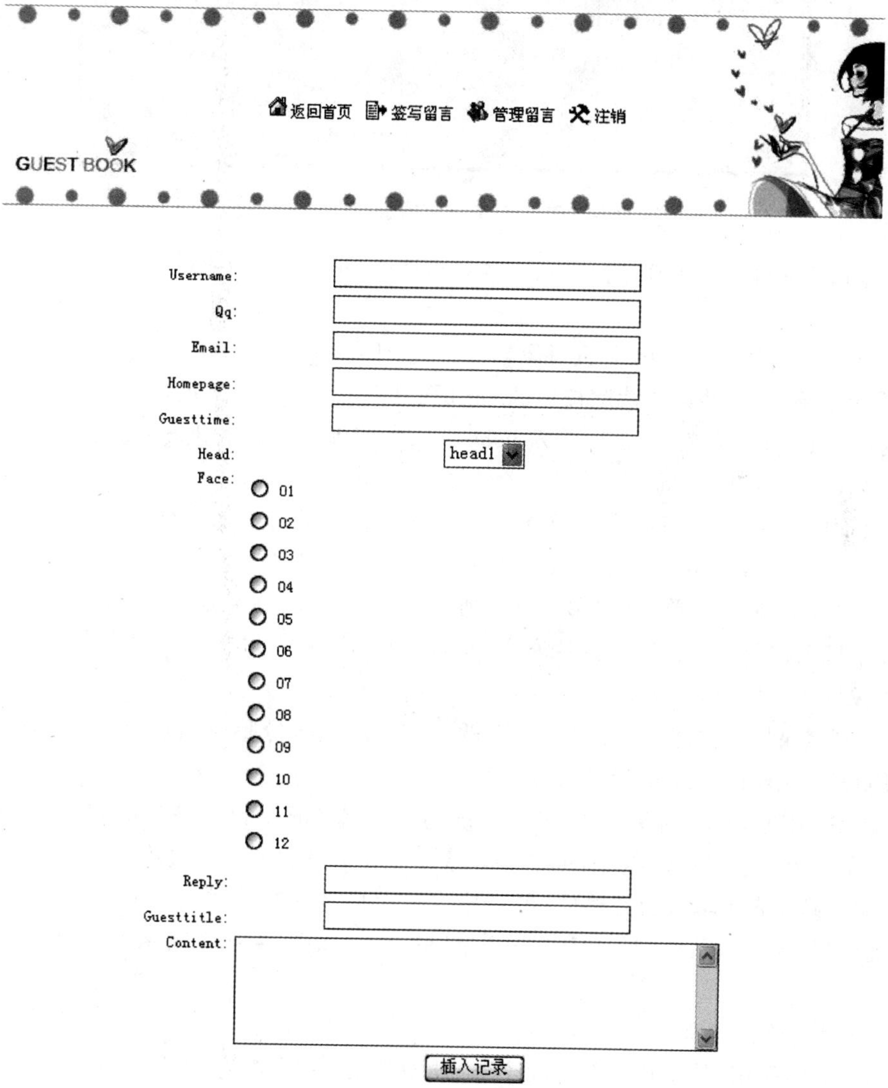

返回首页 签写留言 管理留言 注销

GUEST BOOK

Username:

Qq:

Email:

Homepage:

Guesttime:

Head: head1

Face:

01
02
03
04
05
06
07
08
09
10
11
12

Reply:

Guesttitle:

Content:

插入记录

图 14－27 插入记录表单向导完成后效果

(4) 修饰页面 add. asp,形成如图 14 - 2 所示结果。

① 重新布局,修改文字。

② 制作细线表格:可以用 CSS 样式制作。

③ 设置留言头像旁边的头像随菜单选择不同而出现不同预览图像的效果:在留言头像旁插入图像(images/head/head1. gif),并将此图像命名为 headpic。右击菜单 head,选择“编辑标签”,设置 head 菜单的 onChange 事件:headpic. src = head. value,如图 14 - 28 所示。

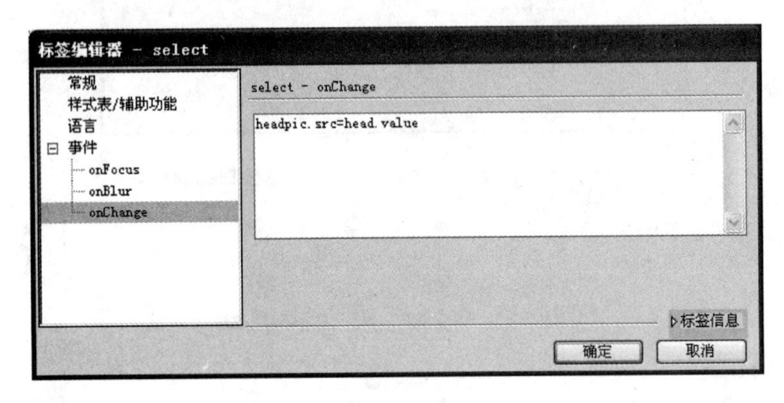

图 14 - 28　头像变化的 JavaScript 代码

④ 设置留言表情:在 01、02 等位置,插入相应图像(images/face/face1. gif、images/face/face2. gif 等)。

⑤ 修改“提交”按钮为表单中的图像域,图像源为 images/submit. gif;添加普通图像 images/reset. gif 作为清除按钮,并设置清除按钮的 onClick 事件代码:javascript:form1. reset( )。

⑥ 浏览页面,并输入相应信息,转入 index. asp 后能即时显示最新发表的留言。

7. 制作登录页面 login. asp。

登录页面的作用在于,只有当管理员登录后,才能进入管理页面,对留言进行回复和删除。

(1) 打开页面 login. asp,进行页面设计,效果如图 14 - 3 所示。

① 在主体部分插入表单,并使用 3 行 2 列表格布局,分别插入文本字段和图像域。

② 文本域名称分别设置为 username 和 password。

③ 图像域源文件为 new9. gif。

(2) 实现登录用户功能:单击“数据”面板,单击“用户身份验证”按钮旁边的小三角,选择“登录用户”,如图 14 - 29 所示进行设置。

(3) 在 IE 浏览器中进行浏览,若输入正确的用户名 admin 和密码 admin,则跳转到页面 admin. asp,否则还在本页 login. asp(注意在数据表 admin 中添加一条测试数据)。

(4) 为了确保表单填写的完整性,可对输入的用户名和密码进行判断,打开“标签检查器”窗口,切换至“行为”面板,添加一个“检查表单”的行为,如图 14 - 30 所示进行设置,确保用户名和密码必须填写。

8. 制作管理留言页面 admin. asp。

admin. asp 的作用是提供一个页面以实现对数据库的浏览、删除、回复,本页面可以由 index. asp另存后修改。

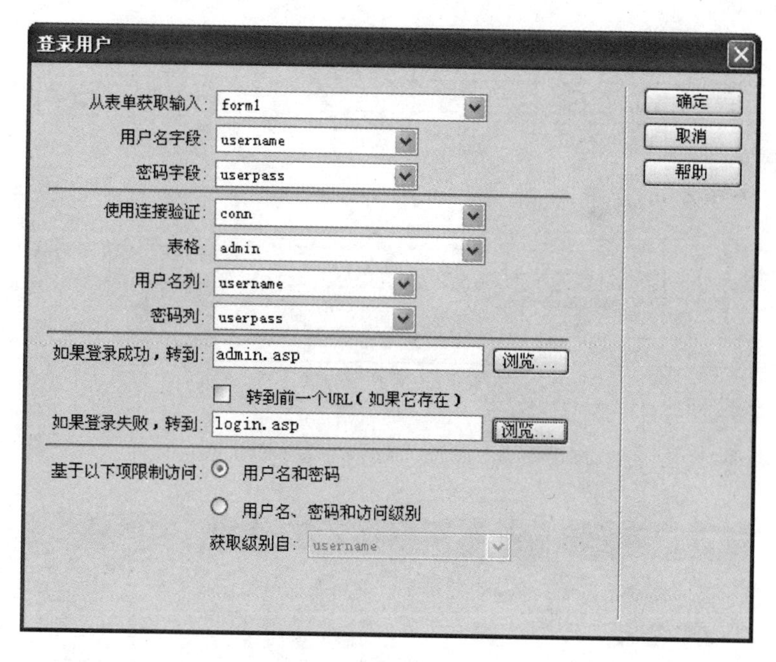

图 14 - 29　登录用户

图 14 - 30　检查表单

（1）将 index. asp 另存为 admin. asp，并在第 X 条留言旁边添加带“删除”、“回复”链接的图片，如图 14 - 31 所示。

（2）设置超链接。

选择文字“回复”，单击“数据”面板的“转到详细页面”按钮，即带参数链接到了 reply. asp 页面，传递过去的参数 id 为管理员回复的留言 id，如图 14 - 32 所示。

同样的操作，设置文字“删除”链接至 del. asp 页面，带上参数 id。

选择“删除”的链接标签〈a〉，单击右键，选择“编辑标签”，设置 onClick 事件发生时弹出窗口确认删除，如图 14 - 33 所示。

效果如图 14 - 6 所示，单击“确定”按钮时跳转到 del. asp 页面；单击“取消”按钮则不操作。

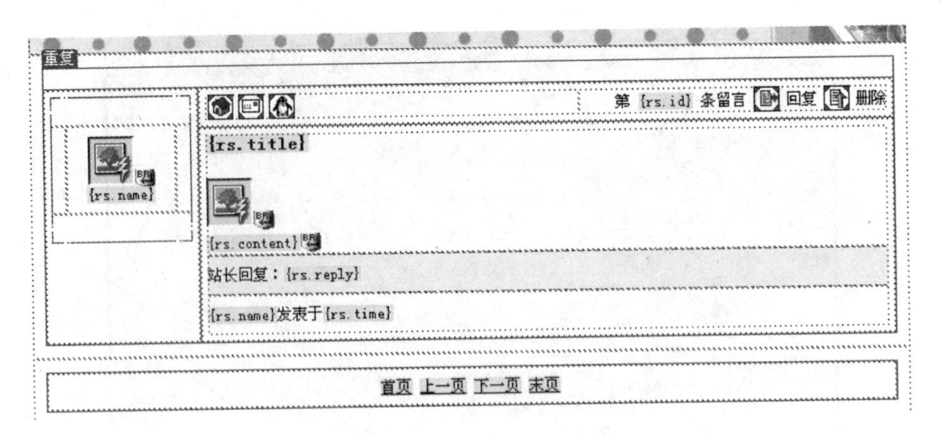

图 14 – 31 修改 index. asp 为 admin. asp

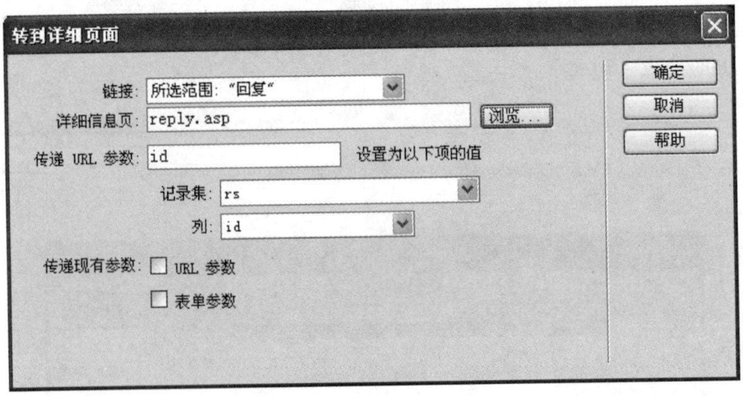

图 14 – 32 “回复”超链接转到详细页面 reply. asp

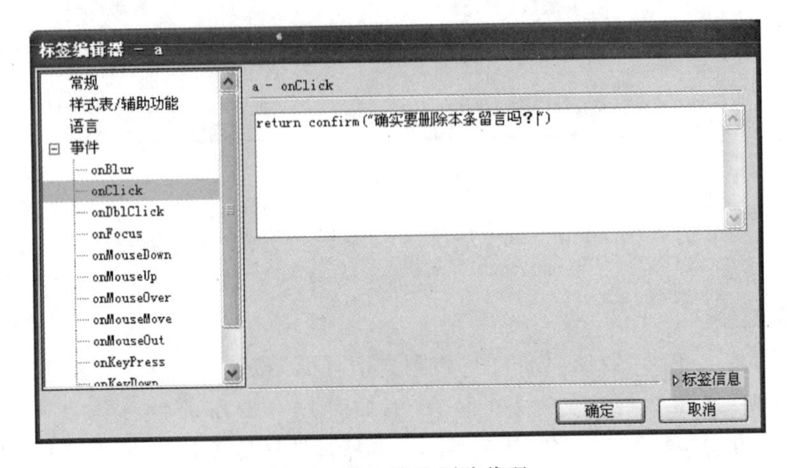

图 14 – 33 确认删除代码

(3) 设置页面限制访问功能：如果没有登录，就不可以访问本页，跳转到 login. asp。在“数据”面板中单击“用户身份验证”，选择“限制对页的访问”，如图 14 – 34 所示进行设置。

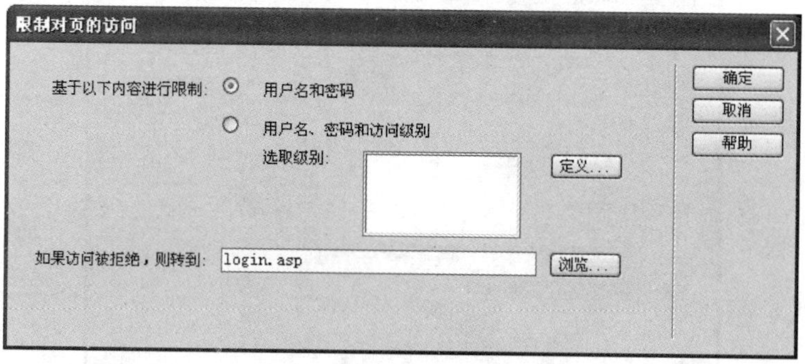

图 14－34 限制对页的访问

（4）在 top. asp 页面设置“注销”功能，使得用户登录后可以注销。

选择文字“注销”，并在“数据”面板中单击“用户身份验证”按钮旁的下拉箭头，选择“注销用户”，如图 14－35 所示进行设置。

图 14－35 注销用户

9. 制作回复留言页面 reply. asp。

在 admin. asp 中单击“回复”后，带参数 id 跳转到 reply. asp 页面，对相应的留言进行回复，回复内容会出现在 index. asp 中的相应位置。

（1）打开 reply. asp，对页面进行布局，如图 14－5 所示。

（2）设置更新记录服务器行为。在“数据”面板中单击“更新记录”按钮，弹出如图 14－36 所示的对话框，要求先完成“4. 创建记录集”才能更新记录，即需要先指定修改哪一条数据。

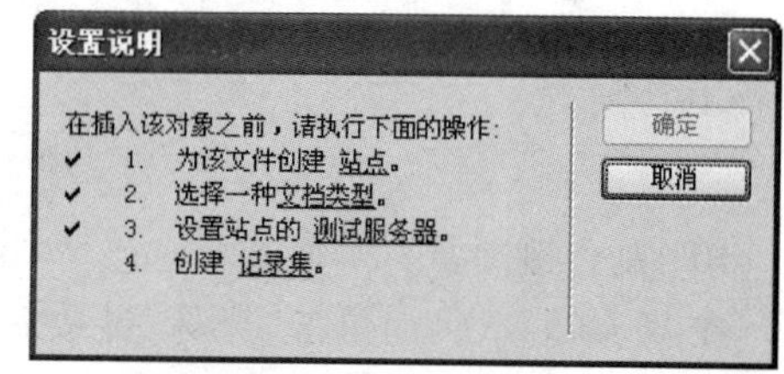

图 14－36 设置说明

（3）单击链接“记录集”，开始创建记录集。如图 14－37所示：选择 id 和 reply 两个字段，设置筛选条件 id 为传递过来的 URL 参数 id。记录集创建后就可以更新记录了。如图 14－38 所示，在“更新记录”对话框中设置要更新的表格为 guestbook，更新的记录集为 rs，更新成功后跳转到 admin. asp 页面，并设置将表单中的文本框 reply 的内容更新至数据表 guestbook 的字段 reply 中。

（4）设置服务器行为：限制对页的访问。

（5）浏览本页的效果。

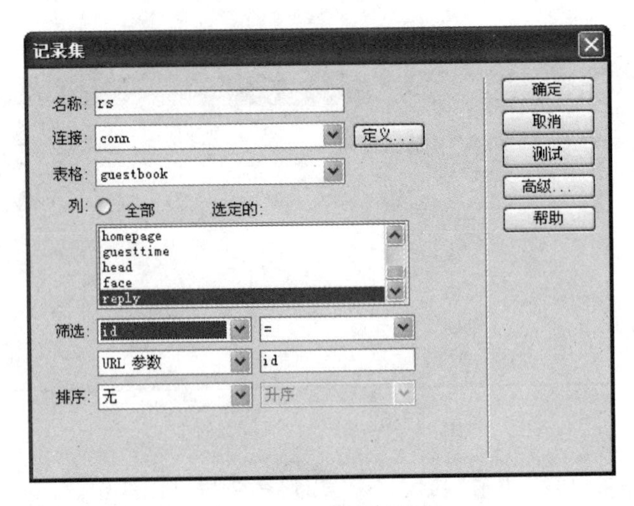

图 14－37　创建记录集

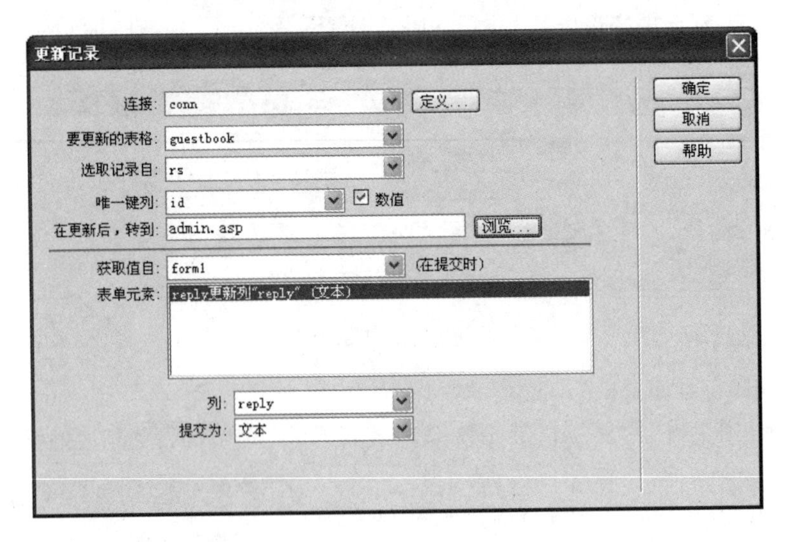

图 14－38　更新记录

10. 制作删除留言页面 del. asp。

在 admin. asp 页面单击“删除”链接后，带参数 id 跳转到 del. asp 的页面删除相应的留言，并弹出如图 14－7 所示的删除成功提示对话框。

(1) 设置删除记录服务器行为：在“数据”面板单击“命令”按钮，弹出“命令”对话框，如图 14－39 所示。

SQL 语句为：DELETE FROM guestbook　WHERE id = " &request. querystring(" id") &"

其中 SQL 语句与动态的 URL 参数 id 之间用双引号及连接符号 & 隔开。

(2) 弹出成功窗口并跳转到 admin. asp 页面。

切换到“代码”视图，在 ASP 结束标记“%〉”之前输入以下代码，即以 ASP 嵌入 JavaScript 脚本，达到页面效果。

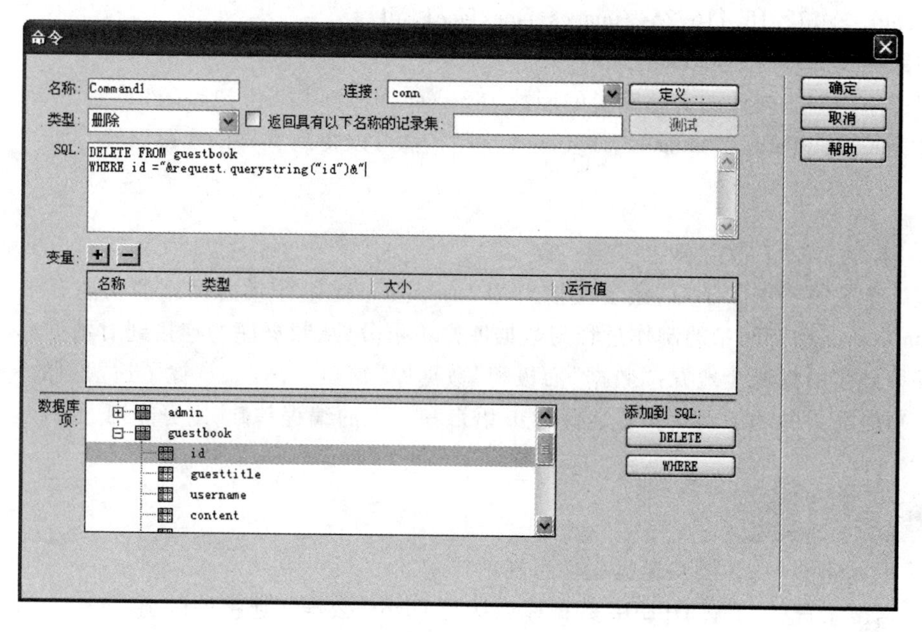

图 14－39 “命令”对话框

```
response.Write("<script>alert('删除成功！');window.location='admin.asp'</script>")
```

（3）限制对页的访问。

（4）在浏览器中测试效果。

相关知识

一、绝对路径和相对路径

1. 绝对路径：描述文件完整位置的路径。例如：

E:\web14\images\face\face1.gif 是本机的绝对路径。

http://172.18.115.254/images/face/face1.gif 是网络上的绝对路径。

/images/face/1.gif 是网站根目录下的绝对路径。

2. 相对路径：描述文件相对位置的路径。例如：

images/face/face1.gif：当前文件与 images 平级。

../images/face/face1.gif：../指上一层文件夹。

../../images/face/face1.gif：../../指上一层的上一层文件夹。

二、实际路径与虚拟路径

实际路径：E:\web14\images\face\face1.gif。

URL:http://172.18.116.254/images/face/face1.gif。

虚拟路径:/images/face/face1.gif。

用虚拟路径查找文件的实际路径的函数为 Server.MapPath("虚拟路径")。

如:Server.MapPath("/images/face/face1.gif") 就可以得到文件的实际路径。

项目总结

经过一个完整实例的学习,读者应该对用 Dreamweaver 制作动态网站的功能有了一定的了解。Dreamweaver 动态网站的制作过程与数据库密不可分,从数据库的连接到对数据库的增、删、改、查,用得最多的是两个地方:“数据”面板和“数据库”窗口。因此,掌握了这两项的基本功能,就能做出功能简单的动态网站。若掌握 SQL 语言和一定的编程基础,则更能锦上添花。

思考与深入学习

1. 除了 ASP 以外,你还知道哪些动态网站技术?

2. 上网搜索资料,了解 OLEDB 数据库连接与 ODBC 数据库连接的区别。

3. 从网上找一个文章管理系统,研究并尝试自己设计类似系统,实现文章的调用、添加、修改、删除等简单的功能。

15 项目 15 “班级主页”——网页切片

学习目标

熟练使用 Photoshop 设计网页美工图；能根据设计需求进行页面布局、色彩搭配；掌握切片工具的使用，熟练运用表格布局配合 CSS 样式制作网页。

项目要求

本项目以计算机管理系 510451 班班级主页为例，运用 Photoshop 软件进行班级主页美工图的设计及切片，并在 Dreamweaver 中进行布局。任务分为三个层次：

初级：根据项目 15 素材中的切片素材，使用设计好的美工图进行切片生成网页。

中级：根据项目 15 素材中的美工图素材，模仿制作美工图并进行切片生成网页。

高级：根据自己的班级情况，自己设计制作班级主页美工图并进行切片生成网页。

本项目中主要完成初级任务，在此基础上读者可尝试自己完成中级任务和高级任务。

项目分析

为了完成计算机应用技术 510451 班班级主页，设计制作了两张网站美工图：首页和二级子页面，规划了网站的导航栏目和功能。接下来，需要对美工图切片导出成 HTML 格式，然后运用 Dreamweaver 软件制作网页。

探索学习

观察首页美工图，思考如果用表格布局的方法布局这个页面，应该如何设置。其中，首页美工图和二级子页面美工图效果分别如图 15－1 和图 15－2 所示。

由观察我们可以得出以下结论：

1. 首页与分页风格统一，布局统一。其中，网页的头部、左侧、底部都一样。只有主体部分不一样。这样我们可以由首页存储为模板来生成分页。切片时可以将美工图分割为头部、左侧、主体、底部四个大块，再分别切片。

2. 观察美工图的元素，即网页的页面图文。我们可以看到，一部分图片是网页内容的需要，如 Logo、登录及注册按钮、左侧的超链接图片，这些图片可以单独切片，在网页中作为图片插入；另一部分图片是网页布局的需要，如一些线条和色块，这些图片切片后生成网页，可以作为背景使用；文字部分，作为内容使用的文字可以隐藏，在 Dreamweaver 中书写；作为标题的特殊文字可以与图片一起切片；如导航部分文字可以隐藏后在 Dreamweaver 中使用 CSS 样式应用超链接效果。

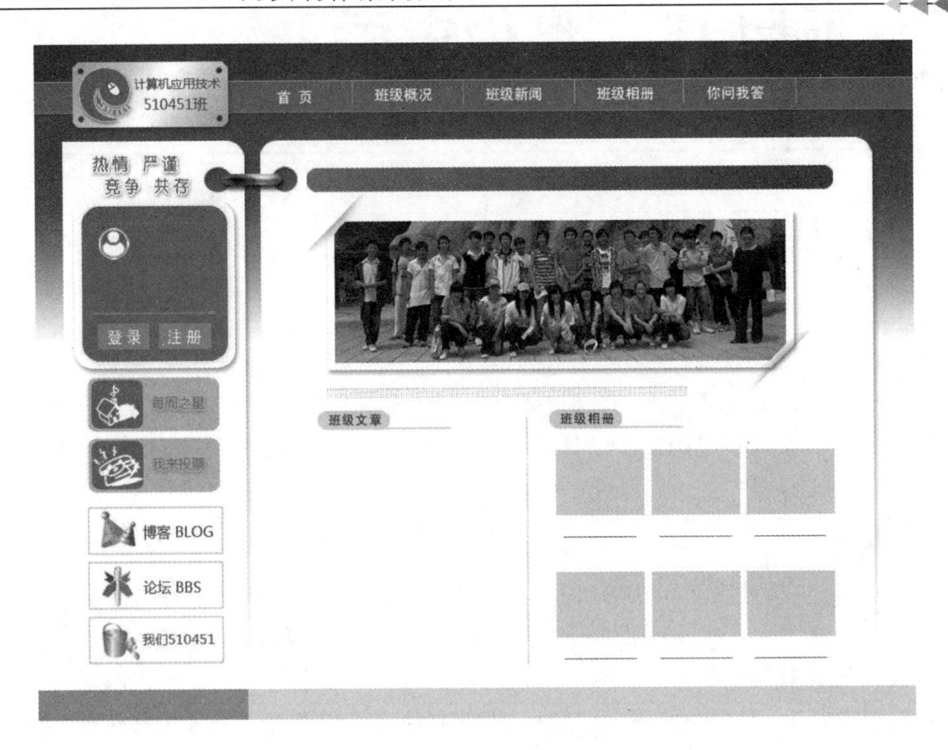

图 15－1　首页美工图

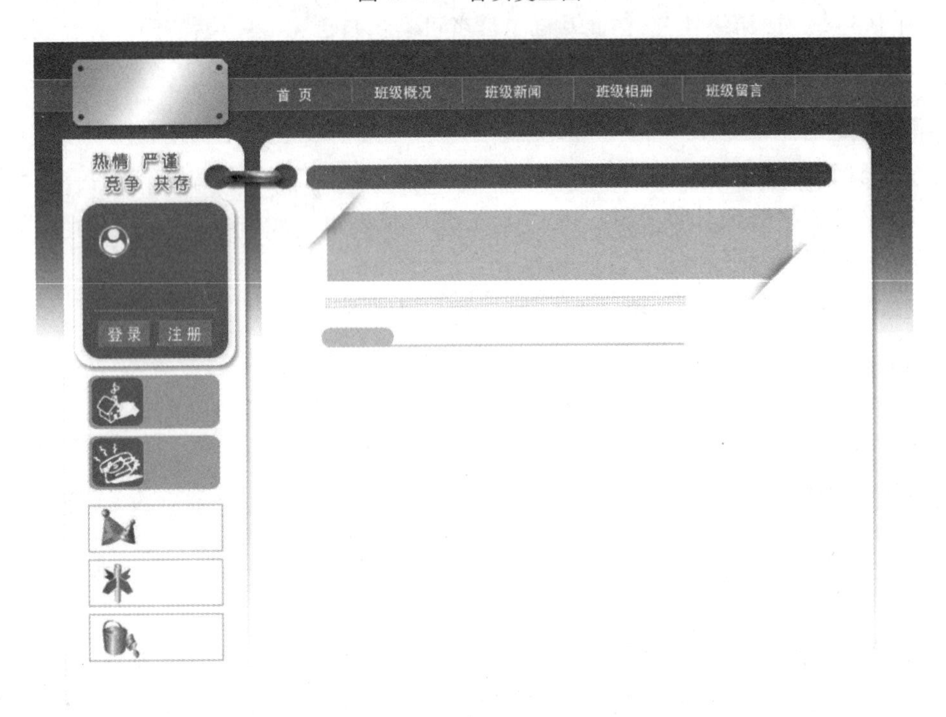

图 15－2　二级子页面美工图

3. 切片时,我们可以先获取网页的内容图片,然后隐藏这些图片切割网页的布局图片。

操作步骤

1. 打开本书配套光盘中的“案例文件\项目15\项目15素材\切片素材\首页效果图index. psd”,微调参考线至符合切片需要。

提示:在切片之前,需要进行 Photoshop 视图的设置。勾选“视图”菜单中的“显示额外内容”、“标尺”、“对齐到”选项,这样方便切片而且更加精确。另外,在工具栏选择“移动工具”,在属性窗口中勾选“自动选择图层”,这样方便拖拉参考线。

2. 美工图中网页的渐变色背景在页面设计时需要平铺,所以单独切片。选择工具栏中的“切片工具”,在左侧拖出背景层,如图15-3所示。单击右键,选择“编辑切片选项”,在弹出的图15-4所示“切片选项”对话框中将切片命名为“bg”。

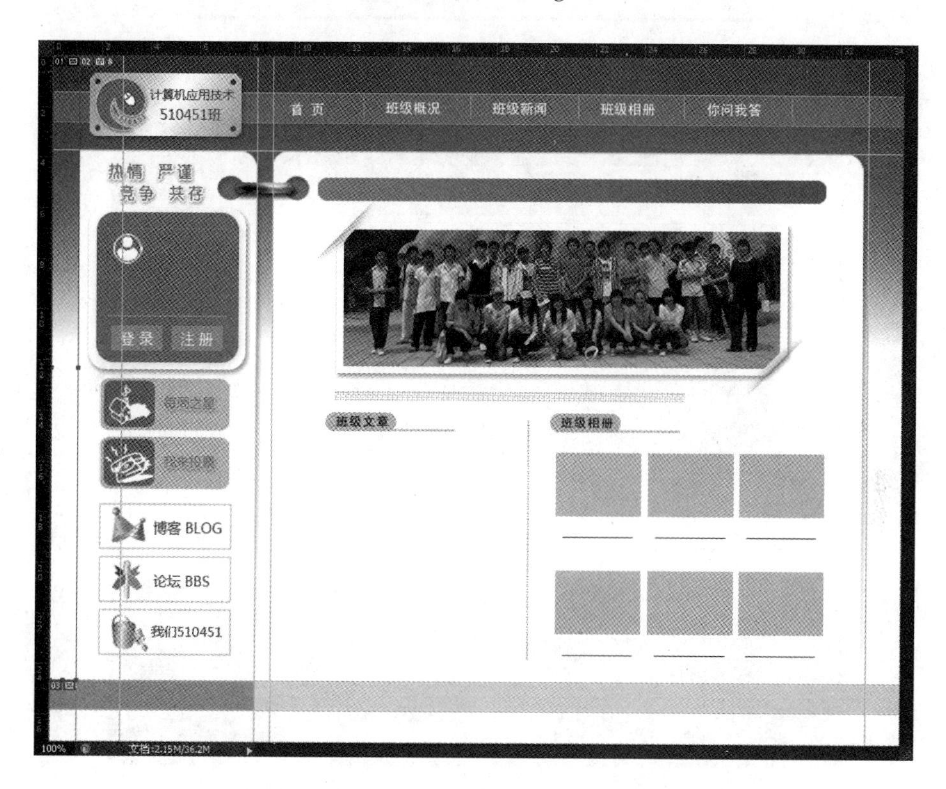

图15-3 背景切片

3. 选择“文件”→“存储为 Web 所用格式”命令,弹出对话框,单击“存储”按钮,在“将优化结果存储为”对话框中选择格式为“仅限图像”,存储于 E:\web16 文件夹下,用于项目16综合网站的制作,如图15-5所示。当我们打开 web16 文件夹时,会发现多出一个 images 文件夹,刚才切片生成的背景图片已经保存为 bg. jpg,如图15-6所示。

4. 根据布局要求切割网页大块。

(1) 选择“裁剪工具”,裁剪掉背景,双击后只保留内容部分。

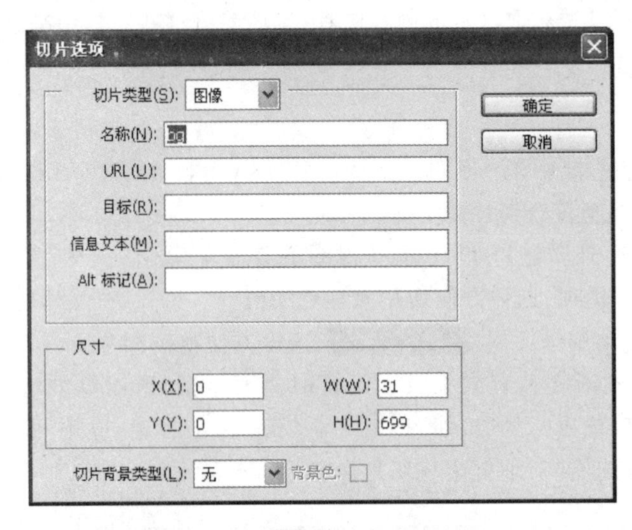

图 15－4 “切片选项”对话框

图 15－5 保存切片为“仅限图像”

(2) 选择“切片工具”，由上往下、由左至右根据功能模块切片，粗略切出 4 个区域：Logo 导航区 top、核心内容区左部 left、核心内容区右部 main 及版权所有区 foot，效果如图 15－7 所示。

(3) 编辑切片选项：按照从上往下、从左往右的顺序编辑切片选项，名称分别为 top、left、main、foot。

(4) 选择“文件”→“存储为 Web 所用格式”命令，如图 15－8 所示，将优化结果存储为 index.html，存储格式为“HTML 和图像”。观察 web16 文件夹，会发现多出一个 index.html 的

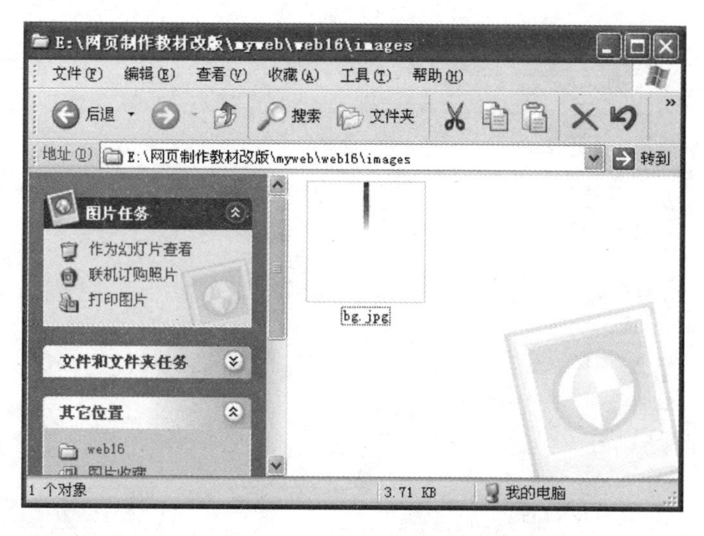

图 15－6　查看 web16 文件夹

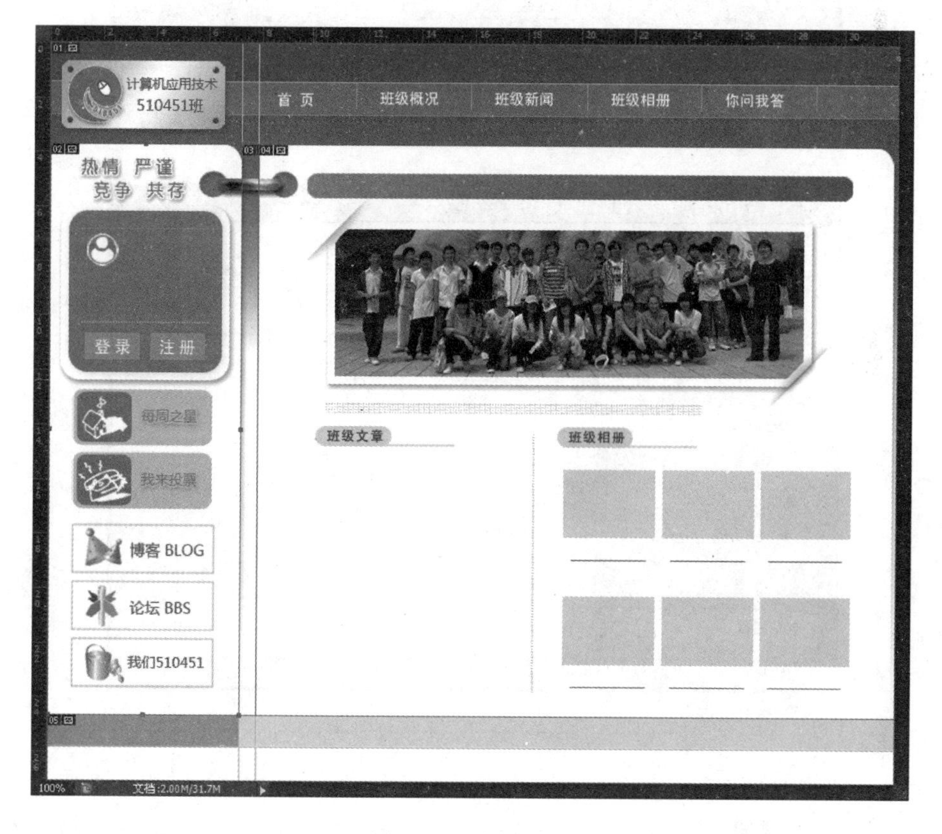

图 15－7　切片效果

网页文件，同时在 images 文件夹下，刚才切片生成的图片按照我们的设置分别命名，而没有命名的 left 与 main 之间的分隔图片自动命名为 index_03. jpg，如图 15－9、图 15－10 所示。

图 15－8　保存切片为“HTML 和图像”

图 15－9　查看 web16 文件夹

5. 细切 Logo 导航区 top。

(1) 用裁剪工具 选中 top 部分并且双击，得到 Logo 及导航区部分图像，文件存储为 top. psd。

(2) 单独切出 Logo 图像，存储为 Logo. jpg，如图 15－11 所示。

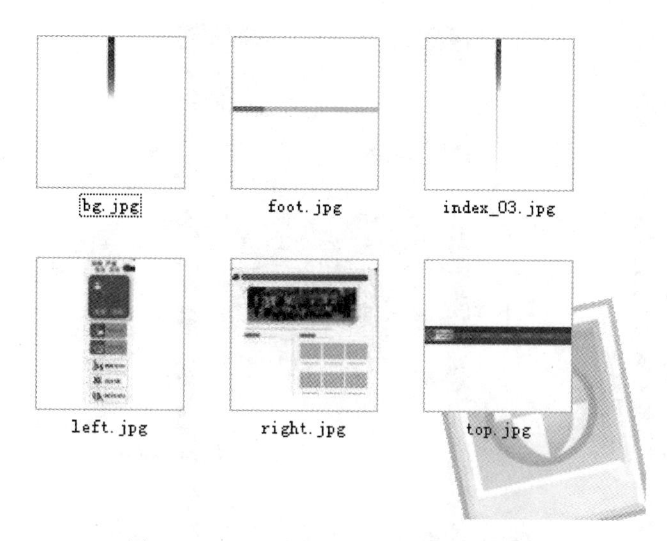

图 15－10 查看 web16 下的 images 文件夹

图 15－11 Logo 图片

（3）隐藏 Logo 及导航栏文字，切片如图 15－12 所示。

图 15－12 top 切片效果

（4）导出 top 文件，生成 top.html 文件和相应的 images 图片。

6. 细切核心内容区左部 left。

（1）在历史记录中选择“裁剪”的上一步，回到 index 文件，如图 15－13 所示。

（2）用“裁剪工具”选中核心内容区左部并且双击，得到 left 部分，文件存储为 left.psd。

（3）单独切出用于内容的小图片，如“登录”、“注册”按钮、左侧快速导航图片等，分别命名为 btn_login、btn_reg、btn_link1、btn_link2、btn_link3 等，如图 15－14 所示；切片导出为“仅限图像”。

（4）选择“视图”→“清除切片”命令，将刚才的切片效果清除。重新进行关于布局的切片。隐藏相应部分，进行切片，效果如图 15－15 所示。

（5）导出 left 文件，生成 left.html 文件和相应的images 图片。

图 15－13 历史记录

7. 细切核心内容区右部 main。

（1）在历史记录中选择“裁剪”的上一步，回到 index 文件。

（2）用“裁剪工具”选中核心内容区右部并且双击，得到核心内容区右部，存储为 main.psd。

（3）隐藏相应内容，进行切片，效果如图 15－16 所示。

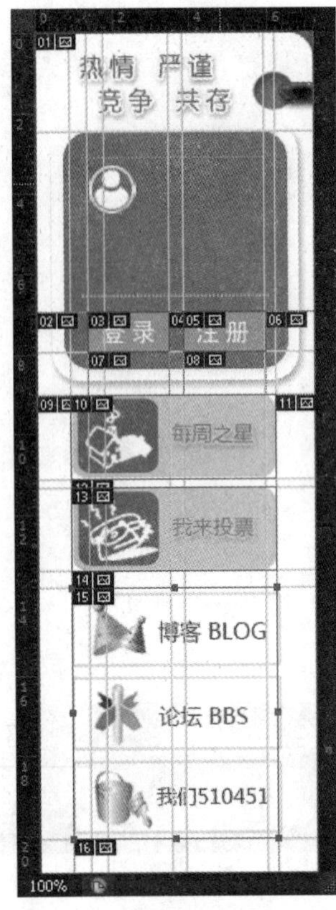

图 15－14　小图片的切片

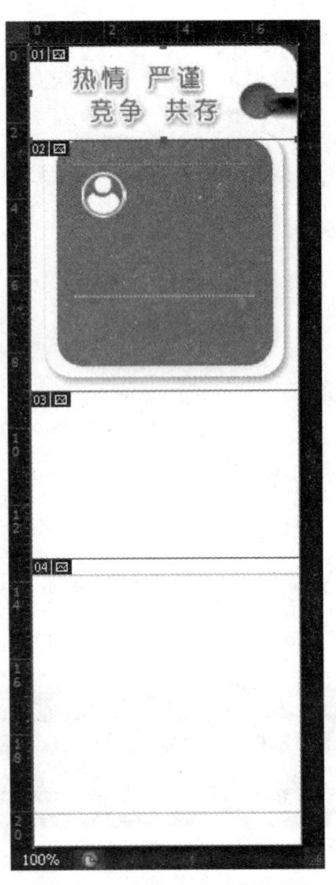

图 15－15　left 切片效果

图 15－16　main 切片效果

（4）导出 main 文件，生成 main. html 文件和相应的 images 图片。

8. 细切底部 foot 区域。

（1）在历史记录中选择“裁剪”的上一步，回到 index 文件。

（2）用“裁剪工具”选中底部并且双击，得到底部区域，存储为 foot. psd。

（3）隐藏文字，进行切片，效果如图 15－17 所示。

图 15－17　foot 切片效果

（4）导出 foot 文件，生成 foot. html 文件和相应的 images 图片。

9. sub 子页面切片：打开 sub. psd 文件，只对主体部分进行切片。效果如图 15－18 所示，导出切片为“仅限图像”。

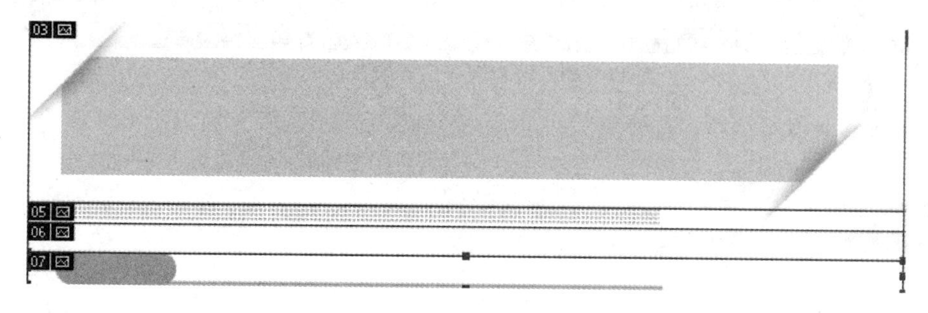

图 15－18　分页主体部分切片

10. 在 Dreamweaver 中编辑网页。

（1）新建站点 web16，指向 E:\web16 文件夹，并指定 images 文件夹为网站默认文件夹。站点文件夹如图 15－19 所示。

（2）打开网页 index. html，设置网页标题为“计算机应用技术 510451 班级主页”；设置“页面属性”→“标题编码”为“简体中文(GB2312)”。

（3）设置表格居中对齐，背景图片为 images/bg. jpg，横向重复。

（4）复制 top. html 中的表格，替换 index. html 中的 top. jpg；复制 Left. html、main. html、foot. html 中的表格，替换 index. html 中的 left. jpg、main. jpg、foot. jpg。

（5）在相应的位置插入内容图片 logo. jpg、btn_link1. jpg、btn_link2. jpg、btn_link3. jpg。

（6）在需要输入文字或者其他内容的地方，将图片设置为外层单元格的背景图片，并删除图片。请注意单元格宽度和高度与图片一致。

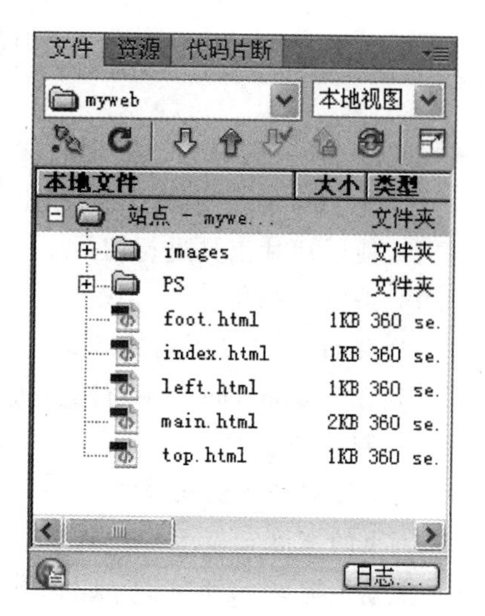

图 15－19　站点文件夹

(7) 在网页头部添加导航文字;在网页左侧添加登录表单;在网页底部添加版权信息。

(8) 在"链接检查器"面板中,检查当前站点的孤立文件,如图 15-20 所示,可以清除掉一些多余的图片文字,注意不要误删除。

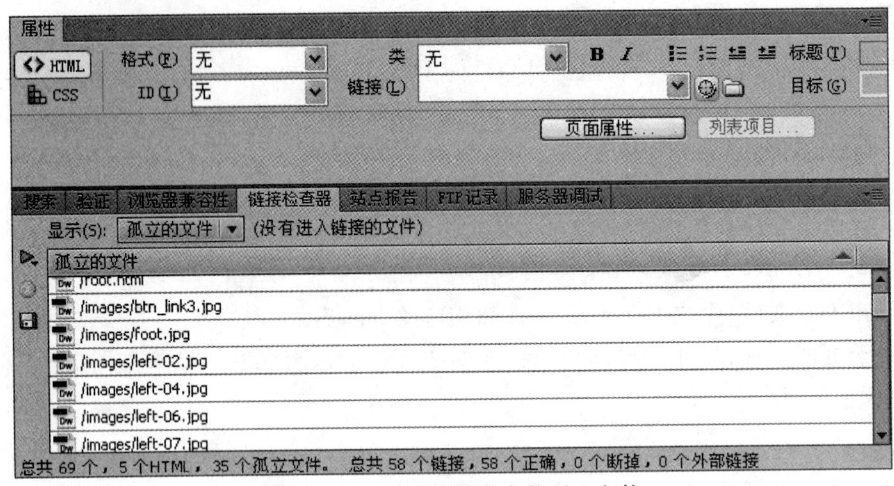

图 15-20 检查当前站点的孤立文件

11. 在浏览器中测试并查看效果。

相关知识

一、 什么是切片

切片是在 Photoshop 或者 Fireworks 中将大图片分解为小图片,可以更好地对页面元素进行定位,有效地减少页面文件的大小,从而加快网页浏览和图片下载的速度。

二、 网页切片流程

网页切片一般分为以下 5 个步骤:

① 在 Photoshop 中画出美工图。

② 使用切片工具进行切片。

③ 编辑和细化切片。

④ 存储为 Web 所用的格式。

⑤ 在 Dreamweaver 中对网页进行布局和调整。

1. 制作美工图

(1) 设置美工图长宽。

网页的宽度 = 显示器分辨率宽度 - 滚动条宽度

滚动条宽度一般按 22 px 计,若显示器分辨率为 1024×768,则网页宽度为 1002;若显示器分辨率为 800×600,则网页宽度为 778。长度根据需要而定。

（2）设置参考线。

（3）设置图层组，命名图层。

（4）设置文本格式。

尽量使用常用字体，中文用宋体、黑体、楷体；英文用 Arial。

一般来说，一级标题 16 px；二级标题 14 px；普通文本 12 px。

2. 切片

操作方法：使用切片工具。

（1）页面规划

① 切片是一个总体的规划，要事先把设计图与页面结构、CSS 样表对应起来。

② 同样的一张模板，不同的人会有不同的切法，因为每个人都有自己的布局习惯，有些人习惯表格布局，有些人则擅长 Div + CSS。

③ 大刀阔斧地在 Photoshop 中先将美工图切成几行，注意横向对齐。

④ 放大美工图，分别将几行切成小图，原则是：颜色一样的切成一个小图；网页布局中作为文字内容显示的区域切成小图；尽量切成一列一列的；小图之间不要留空隙；可以放大观察，发现了可以及时调整。

（2）参考线

① 使用“移动工具”拖出参考线时注意选中美工布局时的标志性图片。

② 网页切片时有一种“基于参考线的切片”方法，可以根据参考线一次性地快速切片。

③ 切片时会自动依附参考线，使切片更细致，没有误差。

（3）隐藏层

① 隐藏图层中的文本、链接、图像。

② 尽可能地显示只有容器相关的图层。

③ 只显示背景、头部、导航、主体的容器和页脚。

3. 编辑和细化切片

操作方法：使用“切片选取工具”。

注意：

① 给每一个切片起一个名字（名字最好是有意义的）。

② 合并（或者链接）可以合并的图片。

③ 已经隐藏的需要单独保存的图片（如 Logo），记得要单独保存。

4. 切片导出

操作方法：选择“文件”→“存储为 Web 所用格式”命令。

注意：

① 颜色单一过渡少的部分应该导出为 GIF 格式。

② 颜色过渡比较多、颜色丰富的部分应该导出为 JPG 格式。

③ 有动画的部分应该导出为 GIF 动画。

5. 网页布局

注意：

① 简单网页无须重新建立 HTML 进行布局。

② 进行小部分调整:设置背景色、背景图片、CSS 样式。

③ 复杂网页若改动会导致网页变形,需要重新用表格或者 Div + CSS 进行页面布局。

项目总结

切片的原则和常见问题总结如下:

1. 只切需要的元素,很多元素可以通过 CSS 样式表来实现,图片并不代表一切。

2. 切片是生成表格的依据,切片的过程要先总体后局部,即先把网页整体切分成几个大的部分,再细切成小的部分。

3. 对于渐变的效果或圆角等图片特殊效果,需要在页面中表现出来的,要单独切出来。

4. 在 Dreamweaver 中进行编辑时,少用图片,如果能用背景颜色代替的就使用背景颜色,能使用图案的也尽可能使用图案平铺来形成背景。

5. 在 Dreamweaver 中进行编辑时,为防止删除图片时出现表格错位,要记住图片的长宽,在删除图片的位置插入一个相同长宽的表格。

思考与深入学习

1. 结合网页制作,切片时有哪些注意事项?

2. 自行设计班级主页美工图并进行切片生成网页。

3. 在 Dreamweaver 中对切片导出的网页进行布局时,要注意些什么?

16 项目16 “班级主页”——综合网站设计

学习目标

1. 了解网站综合设计的前期准备工作；
2. 能自主进行网站栏目的规划、功能和页面的设计；
3. 掌握页面布局、超链接、样式表、模板、表单、框架等技术的综合应用；
4. 通过实战来加强创意、设计、资料收集整理能力。

项目要求

本项目以计算机管理系510451班为例，设计制作一个班级主页网站。项目15中已经进行了网站规划、美工设计、切片，并在Dreamweaver中制作完成了主页，本项目将进一步将网页拓展成为一个风格统一、功能较齐全的网站，完成超链接并实现相应的功能。本项目的实现分为三个层次：

初级：根据项目15完成的首页效果，完成一个静态网站。

中级：根据项目15完成的首页效果，结合项目14的留言板，完成一个动态网站。

高级：根据自己的班级情况，自行规划网站栏目和功能，完成一个动态网站。

本项目中主要完成中级任务，在此基础上读者可尝试自己完成其他任务。

项目分析

一个完整的网站一般包括如下几种类型的页面：

首页：列出本网站的主要内容，带有到其他页面的超链接。

列表页：文字列表（班级文章）或者图像列表（班级相册）。

内容页：文字内容或图片内容（如班级相册详情）或图文内容（如班级文章内容）。

交互页：放置动态交互内容（如你问我答），一般用表单制作，动态网页实现。

在实现本网站时要注意，用模板实现网页页面风格的统一，用表格定位（注意表格嵌套不能太多），用CSS样式控制实现页面的美观，最后添加超链接，测试整个网站。其中动态功能要求用动态网页来实现。本网站功能结构设计如图16－1所示。

本网站文件夹组织结构图设计如图16－2所示。

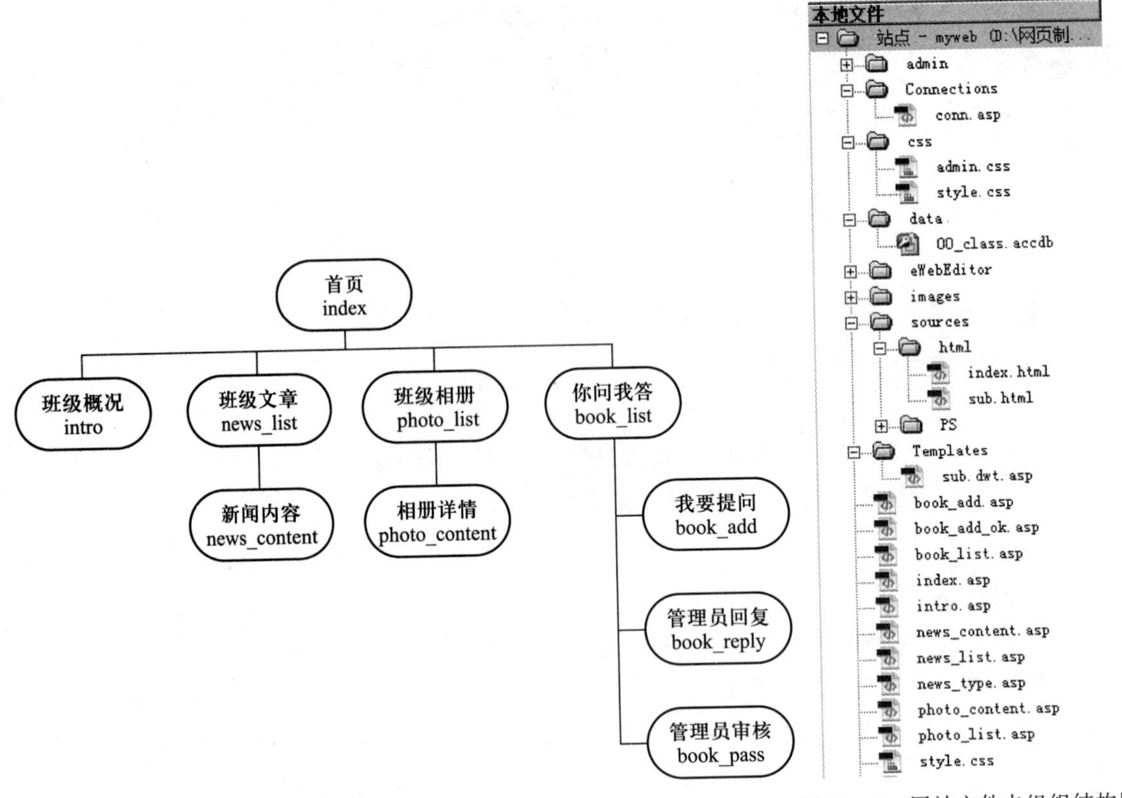

图 16 - 1　网站功能结构图　　　　图 16 - 2　网站文件夹组织结构图

探索学习

自行设置本站的 CSS 样式。"你问我答"页面用动态网站实现,参考项目 13 自行设计网站的数据库。

操作步骤

1. 新建站点。

(1) 设置 IIS 的默认网站的目录为 E:\web16。

(2) 在 Dreamweaver 中新建(管理)站点,设置站点目录为 E:\web16,同时指定该目录为测试服务器。

2. 添加首页内容。

(1) 双击打开 index. html,另存为 index. asp,首页的最终效果如图 16 - 3 所示。

(2) 完成导航部分超链接效果的制作,当鼠标划过的时候,链接所在单元格背景色发生变化,如图 16 - 4 所示。

① 在此区域中插入一个 1 行 5 列的表格,表格宽度不设置,表格边框、边距、间距均为 0,为表格取名 nav。

② 在表格中相应区域分别输入导航文本,单元格宽度设置为 123 px,并且为 5 个导航标题添加空链接。

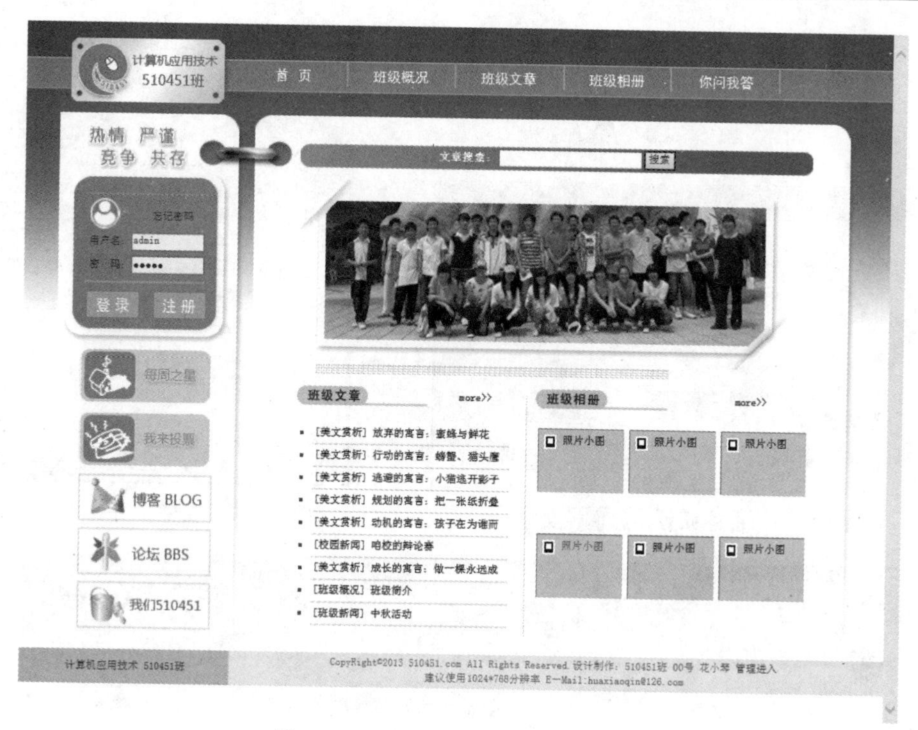

图 16－3　首页完成效果图 index. asp

图 16－4　头部导航效果

③ 通过 CSS 样式为导航设置超链接格式:添加#nav a:link、#nav a:visited,设置 nav 表格中链接和已访问的格式状态:黑体,16 号字,无下划线,颜色白色,居中,块状,高度为 33 px,顶部内边距为 8 px,外部边距上下左右均为 1 px;添加#nav a:hover、#nav a:active 样式,设置 nav 表格中指针经过和按下时的格式状态:背景颜色为#35b3e3。

(3) 完成登录表单的制作。

① 插入表单。

② 插入 4 行 2 列的表格,精确调整单元格的高度,实现如图 16－5所示的效果。

图 16－5　登录表单

3. 制作模板页。

(1) 打开 index. asp,选择“文件”→“另存为模板”命令,将首页存储为模板文件 sub. dwt. asp,如图 16－6 所示。Dreamweaver 会自动新建 Templates 文件夹,并且更新链接,此时文件列表如图 16－7所示。

(2) 将网页横幅图片 banner. jpg 换成 sub. banner. jpg;删除“班级文章”和“班级相册”中所有内容,并且合并为一个单元格;注意表格重新布局时可能网页会变形,要计算并设置单元格的高度。

(3) 设置可编辑区域 title 和 main,实现效果如图 16－8 所示。

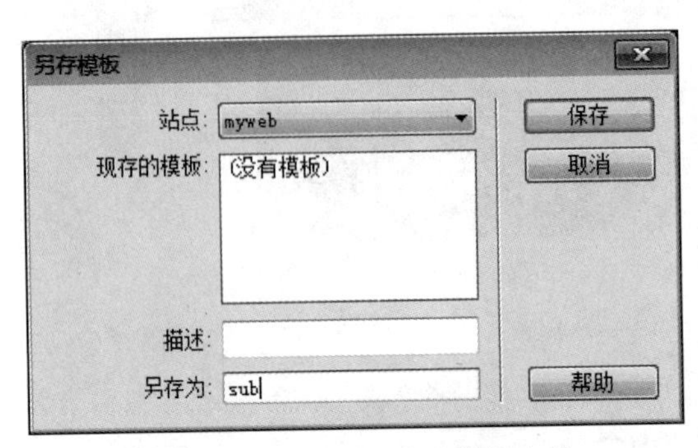

图 16－6　将首页另存为模板文件

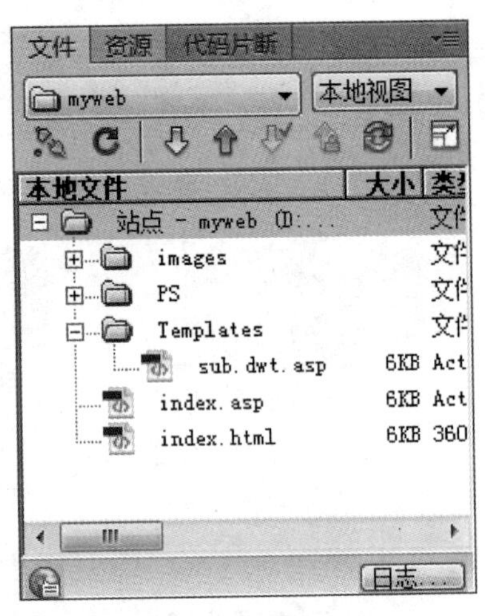

图 16－7　文件夹组织结构图

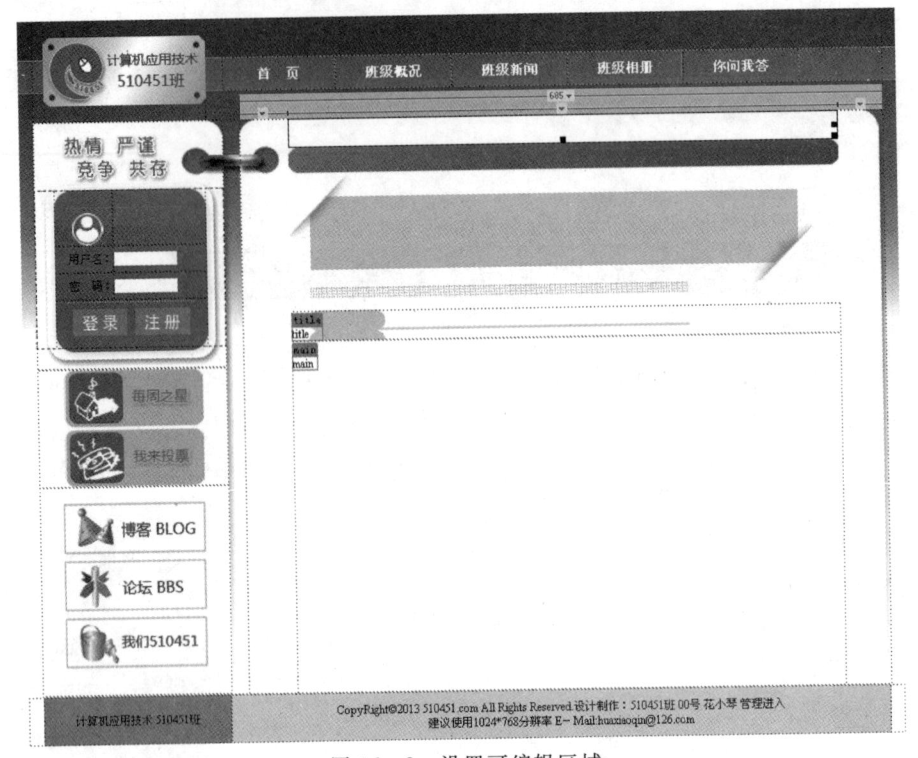

图 16－8　设置可编辑区域

（4）保存模板。

4. 制作“班级概况”页面 intro. asp。

（1）选择“文件”→“新建”→“模板中的页”命令，新建一个基于 sub. dwt. asp 的页面，如图 16－9所示，将新建的文件存储名称为 intro. asp。

（2）插入班级概况的文字，设置标题和内容的相应 CSS 样式，最后达到如图 16－10 所示的效果。

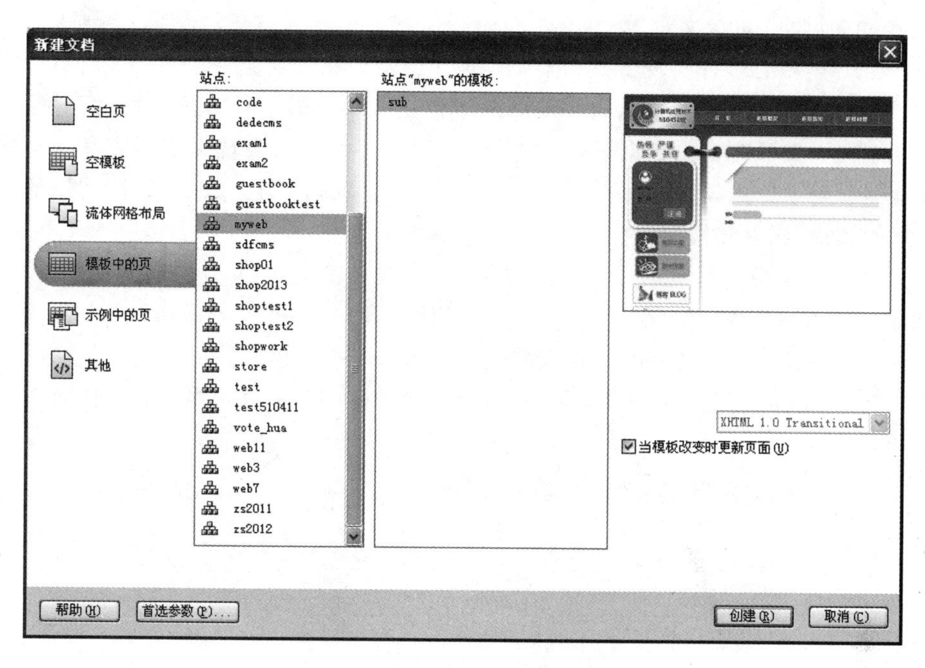

图 16－9 新建“模板中的页”

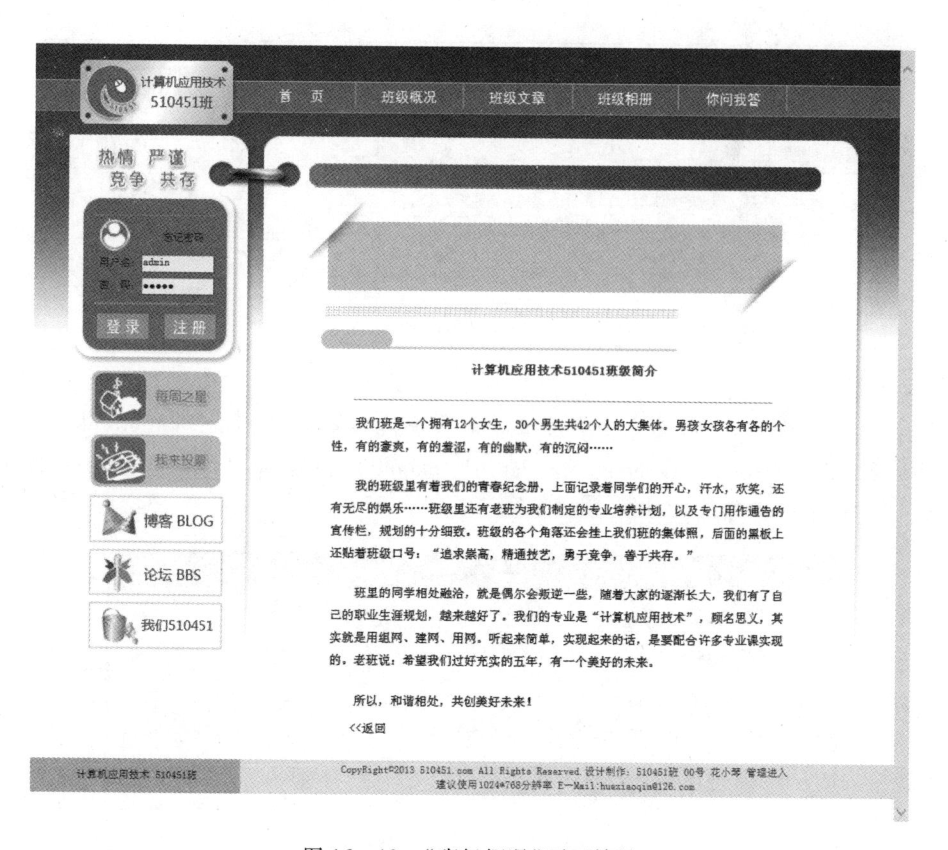

图 16－10 “班级概况”页面效果

5. 制作动态网页"班级文章"模块。

"班级文章"模块有多种实现方式,最简单的方法是直接用静态网页实现,相当于完成多个"班级概况"页面,做不同的超链接,这样虽然简单但是繁琐。另一种方法是用动态网页实现,在数据库中存储关于文章的相关数据,然后使用绑定记录集的方法实现文章列表和文章内容。这样虽然复杂但后期维护比较方便。更复杂的是将班级文章分门别类地列出,在网站的后台可以实现对文章的添加、删除和修改,这个留给读者课后思考。

"班级文章"模块中主要包括:网站首页列出最新的 9 篇文章,单击"more"后可以列出所有的文章,单击某条文章标题时可以看到该文章的具体内容。

(1) 在网站下新建文件夹 data,创建数据库 00_class. accdb,在此数据库下创建数据表 news,设计视图如图 16-11 所示。添加几条测试数据,如图 16-12 所示。注意文章内容分段时可以加 HTM1 标记〈/br〉。

字段名称	数据类型	说明
news_id	自动编号	新闻编号
news_title	文本	新闻标题
type_name	文本	新闻类别
news_content	备注	新闻内容
news_date	日期/时间	新闻加时间
news_author	文本	编辑人

图 16-11 数据表 news 的设计视图

news_id	news_title	type_name	news_content	news_date	news_auth
8	2011年南京高等职业技术学校	校园新闻	<P align=left><FONT face=Verdana><SPAN styl	10 22:33:34	admin
9	南京高职校举行2010-2011学	校园新闻	<P><FONT face=Verdana><IMG src="ewebeditor/	10 22:34:48	admin
10	全国80岁以上老人今年有望享	校园新闻	<P><IMG src="ewebeditor/UploadFile/20113102	10 22:44:12	admin
18	中秋活动	班级新闻	 1. 游戏: 吃苹果&	-23 0:34:27	admin
20	班级简介	班级概况	<DIV>我们班是一个拥有12个女生, 33个男生共45个	-23 0:37:30	李倩
21	成长的寓言: 做一棵永远成长	美文赏析	<DIV>一棵苹果树, 终于结果了。 </DIV>	-23 0:37:36	admin
22	咱校的辩论赛	校园新闻	<DIV>去看了08, 09届的辩论赛了, 蛮精彩的, 看的	-23 0:37:43	李雅
23	动机的寓言: 孩子在为谁而玩	美文赏析	<DIV>一群孩子在一位老人家门前嬉闹, 叫声连天。	-23 0:54:00	admin
24	规划的寓言: 把一张纸折叠51	美文赏析	<DIV>想象一下, 你手里有一张足够大的白纸。现在,	-23 0:54:20	admin
25	逃避的寓言: 小猫逃开影子的	美文赏析	<SPAN style="FONT-SIZE: 12pt; FONT-FAMILY:	-23 0:54:44	admin
26	行动的寓言: 螃蟹、猫头鹰和	美文赏析	<DIV>螃蟹、猫头鹰和蝙蝠去上恶习补习班。数年过	-23 0:55:02	admin
27	放弃的寓言: 蜜蜂与鲜花	美文赏析	<DIV>玫瑰花枯萎了, 蜜蜂仍拼命吮吸, 因为它以前	-23 0:55:21	admin
(新建)				-4 17:46:21	

图 16-12 news 表中添加测试数据

(2) 实现数据库的连接。

在数据库面板,新建"自定义连接字符串",输入连接字符串"Driver = {Microsoft Access Driver (*.mdb, *.accdb)};DBQ = "&Server.MapPath("/data/00_class.accdb"),如图 16-13 所示,测试成功后,即实现了数据库的连接。

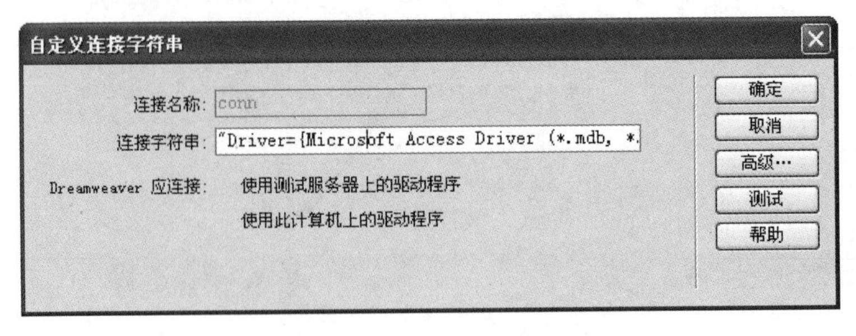

图 16-13 自定义连接字符串

（3）完成首页“班级文章”列表的制作。

① 在首页班级文章的相应位置，插入 1 行 2 列、宽度为 100% 的表格，左侧单元格插入图片 dot. gif，右侧用于插入数据。

② 新建记录集 rs_news，按照文章 news_id 降序排列，如图 16－14 所示。

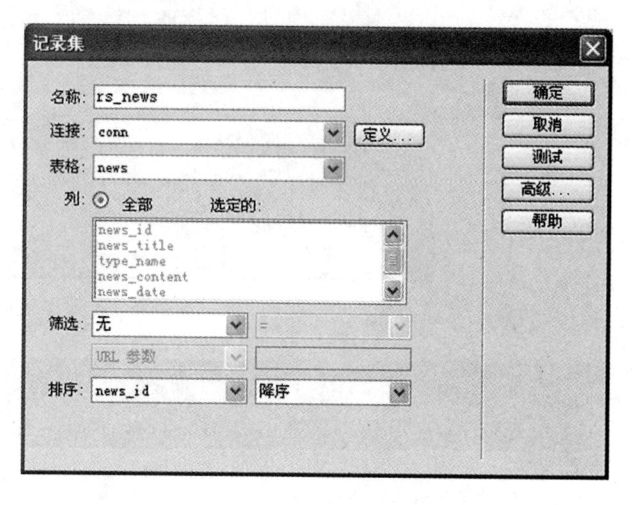

图 16－14 记录集 rs_news

③ 在右侧单元格插入记录集字段 news_title，并设置行〈tr〉为重复区域，显示 9 条记录，如图 16－15 所示。此时 Dreamweaver 中显示如图 16－16 所示。

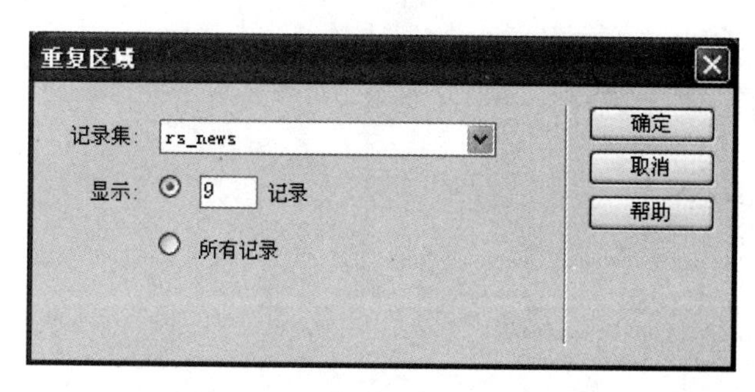

图 16－15 重复区域

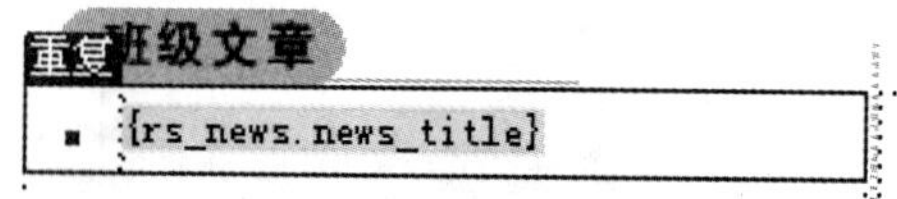

图 16－16 重复区域设置后

④ 设置相应的 CSS 样式，在浏览器浏览效果，首页班级文章如图 16－17 所示。如文章标题过长，影响布局，可使用 left( ) 函数设置文章标题为 18 个字符。此时绑定记录集的代码修改为：〈% = left(rs_news. Fields. Item("news_title"). Value，18) %〉。

⑤ 添加新闻标题的超链接，选中绑定的文章标题后，单击“转到详细页面”，设置带参数 news_id 的超链接。具体设置如图 16－18 所示。

⑥ 在浏览器中查看效果，单击不同的文章标题时，在地址栏中出现的超链接带有不同的参数 news_id，则测试成功。

（4）完成“班级文章”列表页的制作。

① 应用“模板中的页”sub 新建页面 news_list. asp，实现“班级文章”列表页，效果如图 16－19 所示。

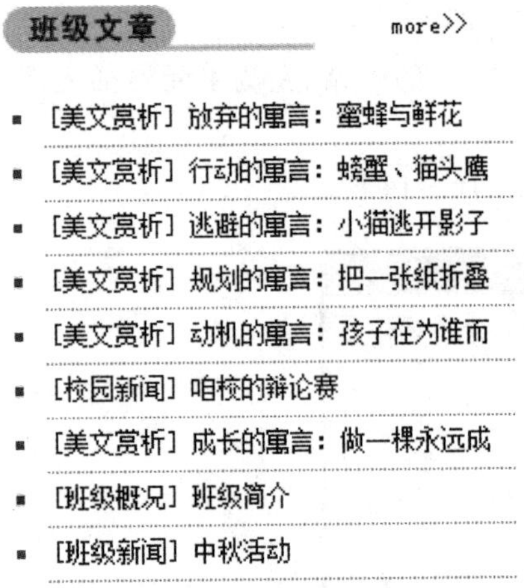

班级文章　　more>>

- [美文赏析] 放弃的寓言：蜜蜂与鲜花
- [美文赏析] 行动的寓言：螃蟹、猫头鹰
- [美文赏析] 逃避的寓言：小猫逃开影子
- [美文赏析] 规划的寓言：把一张纸折叠
- [美文赏析] 动机的寓言：孩子在为谁而
- [校园新闻] 咱校的辩论赛
- [美文赏析] 成长的寓言：做一棵永远成
- [班级概况] 班级简介
- [班级新闻] 中秋活动

图 16－17　首页“班级文章”列表

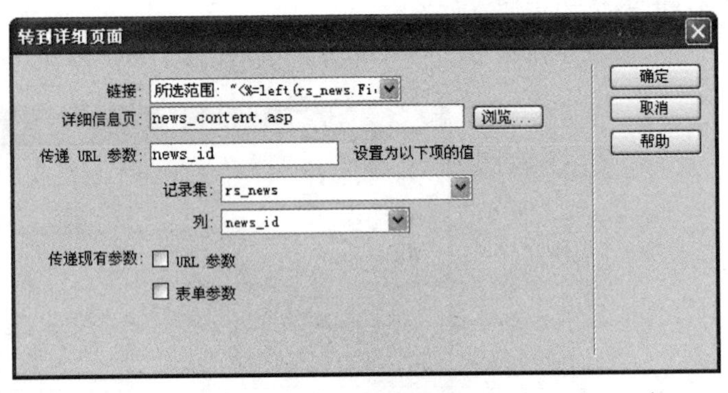

图 16－18　转到详细页面

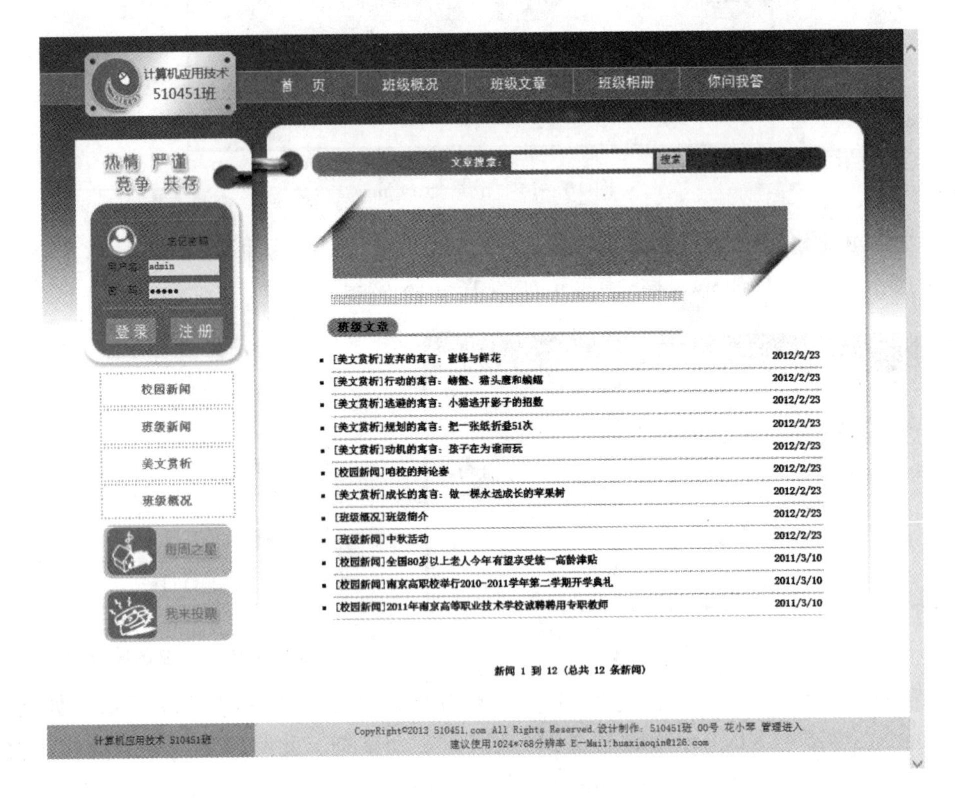

图 16－19　“班级文章”列表页 news_list.asp

② 举一反三，可以用类似首页的方法完成。不同的地方是：本页面分页显示所有的文章。

③ 分页的效果实现方法为：在“数据”面板中分别单击“记录集导航状态”按钮、“记录集分页”按钮，在弹出的对话框中再详细设置即可。

(5) 完成“班级文章”内容页的制作，如图 16－20 所示。

“班级文章”内容页 news_content.asp 同样应用模板 sub 制作。本页显示不同的文章标题对应的不同文章内容。本页新建记录集时设置筛选条件即可，如图 16－21 所示。

图 16－20　“班级文章”内容页 news_content. asp

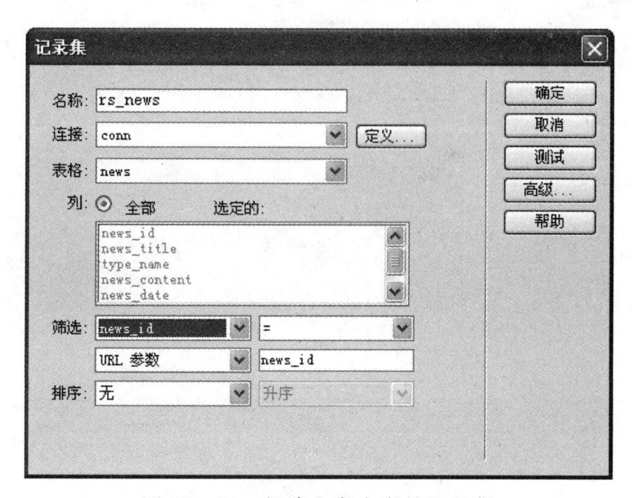

图 16－21　新建文章内容的记录集

6. 制作图片模块“班级相册”。

图片模块主要包括：首页显示“班级相册”的 6 张缩略图，单击小图，在 photo_content. asp 中显示大图。在图片列表页 photo_list. asp 中显示所有的“班级相册”的缩略图。本模块使用静态页面制作,图片可使用已有的照片或者使用“图像占位符”代替。

图 16－22 所示为首页中的“班级相册”列表,单击缩略图可以在如图 16－23 所示的 photo_content. asp 中查看大图;单击“more”可以在如图 16－24 所示的 photo_list. asp 中查看所有的图片。

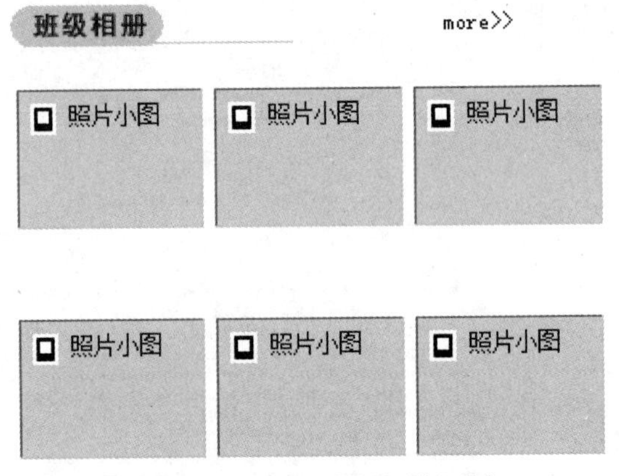

图 16－22　首页“班级相册”列表

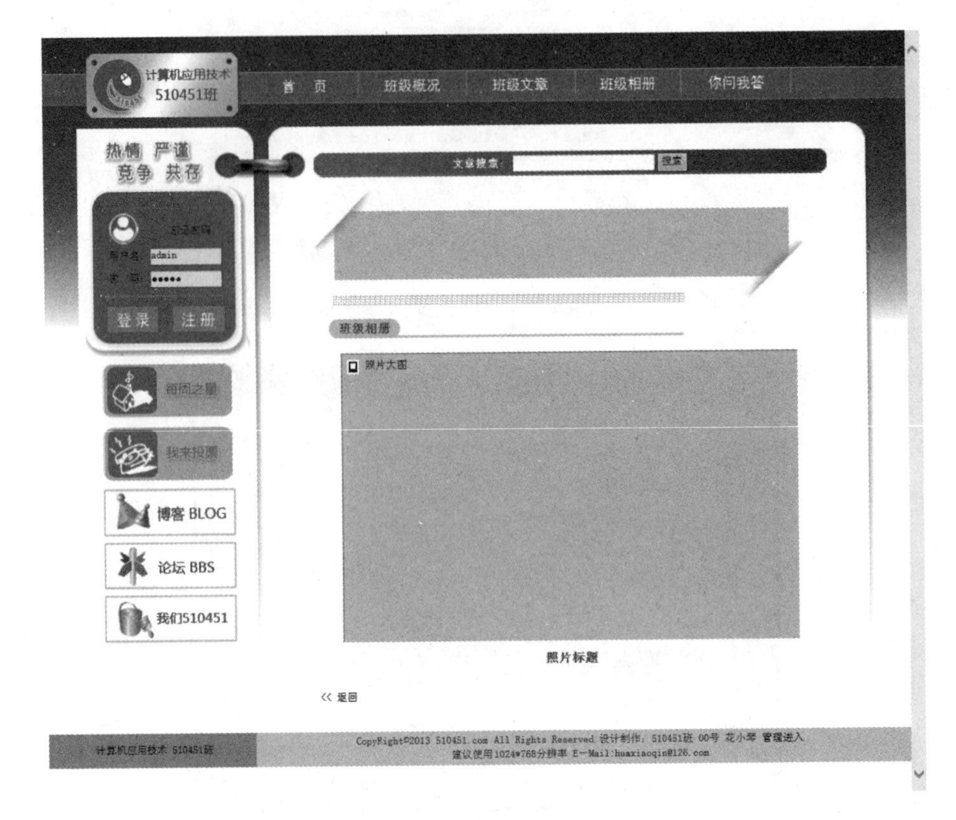

图 16－23　“班级相册”内容页 photo_content. asp

7. 制作“你问我答”动态网页。

参考项目 14 中管理留言页面的功能,要求前台实现班级成员的留言及留言查看,后台进行留言的审核及回复删除的功能。具体效果如图 16－25 所示。

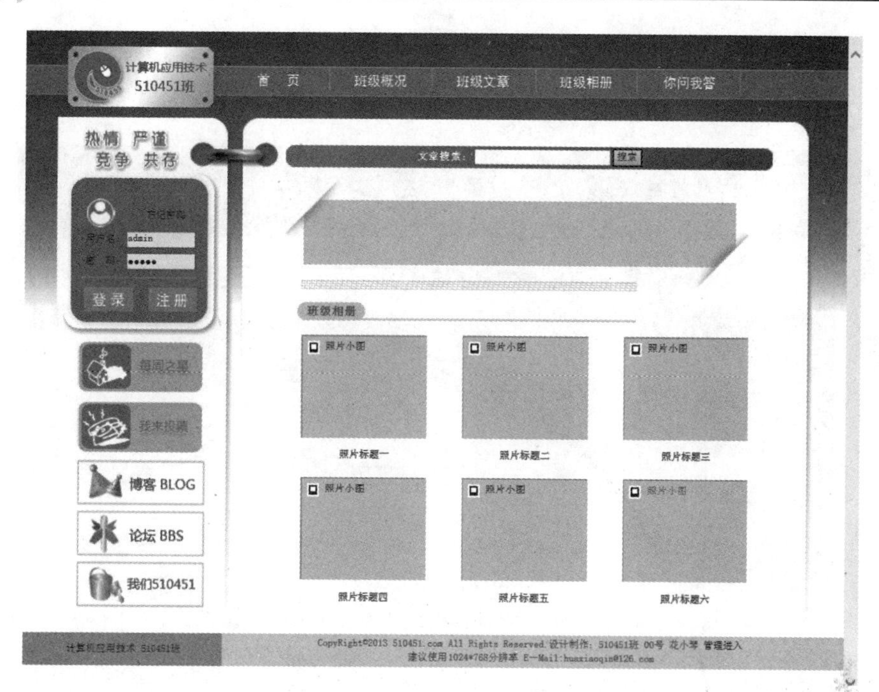

图 16－24 “班级相册”列表页 photo_list. asp

图 16－25 留言列表页 book_list. asp

(1) 单击“你问我答”链接可以看到问题列表。

(2) 单击图片可以添加留言,如图 16-26 所示,留言后等待管理员审核。

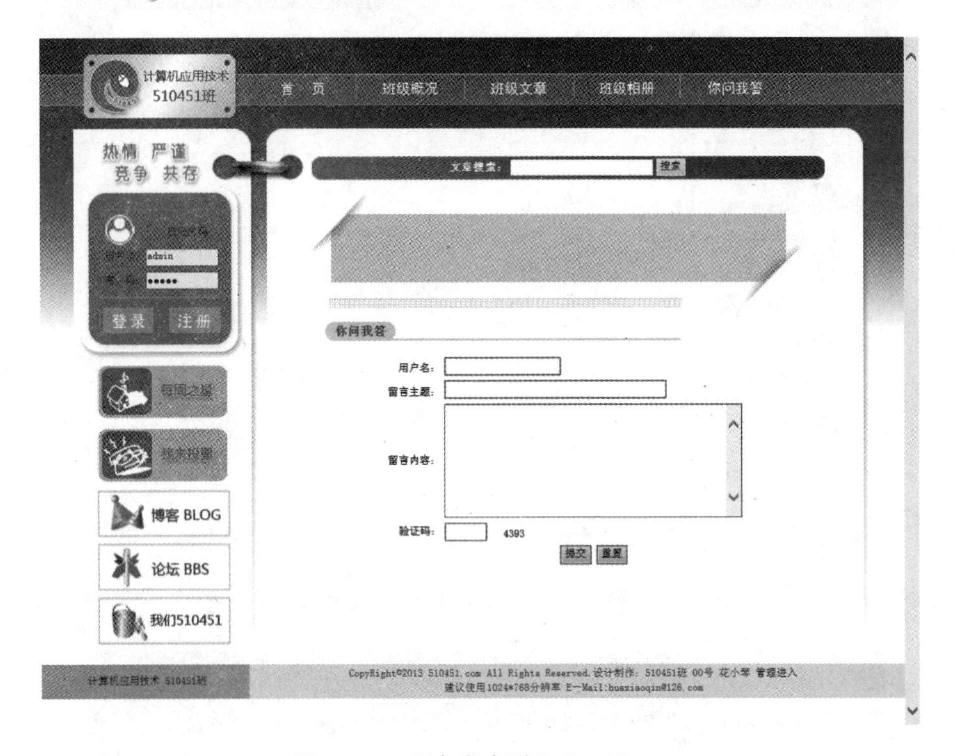

图 16-26 添加留言页 book_add. asp

(3) 管理留言需要进入网站的后台,单击网页底部的“管理进入”链接,进入管理员登录页,如图 16-27 所示。

班级主页后台管理中心	
帐号:	
密码:	
登录 重置	

图 16-27 管理员登录页 admin_login. asp

(4) 登录成功后,进入后台的框架网页,如图 16-28 所示。

(5) 单击左侧列表中的“问答管理”,即进入“问答管理”页,如图 16-29 所示。

(6) 在“问答管理”页可实现留言的审核和删除,审核通过的留言显示在前台页面。单击“回复”按钮可实现对留言的回复,如图 16-30 所示。

(7) 回复成功后,管理员回复同时显示在前台页面。

8. 测试、调试整个网站。

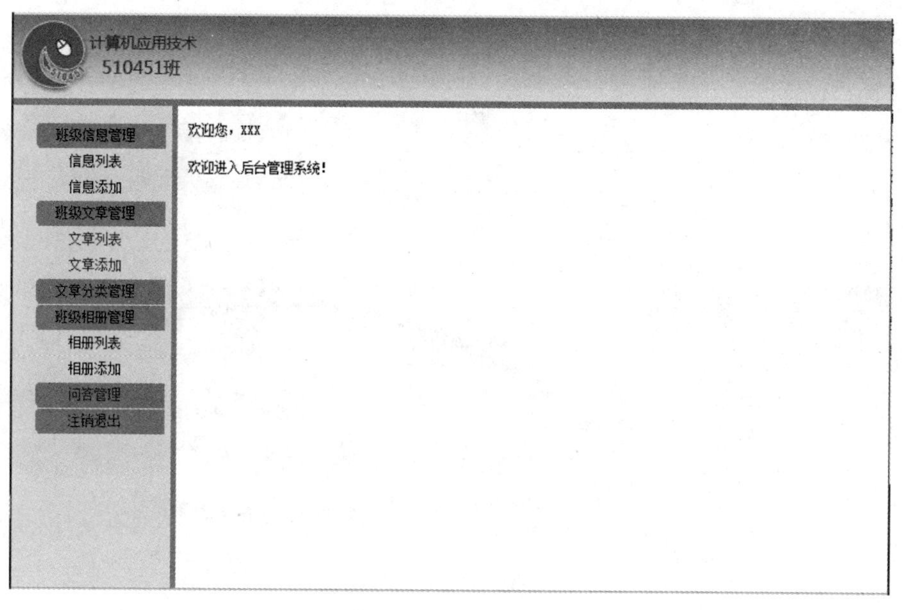

图 16－28　后台框架网页

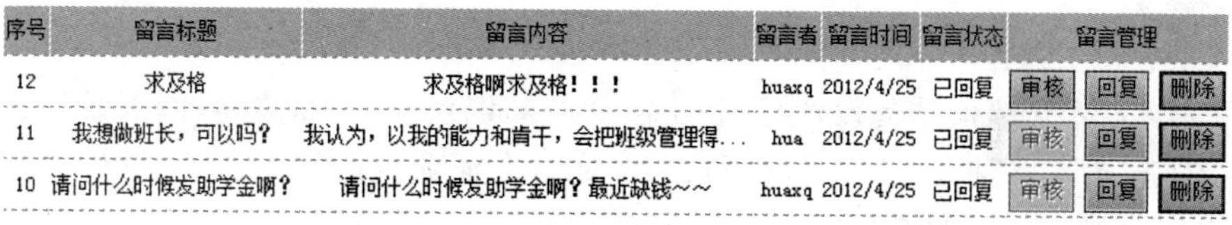

序号	留言标题	留言内容	留言者	留言时间	留言状态	留言管理		
12	求及格	求及格啊求及格！！！	huaxq	2012/4/25	已回复	审核	回复	删除
11	我想做班长，可以吗？	我认为，以我的能力和肯干，会把班级管理得…	hua	2012/4/25	已回复	审核	回复	删除
10	请问什么时候发助学金啊？	请问什么时候发助学金啊？最近缺钱~~	huaxq	2012/4/25	已回复	审核	回复	删除

图 16－29　“问答管理”页 book_pass. asp

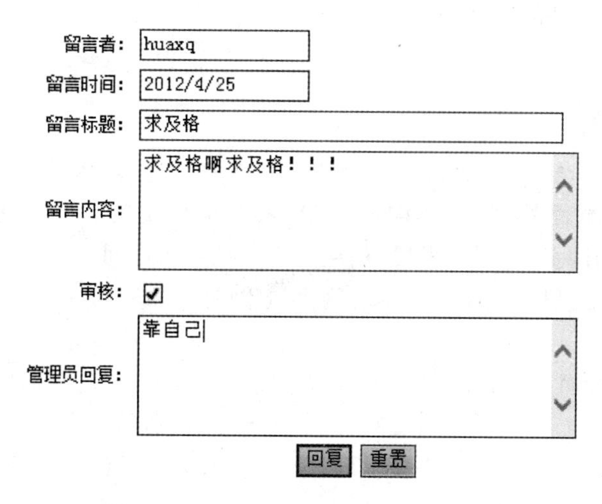

图 16－30　留言回复页 book_reply. asp

相关知识

本项目的制作过程如图 16－31 所示，这也是一般静态网站的制作流程。动态网页的制作过程还包括数据库的设计、数据库的连接及数据库的增删改查等操作。

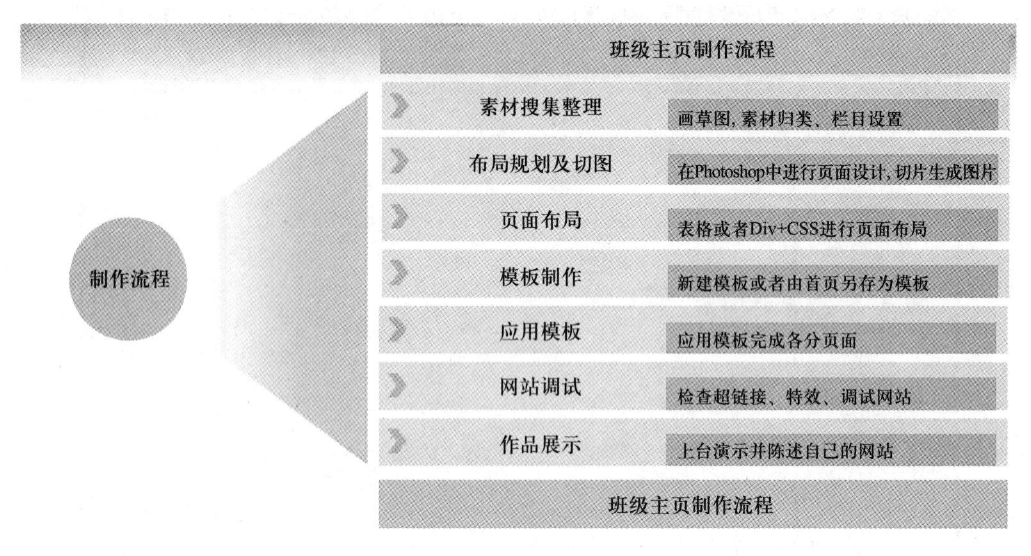

图 16－31　班级主页制作流程

项目总结

本项目完成一个班级网站的设计与制作,涉及的知识点有:网站规划、网页设计、切片;页面布局;超链接;样式表;模板、表单、动态网页等。通过完成项目锻炼了创意、设计和资料收集整理能力,以及网页制作软件的综合使用能力。

希望通过本项目的学习,读者能够熟练掌握静态网页的设计与制作,制作出完整的静态网页作品,并对动态网页的制作也有所了解。

思考与深入学习

在规定的时间内,根据给定的主题——制作班级主页,利用提供的素材(文字、图片)设计并制作一个不少于 10 个页面的网站,要求使用 Dreamweaver 中的各种技术:新建站点;用表格、Div + CSS或者框架布局网页;样式表设置;用超链接实现子页面间的互相链接;用 JavaScript 实现动态效果;用表单进行信息反馈;用模板实现网页风格的统一。

具体要求如下:

1. 网页要求主题鲜明、突出,内容充实、健康向上;界面美观、色彩运用恰当、布局设计独到,富有新意;主题表达形式新颖,构思独特、巧妙;主页有个性、有特色。

2. 网页布局、栏目等自行设计安排。导航美观、醒目、转换合理;网页中必须使用“相对路径”。

3. 技术运用要全面,技术含量高。

4. 每位同学根据统一要求,在本地计算机 E 盘根目录下按机器编号建立个人文件夹(如 01_class),个人文件夹中包括一个主页文件(index. html)及文件夹 images。

5. 作品设计制作完成后上传到教师机,能正常访问浏览。教师以 IE8. 0(显示器分辨率为

1024×768 像素)直接访问同学的网页。

6. 同学上台展示并说明自己的作品,当场评分。

评分标准见下表(采用100分制)。

Ⅰ级项目	Ⅱ级项目	分值
页面设计 (共40分)	整体结构:网站设计美观大方,形式效果与主题相应,版面设计合理	20分
	色彩搭配:色彩搭配合理	20分
内容质量 (共30分)	资源丰富性:能充分运用提供的文字、图片,生动有效展示与主题相关的内容	15分
	自制与主题相关的静态图片,与网页整体效果协调一致	10分
	知识性:内容规范、真实、科学,文字通顺,无错别字	5分
技术运用 (共20分)	基本技术运用:网页制作规范,网站技术构架安全、稳定,人机交互方便,结构清晰,导航和链接准确	10分
	动态效果:合理使用动态效果,页面重点突出,且无杂乱感	10分
个性特点 (共10分)	创造性:主题表达形式新颖,构思独特、巧妙	5分
	审美独特性:界面美观、色彩运用恰当、布局设计独到,富有新意	5分

郑重声明

读者意见反馈

为收集对教材的意见建议，进一步完善教材编写并做好服务工作，读者可将对本教材的意见建议通过如下渠道反馈至我社。

咨询电话　400-810-0598

反馈邮箱　zz_dzyj@pub.hep.cn

通信地址　北京市朝阳区惠新东街4号富盛大厦1座

高等教育出版社总编辑办公室

邮政编码　100029